95.-

DIE PHANTASTISCHEN ROMANE
herausgegeben von Franz Rottensteiner

Bisher erschienen in dieser Reihe:

OTTO F. BEER
Ich – Rodolfo – Magier

KAREL ČAPEK
Die Fabrik des Absoluten

MAX EHRLICH
Der Mann der zweimal lebte

GUY ENDORE
Der Werwolf von Paris

ALEXANDER LERNET-HOLENIA
Der Graf von Saint-Germain
Der Mann im Hut
Mars im Widder

PIERRE KAST
Die Vampire von Lissabon

JACK LONDON
Die Zwangsjacke

PETER MOTRAM
Der Tag der nicht im Kalender stand

LEO PERUTZ
Die dritte Kugel
Zwischen neun und neun
Der Meister des Jüngsten Tages
Nachts unter der steinernen Brücke

PETER STRAUB
Wenn du wüßtest . . .

HANNELORE VALENCAK
Das Fenster zum Sommer

H. G. WELLS
Die Insel des Dr. Moreau
Wenn der Schläfer erwacht

DIE PHANTASTISCHEN ROMANE

SAKYO KOMATSU

Wenn Japan versinkt

PAUL ZSOLNAY

Berechtigte Übersetzung von
Klaus Schultz

Umschlag und Einband: Tino Erben
Gesamtherstellung: Ebner Ulm
Printed in Austria
ISBN 3-552-03130-8

CIP-Kurztitelaufnahme der Deutschen Bibliothek
Komatsu, Sakyo:
Wenn Japan versinkt / Sakyo Komatsu. – Wien,
Hamburg: Zsolnay, 1979.
(Die phantastischen Romane)
Einheitssacht.: Nippon chinbotsu ‹dt.›
ISBN 3-552-03130-8

WENN JAPAN VERSINKT

DER JAPANGRABEN

In der Halle vor dem hinteren Ausgang des Hauptbahnhofs von Tokio wimmelte es von Menschen wie immer. Die Klimaanlage schien kaum gegen die von den Körpern der wogenden Menge ausgehende feuchte Hitze anzukommen. Die meisten Reisenden waren auf dem Weg ans Meer oder in die Berge oder fuhren zum bevorstehenden Totenfest in ihre Heimat.

Toshio Onodera blickte mit einem Ausdruck des Widerwillens in die Runde und wischte sich mit dem Handrücken den Schweiß vom Kinn. Die Regenzeit im Frühjahr war kalt gewesen, und der Wetterdienst hatte einen kühlen Sommer vorausgesagt, doch dem Regen war eine heftige Hitzewelle gefolgt. Die Hitze hatte in Osaka ebenso wie in Tokio ihren Tribut gefordert, viele waren ihr zum Opfer gefallen. Und dann war der im Sommer übliche Wassermangel eingetreten.

Onodera hatte noch etwa sechs, sieben Minuten Zeit, bis sein Zug einfuhr. Da er nicht das geringste Bedürfnis verspürte, eines der überfüllten und dunstgeschwängerten Bahnhofsrestaurants aufzusuchen, wanderte er ruhelos herum, bahnte sich mit den Ellenbogen den Weg durch die schwitzende Menge. Jeder dieser schweißüberströmten Körper, die zu beiden Seiten an ihm vorbeiglitten, strahlte Hitze aus wie ein Kohlenbecken: ein kleiner, stämmiger Büroangestellter im Sonntagsstaat und mit abgetragenen Schuhen; eine nicht mehr ganz junge Frau vom Lande in auf Knielänge gekürzten Drillichhosen, unter schwerem Gepäck wankend, das Gesicht von der Hitze gerötet, die massigen Brüste in eine billige gestreifte Bluse gezwängt; ein Mädchen von noch nicht zwanzig Jahren, einen steifen Strohhut mit grell buntem Band auf dem Kopf, Schweißtropfen auf der flachen Nase . . .

Und während er sich so durch diese bunte Ansammlung von Menschen schob, kam ihm plötzlich zum Bewußtsein, daß sein eigener verschwitzter Körper sich in keiner Weise von den verschwitzten Körpern der anderen unterschied, wahrscheinlich vermischte sich sogar der Geruch seines Schweißes mit dem ihm noch anhaftenden Geruch des Gins, den er am vergangenen Abend getrunken hatte. Onodera schüttelte sich vor Ekel.

Als er sich vor einem Trinkbrunnen fand, beugte er sich hinab, um zu trinken. Doch dann, ohne das tröpfelnde kalte Wasser zu beachten, bückte er sich noch tiefer, starrte halboffenen Mundes auf eine Stelle an der gegenüberliegenden Wand des Trinkbrunnens. Ein schmaler Riß zog sich die Wand hinauf, in so winzigem Zickzack, daß man ihn kaum erkennen konnte. Auf der einen Seite des Risses war die Wand etwa zwei Zentimeter nach oben verschoben.

„Stimmt etwas nicht?“ hörte er eine leicht gereizte Stimme hinter sich sagen. Erschrocken nahm er schnell einen Schluck Wasser und trat vom Brunnen zurück.

„Entschuldigen Sie. Bitte sehr, Sie können –“ Er versuchte, dem großen Mann hinter sich den Platz freizumachen, aber der andere ließ ihn nicht vorbei. Verblüfft schaute Onodera dem Mann in das breite Gesicht.

„Hallo!“ sagte dieser und packte Onodera mit grober Hand an der Schulter. Weiße Zähne blitzten in seinem dunklen, sonnenverbrannten Gesicht.

Onodera war einen Augenblick lang verdutzt, doch dann grinste auch er und rief: „Go! Das kann doch nicht wahr sein!“

„Kleiner Kater, was?“ Rokuro Go zog die Nase kraus. „Jetzt weiß ich es: Sie haben soeben wie ein Karpfen ausgesehen, als Sie das Wasser schlürften."

Onoderas Rechtfertigung überhörend, beugte sich der riesige Go hinab und fing an zu trinken, als wollte er den ganzen Brunnen leeren.

„Wo soll's denn hingehen?" fragte Go und wischte sich den nassen Mund.

„Nach Yaizu."

„Immer noch dabei, ja?" Go senkte die Finger der rechten Hand und deutete eine Bewegung des Tauchens an.

„Stimmt. Und wo wollen Sie hin?"

„In dieselbe Richtung. Nach Hamamatsu."

„Was gibt's denn in Hamamatsu? Arbeit?" fragte Onodera, während er in der klimatisierten Snackbar des Zuges an einem Bier nippte.

„Ja, das übliche – Bauarbeiten." Go, der bereits sein zweites Bier austrank, verzog das Gesicht, so daß sich die sonnengebräunte Haut spannte.

„Der Superexpreß?"

„Ja. Aber es gibt ein Problem nach dem andern. Die Arbeiten am Gleisbett sind gestoppt worden."

„Was für Probleme?"

Der Zug setzte sich in Bewegung. Die Aussicht hinter dem Fenster schien zu verschwimmen und lenkte Onoderas Aufmerksamkeit auf sich. Nur einen kleinen Augenblick lang empfand er die Schönheit des staubigen Durcheinanders auf dem Bahnsteig, der von der Hitze gezeichneten Gesichter . . .

„Was für Probleme das sind, fragen Sie?" Go umklammerte sein Bierglas und starrte düster auf den zerfallenden Schaum. „Verschiedene. Aber es hätte keinen Sinn, jetzt schon etwas darüber zu sagen. Die Zeitungen könnten Wind davon bekommen."

Onodera drang nicht weiter in ihn. Er goß sich ein

zweites Glas Bier ein.

„Ich begreife nicht, wie die Vermessungen derart voneinander abweichen können", murmelte Go, als redete er mit sich selbst. „Wir müssen nahezu wieder von vorn anfangen. Die Arbeit ist in vollem Gange, und plötzlich ist dann alles für die Katz."

„Was heißt das?"

„Ach, es wird nichts weiter sein, nehme ich an. Aber Sie können mir glauben, Onodera, Japan ist derzeit sehr, sehr wacklig. Wie eine Gallertmasse . . . Noch ein Bier? Oder wollen wir in unser Abteil zurückgehen?" Go schaute sich in dem besetzten Speisewagen um. „Und was ist in Yaizu los? Irgendein gesunkenes Schiff oder so was? Ziemliche Arbeit bei der Hitze."

„Gar so schlimm wird's nicht", entgegnete Onodera mit einem schiefen Lächeln. „Ein Schiff des Sicherheitsdienstes bringt uns nach Süden. Irgendeine Forschungsangelegenheit mit einem Tiefseetauchboot – der *Wadatsumi.*"

„Wohin geht denn die Reise?"

„In den Südosten von Torishime. Dort war einmal eine Insel, und die soll verschwunden sein."

„Verschwunden? Hat es dort einen Vulkanausbruch gegeben?"

„Nein, keinen Ausbruch. Sie ist gesunken – einfach so. Eben gesunken."

Als Onodera ankam, war die in Segeltuch gehüllte *Wadatsumi* im Hafen von Yaizu bereits auf das Achterdeck der *Hokuto,* eines Patrouillenbootes der Marineabwehr, verladen worden.

Professor Yukinaga erkannte Onodera am Kai und winkte ihm zu. „Hallo – es tut mir aufrichtig leid. Ich habe gehört, Sie waren auf Urlaub."

Verwundert über das Hin und Her auf dem Schiff,

schaute Onodera auf die Uhr. „Geht es denn schon los?“ fragte er, als er an Bord kam.

„Na ja, wir müssen so schnell wie möglich los“, antwortete Yukinaga und schaute hinunter zum Kai. „Wenn die Presse erst dahinterkommt, daß die *Wadatsumi* auf Fahrt geht, wissen Sie, dann könnte es unangenehm werden.“

Onodera grinste. „Es gibt eine Zeitschrift, die ist besonders fix, hab ich gehört. Soviel ich weiß, hat sie ein Wasserflugzeug gechartert.“

„Sie bauschen die ganze Geschichte nur auf.“ Yukinaga zuckte mit den Schultern. Obwohl sein Spezialgebiet die Meeresgeologie war und er einen großen Teil seines Lebens auf Schiffen verbracht hatte, war seine Haut weiß, wie von der Sonne unberührt. „Wie dem auch sei. Ich glaube nicht, daß es einen Grund zur Beunruhigung gibt. Die Journalisten werden nichts erfahren, auch wenn sie dorthin fliegen.“

„Na ja, es ist wohl Sauregurkenzeit für die Zeitungsleute.“

„Es würde schon genügend Trara geben“, sagte Yukinaga mit gesenkter Stimme und kniff in dem hellen Sonnenlicht die Augen ein wenig zusammen, „wenn etwas über die Schwierigkeiten bekannt würde, die sich bei der neuen Superexpreß-Strecke ergeben.“

„Ja?“ Onodera war überrascht. „Sie wissen davon?“

„Ich habe etwas läuten hören.“ Der Professor sprach noch immer gedämpft. „Ein Kollege von mir hatte den Auftrag, eine geheime Untersuchung durchzuführen.“

Plötzlich hob Yukinaga die Hand. Auf dem betonierten Kai, über dem Schwärme von Fliegen summten, kam eine schweißüberströmte breite, stämmige Gestalt angerannt. Der Mann stieß mit dem Handkoffer, den er bei sich trug, gegen einen Poller und fiel fast zu Boden, als er auf einen der Fische trat, die über den Beton verstreut lagen, schließlich erreichte er jedoch das Schiff.

„Beeilung", rief Yukinaga lachend. „Wir sind schon unterwegs."

„Ohne mich?" rief der dicke Mann entrüstet. „Wenn Sie ablegen wollen, dann bitte. Ich werde hinter Ihnen her schwimmen."

„Das wußte ich doch." Yukinaga streckte die Hand nach dem Koffer des Mannes aus, als dieser die Gangway heraufkam.

„Onodera, dies ist Professor Tadokoro."

„Ah ja, Professor – Unterwasservulkane." Onodera nickte eifrig. „Ich heiße Onodera, von der Meeresbodennutzung."

„Eigentlich bin ich ja Geophysiker", sagte Tadokoro, „aber ich stecke meine Nase gern in alles." Damit wandte er sich abrupt dem Heck zu, wo unter Segeltuch die *Wadatsumi* vertäut lag.

Er klopfte mit der Hand kräftig gegen die Stahlverkleidung unter der Leinwand. „Das ist es also? Wissen Sie, ich habe diesen Yamashiro bei Ihnen immer wieder gebeten –"

„Nun ja, es hat eine ständige Nachfrage gegeben", entgegnete Onodera und lächelte unbehaglich. „Die *Wadatsumi 2* ist bald fertig, dann wird sich die Lage bessern."

„Sie ist genauso konstruiert wie die *Archimedes*. Somit müßte sie fast 12 000 Meter tauchen können. Nicht wahr?" sagte Tadokoro und schaute Onodera aufmerksam an. „Was für ein Unsinn, so etwas zu benutzen, um Meeresströmungen und Fischgründe zu studieren. Das ist, als nähme man Laserstrahlen, um ein Hähnchen zu zerlegen."

„Es hat so seine Bewandtnis mit dem Boot. Je tiefer man taucht, desto kürzere Zeit darf man unten bleiben", erwiderte Onodera und streichelte die Flanke des Tauchbootes.

„Wie oft ist sie denn schon wirklich tief getaucht?“

„Auf etwa zehntausend – viermal. Über 11 500 zweimal. Das war nicht besonders riskant, aber –“

„Und wie ist es mit dem Witjas-Tief? Wäre es eine sichere Sache, dort ganz hinunterzugehen?“

„Wenn es ein neues Tauchboot wäre –“, meinte Onodera.

„Yukinaga?“ rief Tadokoro und wandte sich, einem plötzlichen Einfall folgend, von der *Wadatsumi* ab. „Kommen Sie, wir wollen uns ein wenig unterhalten.“ Er legte Yukinaga den Arm um die Schulter, und beide gingen auf die Tür der Kajüte zu. Onodera blieb allein zurück.

Nachdem nun alle an Bord waren, ertönte die Sirene der *Hokuto*. Die Mannschaft löste die Trossen, und weiß schäumte am Heck das Wasser auf, als sich das schlanke, graublau glänzende Patrouillenboot vom Anlegeplatz entfernte. Obwohl etliche Menschen vom Kai herüberwinkten, war es doch ein nüchterner Abschied.

Sie waren noch nicht lange unterwegs, als Onodera einen kleinen Mann mit einer kalten Maiskolbenpfeife im Mund bemerkte, der vom Vorderdeck kam.

„Yuki!“ rief er. „Dich hab' ich hier aber nicht erwartet.“

„Ich bin nur hier, um dir alles zu übergeben.“ Der Kleine grinste nervös. „Ich hab' mir ein wenig Sorgen gemacht. Na ja, wenn ich an Land geblieben wäre, hätte ich nur unter der Hitze gelitten. Ich werde dir bei den Reparaturen zur Hand gehen.“

„Soviel ich weiß, wurde die Gondel angekratzt.“ Er wandte sich dem Tauchboot zu. Am Boden des Fahrzeugs war eine drehbare eiförmige Gondel befestigt. Sie war schwer, bestand aus mit Molybdän verstärktem Stahl.

„Hier an dieser Seite ist sie angeschlagen. Das Fenster hat einen feinen Riß, aber wir haben ein Ersatzfenster mit."

Sie begannen nun, über Onoderas Aufgabe zu sprechen. Die Anforderung der *Wadatsumi* war, wie Yuki meinte, wahrscheinlich von Wissenschaftlern aus der Gruppe gekommen, die bereits vom Wetterdienst eingesetzt worden war, um das Sinken der Insel zu untersuchen.

„Hast du seitdem irgend etwas Neues gehört?" fragte Onodera. „Ich dachte, diese Leute von der Meteorologie sind damit beschäftigt, die vulkanische Aktivität im Fuji-Gebiet zu untersuchen. Und nun dieser ganze Aufwand wegen einer unbewohnten Insel –"

„Nicht völlig unbewohnt", entgegnete Yuki, auf dessen Gesicht sich Spuren von Müdigkeit zeigten. „Einige polynesische Fischer haben auf ihr die Nacht verbracht, als sie sank."

„Ist das wahr?" fragte Onodera überrascht. „Sind sie gerettet worden?"

„Ja. Ein japanisches Fischerboot hat zufällig an der Leeseite der Insel geankert."

Während die *Hokuto* mit hoher Geschwindigkeit Südkurs hielt, führten Onodera und Yuki die Reparaturen an der *Wadatsumi* durch und verrichteten trotz der glühenden Hitze die notwendigen Instandhaltungsarbeiten. Hachijo-jima tauchte am Horizont auf und blieb dann hinter dem langgestreckten weißen Kielwasser des Schiffes zurück. Nun war nichts mehr vor dem Horizont zu erkennen – man sah nichts als die unendliche, leicht gewölbte Weite des Wassers.

Da ihm die Zeit lang wurde, kletterte Onodera hinauf ins Krähennest und blickte sich um. Von dem Ausguck aus wirkte die *Hokuto* nicht größer als ein winziger Wasserläufer auf einer ungeheuren Wasserkugel von überwältigender Ausdehnung. Hier war das Gebiet, wo das pazifische Tropenklima, getragen von Meeresströmungen, weit hinauf nach Norden reicht. Jetzt war der Bug dieses winzigen, doch auf seine Weise wild entschlossenen Schiffes auf den Hitzegürtel gerichtet und auf die Inseln jenseits des Äquators. Nach Süden ...

Abgesehen von den kleinen Inseln, die wie eine Handvoll Staub über das riesige Gebiet verstreut lagen, war die Oberfläche der Erdkugel bis hinunter zum Kap Hoorn von Wasser, von nichts als Wasser bedeckt: Vom größten aller Ozeane, dessen mittlere Tiefe etwa 4300 Meter betrug und der sich am Äquator über fast 180 Längengrade, also beinahe über die Hälfte der Erdkugel erstreckte – ein unendliches Meer, das fast die Hälfte allen Wassers der Erde enthielt und ein Drittel der Erdoberfläche bedeckte, und das, auch wenn man alle Kontinente darin unterbringen würde, immer noch über 36 Millionen Quadratkilometer groß wäre.

„Wollen Sie nicht herunterkommen?" rief Yukinaga zu ihm hinauf und winkte mit einer Büchse. „Das Bier ist kalt. Trinken wir!" Er lehnte an der Reling und hielt gerade sein Bier an die Lippen, als Onodera unten ankam. Onodera riß die eisgekühlte Büchse auf, die ihm Yukinaga gab, und der Wind faßte den herausquellenden weißen Schaum und wehte ihn hinaus in die Gischt.

„Ob das schon Aoga-shima ist?" Yukinaga hielt die Hand über die Augen und blickte nach Osten, wo ein Haufen Wolken über dem Horizont lag. „Ich nehme es an. Bei diesem Tempo könnten wir Tori-shima noch vor Sonnenuntergang erreichen."

„Sehen Sie dort hinüber." Onodera wies mit der Hand. „Halten Sie das für ein Schiff?"

Gerade vor ihnen, fast genau im Süden, war eine schwarze Rauchfahne am Horizont zu erkennen. Sowie sie aufstieg, verwehte sie der Wind in einem langgezogenen Wirbel nach Nordosten.

„Das ist kein Schiff", meinte Yukinaga, die Augen zusammenkneifen. „Das ist ein Vulkan. Das ist in der Nähe der Beyoneisu-Felsen."

„Ist es das Myojin-Riff?"

„Nein. Myojin ist zur Zeit nicht aktiv. Aber beim Smith-Riff gibt es nach mehr als fünfzig Jahren wieder Anzeichen eines vulkanischen Ausbruchs. Es liegt auf der Hand, daß sich auch irgendwo in den Beyoneisu-Felsen eine Eruption ereignen wird."

Onodera erinnerte sich plötzlich an seine Kinderzeit – als er über den Ausbruch des Myojin-Riffs gelesen hatte. Das war 1952 gewesen. War es schon so lange her? Der Meeresgrund, von der gläsernen Fläche des Ozeans bedeckt, hatte plötzlich Feuer, Rauch und Lava emporgeschleudert. Mitten im Meer hatte das Feuer gewütet, der Rauch war direkt aus dem Wasser herausgequollen. Was für einen mächtigen Eindruck hatte damals das Zeitungsfoto auf Onodera gemacht! Ein Schiff des Wetterdienstes, die *Kajyo Maru*, war zerstört worden, einunddreißig Mann Besatzung waren umgekommen, als die kühle, ruhige Oberfläche des Pazifiks von einer riesigen, zerstörerischen Woge, begleitet von sengendem Rauch und Asche, aufgewühlt worden war. Noch jetzt wurde Onodera bei dem Gedanken an die Ungeheuerlichkeit dieses Ereignisses die Brust eng. Er erschauerte.

„Tori-shima hat seine Katastrophe 1886 erlebt", sagte Yukinaga leise, die Wangen vom Wind leicht gerötet. „Genau in der Mitte der Insel explodierte ein Berg. In einem einzigen Augenblick wurden 125 Menschen, die gesamte Bevölkerung der Insel, vernichtet."

„Es scheint in letzter Zeit eine Menge vulkanischer Aktivität zu geben", meinte Onodera.

„Ja. Auf O-shima, Miyake-jima, Ao-shima – und jetzt ist auch vom Amagi-zan die Rede."

„Besteht da ein Zusammenhang?“

„Eigentlich sollte es da keinen geben – so wie wir die Dinge bis jetzt beurteilt haben. Aber –“

„Was aber?“

„Nun ja, das Auftreten vulkanischer Aktivität in einer Region hängt mit der Gebirgsbildung zusammen. Deshalb scheint jede Veränderung in der Gesamtstruktur allgemeine Auswirkungen mit sich zu bringen.“

Beide schwiegen eine Weile und blickten aufs Meer.

Das Schiff setzte jetzt seinen Südkurs direkt über dem vulkanischen Fuji-Rücken fort, der sich hier auf dem Grund des Ozeans hinzog. Vom mittleren Honshu mit dem Shirama-yoma, den Hida-Bergen und dem Norikuradake ausgehend, erstreckte er sich über den Asamayama und den Fuji-san, Hakone, den Amagi-zan, die Izu-Inseln, Aoga-shima, die Beyoneisu-Felsen, Torishima und noch weiter hinunter zur Iwo-jima-Kette, bis fast an den Wendekreis des Steinbocks – ein tausend Meilen langer Gürtel aus Feuer. Auf der ganzen Strecke erhoben sich vom Grunde des Ozeans aus fast 4 000 Meter Tiefe hier und da vulkanische Bergspitzen und durchstießen die Oberfläche des Meeres. Diese verstreuten Inseln zogen sich vom Äquator in Richtung Norden bis zum feuerspeienden Kasai-Archipel hin und bildeten die eigentliche Westküste des Pazifiks, eine ungeheure unterseeische Gebirgskette, über der das Schiff jetzt entlangglitt. Sie zeigte die große geologische Falte an, die in Sibirien begann und sich über Hokkaido bis ins zentrale Honshu ausdehnte. Von dort zog sie sich, Tausende Faden tief unter dem Wasser, den Meeresboden entlang, und ihren Verlauf markierten der Fuji-Archipel, der Ogasawara-Archipel, die Marianen und die Palau-Inseln, von wo aus die Endfalte durch eine Wendung Anschluß an den Bogen von Jawa und Sumatra fand. Dieser Ring aus Feuer, diese abgesunkene Küstenlinie fiel auf ihrer pazifischen Seite zu Gräben von unvorstellbarer Tiefe ab.

Plötzlich gab es eine laute Erschütterung, als sei etwas an den Boden des Schiffes gestoßen.

„Sind wir aufgelaufen?“ fragte Onodera.

„Ich glaube nicht, daß es in dieser Gegend ein Riff gibt“, sagte Yukinaga.

Im selben Augenblick schlug ihnen, obwohl kein Geräusch zu hören war, ein starker Luftzug ins Gesicht. Dann folgte etwas, das sich wie ferner Kanonendonner anhörte.

Ein Ruf ertönte von der Brücke. Matrosen eilten über das Deck und die Gänge hinab.

„Eine Eruption!“ schrie Yuki und kam an Deck.

Das laute Grollen hielt an, und als sie zurückblickten, sahen sie graubraunen Rauch von den Beyoneisu-Felsen aufsteigen. Orangefarbene Flammen leuchteten an der Grenze zwischen dem Rauch und der Wasseroberfläche auf.

„Dr. Tadokoro!“ rief der Kapitän von der Brücke herab. „Wie ist die Lage? Sind wir in Gefahr?“

„Kein Grund zur Beunruhigung, wenn es nicht schlimmer wird als das“, antwortete Tadokoro, der an Deck erschienen war und durch ein Fernglas blickte. „Doch warnen Sie die Schiffe im umliegenden Gebiet. Wir aber sollten zusehen, daß wir ans Ziel kommen.“

„Sehen Sie, drüben am Myojin-Riff steigt auch Rauch auf!“ Yukinaga schaute durch das Fernglas, das er von Tadokoro übernommen hatte. „Das scheint aber kein allzu großer Vulkan zu sein.“

„Und die Erschütterung vorhin – kam die von einer Flutwelle?“ fragte Onodera.

„Ja. Aber von einer kleinen“, entgegnete Tadokoro.

Onodera ließ sich das Fernglas von Yukinaga geben. Orangene Flammen züngelten aus dem Meer hervor. Die Spitze des Felsens war weggesprengt worden. Um die

Insel herum begann das Meer zu kochen, der braune Rauch und der weiße Dampf schienen die Flammen zu ersticken. Der Rauch stieg höher und höher in den Himmel, ein Teil breitete sich jedoch als schwere Schicht über dem Wasser aus. Glühende Geschosse und Bimsstein wühlten die See auf wie eine plötzliche Bö und peitschten das Wasser unter dem Rauchmantel zu Schaum. Und die Oberfläche des Meeres erbebte unter den fortgesetzten dumpfen Explosionen.

Während sie sich auf den Vulkan konzentrierten, hatte die *Hokuto* ihre Geschwindigkeit erhöht. Die Bugwelle ergoß sich über das Vorderdeck, und die Gischt brannte den Männern im Gesicht. Das Schiff erzitterte, und das laute Geräusch der Turbinen klang, wie wenn der Wind durch eine Höhle pfeift.

„Wir werden uns nicht aufhalten", sagte der Kapitän, als er von der Brücke herunterkam. „Sobald ich Sie zum Vermessungsschiff gebracht habe, muß ich nach Tori-shima zurück und die Leute vom Wetterdienst aufnehmen."

„Tori-shima?" fragte Yukinaga überrascht. „Gibt es dort auch Anzeichen von einem Ausbruch?"

„Ich weiß es nicht. Es sollen vorbeugende Maßnahmen sein – übrigens, Sie werden hier ganz naß. Ich denke, Sie sollten lieber nach unten gehen." Als der Kapitän wieder die Treppe zur Brücke hinaufstieg, wandte er sich noch einmal um und sagte: „Oh, was ich noch sagen wollte: Die Flutwelle vorhin scheint mit dem Unterwasserausbruch nichts zu tun zu haben. Wir haben gerade eine Warnmeldung über ein Seebeben im östlichen Teil des Ogasawara-Grabens erhalten, es ist sehr wahrscheinlich, daß es die Welle ausgelöst hat."

Aus irgendeinem Grund hatte diese Nachricht zur Folge, daß sich Tadokoros Gesicht auffallend verfinsterte.

Es war sieben Uhr abends, als die *Hokuto* an dem verabredeten Treffpunkt achtzehn Meilen nordöstlich von Tori-shima eintraf. In diesen Breiten war die Strahlung der untergehenden Sonne noch von großer Intensität, der Meeresspiegel lag jedoch glatt und ruhig unter den sengenden Strahlen, nur hin und wieder bewegt von einer leichten Brise aus Südsüdost.

Die *Wadatsumi* wurde mit einem Ladekran zu Wasser gelassen und mit Hilfe von Schlepptauen zur *Daito Maru 3*, dem Schiff des Wetterdienstes, gezogen, wo sie wieder emporgehievt und sicher auf dem Achterdeck vertäut wurde.

Als in der Dämmerung die Arbeit beendet war, ließ die *Hokuto* ihre Sirene ertönen und verschwand mit voller Fahrt in Richtung Tori-shima.

Onodera überließ Yuki das Kommando über die Sicherung der *Wadatsumi* und begab sich vom Achterdeck der *Daito Maru* nach unten. In einem der Gänge öffnete sich vor ihm die Tür zur Offiziersmesse, und Yukinaga steckte den Kopf heraus.

„Onodera", rief er, „kommen Sie herein, wir brauchen Sie hier auch."

Onodera trat durch die Tür und erblickte etwa zehn Männer, Wissenschaftler und Forschungspersonal, die den Tisch der Messe umstanden, auf dem Seekarten und andere Papiere ausgebreitet waren.

„Die polynesischen Fischer, die auf der Insel waren, als sie sank – wo befinden die sich jetzt?" fragte Tadokoro mit lauter Stimme. „Sind sie an Bord?"

„Wir haben gerade nach ihnen geschickt", antwortete ein älterer Mann, jeder Zoll ein Universitätsprofessor. „Morgen werden sie von einem amerikanischen Marineboot übernommen und in ihre Heimat gebracht."

„Ich habe den Eindruck, meine Herren –" Tadokoro richtete den Blick auf die um den Tisch versammelte Gruppe, „daß ziemlich viel Wind um eine unbedeutende kleine Insel gemacht wird. Da ist der Wetterdienst, das Amt für Fischereiwesen, das Amt für Technologie, und alle bemühen sich darum, ein Schiff dieser Größe auszurüsten und loszuschicken. – Was für eine Insel war es überhaupt?"

„Ein Schiff des Wetterdienstes hat sie erst vor fünf oder sechs Jahren entdeckt", antwortete ein Vertreter des Meteorologischen Dienstes. „Sie war sehr klein – nur anderthalb Kilometer von Nord nach Süd und 750 Meter von Ost nach West. Die höchste Erhebung erreichte gerade eben 70 Meter über dem Meeresspiegel."

Die Tür öffnete sich, und ein etwa fünfzigjähriger Mann trat ein. Er hatte unwahrscheinlich breite Schultern, und die Sonne hatte seine Haut dunkelbraun getönt. Die Arme, vom T-Shirt unbedeckt, waren kräftig und muskulös, und sein Körper roch nach Fisch und Maschinenöl. Hinter ihm betraten zögernd drei hochgewachsene Männer mit kohlrabenschwarzer Haut und verstört starrenden Augen den Raum. Zwei von ihnen trugen zerschlissene, von der Sonne ausgebleichte Buschhemden, der dritte ein zerrissenes Unterhemd, das eine dunkelbraune Farbe angenommen hatte. Die Lippen der Männer waren aufgeworfen, das Haar stand von ihren langen, schmalen Köpfen leicht gesträubt ab, wie die Haube eines Kranichs. Der älteste von ihnen hatte angegrautes Haar, Gesicht, Brust und Oberarme waren mit blauen Tätowierungen bedeckt.

Der Stämmige, der sie hereingeführt hatte, nahm seine ölverschmierte Arbeitsmütze ab, verbeugte sich höflich und stand dann unsicher und verlegen da.

„Das ist Herr Yamamoto von dem Fischerboot *Suiten Maru 9*, auf dem die polynesischen Fischer gerettet wurden“, erläuterte der Vertreter des Meteorologischen Dienstes. „Da er ein wenig polynesisch spricht, war sein Kapitän so freundlich, ihn mitzuschicken. Er sagt, daß diese Männer, die auf der Insel waren, als sie unterging, Fischer von der Insel Uragasu seien.“

„Wir wollen hören, was Sie uns zu sagen haben.“ Todokoro gab ihnen ein Zeichen, sich zu setzen. „Ich bin sicher, daß Sie den anderen bereits alles erzählt haben, aber wir würden uns freuen, wenn wir es noch einmal hören könnten.“

„Also“, sagte der Fischer, „gestern befand sich unser Boot irgendwo nordnordöstlich vom Yamome-Felsen im nordöstlichen Teil der Ogasawara-Kette, und wir fischten. Am Nachmittag erreichte uns ein Wetterbericht mit der Warnung vor einem tropischen Gewitter. Wir bereiteten schnell unsere Abfahrt vor, aber der Motor bockte. Wir machten zwar ein bißchen Fahrt, aber es ging nur langsam voran. Das Unwetter sollte nicht allzu stark werden, aber das Ruder gehorchte nicht recht. Es mußte etwas geschehen, und wir überlegten, bei welcher Insel wir Schutz suchen könnten. Wir beschlossen, lieber diese Insel ohne Namen anzulaufen, als es noch weiter bis Tori-shima zu versuchen. Wir erreichten die Insel bei Sonnenuntergang. Wir ankerten etwa 65 Meter vor der Bordseite, und alle, außer den Maschinisten, legten sich aufs Ohr. Es war eine richtig pechschwarze Nacht, bewölkt und ohne einen einzigen Stern.“

„Wie tief war es am Ankerplatz?“ fragte Yukinaga.

„Ich glaube, etwas über 15 Meter. Aus dem Funkbericht, den wir hörten, erfuhren wir, daß das Unwetter uns nur gestreift hatte und nach Osten abgezogen war. Da waren wir alle beruhigt und legten uns schlafen. Und dann – ja, warten Sie. Ich weiß, daß es schon vor drei Uhr hell zu werden begann. Vom Bug her kam plötzlich eine Bewegung, als ob das Schiff hinabgezogen würde. Ich war wach, denn ich war aufgestanden, um auf den Abort zu gehen, und es geschah gerade, als ich zurückkam. Ich hörte den Kapitän von oben rufen: ‚Was ist los?' Und die Wache rief zurück: ‚Alles in Ordnung.' Also legte ich mich wieder hin. Als ich dann aufwachte, war es nach vier Uhr. Ich hörte an Deck lautes Rufen und ging deshalb nach oben, um zu sehen, was es da gab. Sie riefen alle, daß die Insel verschwunden sei. Die Wolken hatten sich verzogen, und die Wasserfläche war ziemlich hell. Wir sahen uns um und fanden nichts mehr, nicht eine Spur von der Insel, obgleich sie doch noch am Abend vorher vor unserer Nase so wirklich und wahrhaftig dagelegen war wie nur möglich. Unser Boot schwamm einsam auf der offenen See, soweit man in jede Richtung blicken konnte. Wir trieben dahin, mit abgestelltem Motor. Irgendeiner sagte: ‚Die Ankerkette ist gerissen.' Aber in Wirklichkeit hing der Anker herab, ohne den Boden zu berühren. Dann schrie die Wache plötzlich: ‚Da ist jemand im Wasser.' Wir sahen hin und erblickten Männer, die in der Nähe des Bootes schwammen und irgend etwas riefen. Wir holten sie sofort heraus, und das hier sind sie."

„Aha." Tadokoro tat einen schnellen Atemzug. „Diese Männer also – sie waren in jener Nacht auf der Insel."

„Sie behaupten es. Die Segel waren ihnen im Sturm zerrissen, und so haben sie gestern mittag dort angelegt."

„Ich nehme an, daß man Sie bereits mehrmals gefragt hat", sagte Yukinaga, „aber haben Sie die Wassertiefe an der Rettungsstelle gemessen?"

„Ja. Am Boot waren es 600 Meter. Aber wir stellten später fest, daß wir mindestens anderthalb Meilen von unserem Ankerplatz in Richtung Norden abgetrieben worden waren. Der Kapitän hat gesagt, das ist das verrückteste Ding gewesen, von dem er je gehört hat. Und mit den reparierten Maschinen gewannen wir dann Fahrt und brausten auf Teufel komm raus in Richtung Süden; und unterwegs nahmen wir ständig Tiefenlotungen vor. Es waren noch nicht fünfzehn Minuten vergangen, als der Maat rief: ‚Kapitän, das Wasser wird plötzlich ganz flach. Wir haben hier 48 Meter.' – ‚So flach ist es in diesem Gebiet aber selten', sagte der Kapitän. ‚Kommen Sie doch her und werfen Sie einen Blick auf die Tiefenkarte', sagte der Maat. ‚Sehen Sie?' Dann drehte der Maat die Kompaßpeilung um zehn Grad nach West und befahl Viertelkraft. Dann signalisierte er langsame Fahrt und hielt scharf Ausschau, während er das Schiff vorwärtsmanövrierte. Der Kapitän stand hochaufgerichtet an der Bugspitze – er hatte Lotsenerfahrung und schaute, da die Sonne mit der Zeit aufgegangen war, konzentriert auf das Wasser vor dem Schiff. ‚War hier nun eine Insel oder nicht?' murmelte er. Doch dann, ganz plötzlich, konnte selbst ich erkennen, daß die Färbung des Wassers sich zu verändern begann. ‚Achtung, es wird flach!' brüllte der Kapitän. ‚Kapitän, wir befinden uns jetzt genau über der Insel', rief der Maat. ‚Wenn das so ist, dann Vorsicht', rief der Kapitän zurück, ‚wir sind schon fast über die Insel weg. Der tiefere Teil, über den wir kurz zuvor gekommen sind, muß die kleine Bucht gewesen sein, die der Krater gebildet hat. Eine Stelle war über einhundert Meter tief. Jetzt passieren wir gerade den Gipfel am Südzipfel der Insel. Aber sogar hier beträgt die Tiefe noch zehn Meter . . .'"

Yamamoto schloß den Mund, seine Geschichte war zu Ende. In der Messe herrschte völlige Stille.

Schließlich sprach der ältere Mann, dessen Auftreten sehr beherrscht war. Onodera hatte in ihm inzwischen einen bedeutenden Vertreter der Ozeanographie erkannt. „Und, meine Herren, während diese namenlose kleine Insel unterging, sank Tori-shima um etwa einen Meter."

„Nun, lassen Sie uns hören, was diese Männer zu sagen

haben“, sagte Tadokoro und wandte sich an die drei Polynesier. „Können Sie einigermaßen übersetzen?“

Yamamoto kratzte sich den Kopf und begann. Aber weder sein Polynesisch noch das Japanisch des alten Mannes oder das Englisch des jüngeren reichten aus, als es um Einzelheiten ging. Doch die drei Eingeborenen, Naturkinder, die sie waren, machten den Anwesenden wortreich und unter geschickter Verwendung von Gesten und Geräuschen die Umstände des Versinkens begreiflich.

Nachdem sie den Tag damit verbracht hatten, ihr beschädigtes Fahrzeug zu reparieren, hatten sich die Polynesier in einer Höhle in der Klippenwand, die auf die kleine Bucht hinabsah, schlafen gelegt. Mitten in der Nacht wurden sie von dem Geräusch der Wellen geweckt und stellten fest, daß die See bis an die Öffnung der Höhle gestiegen war.

Hatte ein Erdbeben stattgefunden? Hatten sie irgendein Grollen vernommen?

Sie antworteten, daß sie nichts dergleichen bemerkt hätten. Und als jemand fragte, wie schnell die Insel gesunken sei, beugte sich der Jüngste anstelle einer Antwort nach vorn, berührte den Boden mit den Händen und führte sie allmählich nach oben, bis sie sich in Brusthöhe befanden.

„Wie ein Unterseeboot“, meinte einer.

Überstürzt hatten sie die Spitze der Klippe erklommen und dann die höchsten Erhebungen der Insel, die nachdringende See auf den Fersen. Der Gipfel war bald zu einem Felsbrocken inmitten der schwarzen Meeresoberfläche zusammengeschrumpft und wurde bedrängt von hungrigen weißen Wellen. Bald war auch er überspült, und die drei Männer wurden weggetrieben, inmitten von Wirbeln jeglicher Größe. Vom panischen Entsetzen gepackt, glaubten sie sich bereits verloren, aber da trafen sie auf ein großes Stück Treibholz und hielten sich bis Tagesanbruch abwechselnd daran fest.

„Nun", sagte Tadokoro, nachdem sie alles erzählt hatten, „es gibt genügend Berichte über sinkende Inseln – aber eine so große Insel ... und daß sie so schnell sinkt ... Nun, meine Herren, so etwas begegnet einem nicht alle Tage, nicht wahr?"

„Das ist noch längst nicht alles", sagte der grauhaarige Ozeanograph gelassen. „Das Fischerboot hat mit einer Boje den höchsten Punkt der Insel markiert."

„Sie haben sie gefunden?"

„Ja, wir haben sie gefunden. Und wir haben festgestellt, daß wir uns ohne Frage über der Insel befanden. Aber zu dem Zeitpunkt lag der Gipfel schon einhundert Meter unter dem Meeresspiegel. Was halten Sie davon, Tadokoro? Der gesamte Meeresgrund dieses Gebietes ist in nur zweieinhalb Tagen um etwa 170 Meter gesunken."

Nach langsamer Fahrt, während der wiederholt Echolotungen vorgenommen wurden, stoppte die *Daito Maru* am folgenden Morgen um sieben Uhr über der versunkenen Insel. Das Meer war friedlich. Der Tanker *Tatsumi Maru,* der dem Institut für Meeresbodennutzung gehörte, warf seine Anker in etwa 300 Meter Entfernung von der *Daito Maru.* Er diente als Versorgungsschiff für das Tauchboot, und auf seinen Decks war alles eifrig mit Vorbereitungen beschäftigt. Ein Ladekran hob die *Wadatsumi* vom Deck und ließ sie langsam zu Wasser. Onodera und Yuki gingen an Bord, das heißt, sie sprangen auf das Deck des gefährlich schlingernden Tauchboots. Onodera schlüpfte durch den Einstiegschacht des Kommandoturms und ließ sich in die Gondel hinab. Dann dirigierte er nach den Anweisungen, die Yuki ihm durch die offene Luke gab, das Tauchboot geschickt hinüber zur *Tatsumi Maru.*

Auf Deck der *Tatsumi Maru* wehte die rote Flagge, die Rauchverbot anzeigte. Treibstoffgeruch lag in der Luft. Die *Wadatsumi,* deren weißer Rumpf auffallend modisch mit zwei roten und zwei orangefarbenen Streifen verziert war, wurde wie vorgesehen langsam in die richtige Trimmlage gebracht. Laut Plan waren drei Tauchfahrten jeweils an verschiedenen Stellen vorgesehen. Die erste sollte zweieinhalb Stunden oder, wenn es geraten schien, noch länger dauern.

Die ersten Teilnehmer waren Tadokoro und ein junger Ingenieur des Amtes für Fischereiwesen. Nachdem beide durch die Luke in die Gondel hinabgestiegen waren, gab Onodera mit hochgerecktem Daumen das Zeichen, den Greifarm zu lösen. Laut ratternd schwang der Arm aus und schob die *Wadatsumi* von der Längsseite des Tankers weg. Das Tauchboot schwamm frei auf den Wellen, der Kommandoturm schwankte von einer Seite zur anderen. Onodera krümmte den Zeigefinger, steckte ihn zwischen die Zähne und stieß einen grellen Pfiff aus, um mögliches Unheil von sich abzuhalten. Vom Arbeitsdeck der *Tatsumi Maru* ertönte ein Antwortpfiff von Yuki. Onodera begab sich durch den fast fünf Meter langen engen Einstiegschacht hinunter, ließ sich in die Gondel hinab und schloß den Lukendeckel hinter sich.

„Also, dann los", sagte Onodera zu den beiden Männern, die voller Spannung hinter ihm saßen, während er seine letzte Routineüberprüfung des Langwellenempfängers vornahm. Er verringerte die Innenbeleuchtung, packte mit einer Hand den Steuerknüppel und preßte die Luft aus den vorderen und hinteren Fluttanks. Geräuschvoll schäumte das Wasser um die *Wadatsumi* auf und stieg rauschend an den Beobachtungsfenstern vorbei nach oben. Yuki sah vom Deck der *Tatsumi Maru* den weiß-orangenen Kommandoturm der *Wadatsumi* langsam in die Wellen sinken, während von Bug und Heck Blasen aufstiegen.

Onodera warf den Motor an. Die aufwärts gerichtete Heckschraube begann sich langsam zu drehen.

„Wir gehen mit Vollgas steil neben der Insel hinunter. Etwa sechzig tief. Bitte festhalten."

Onodera drückte den Steuerknüppel kräftig nach vorn und dann nach rechts. Die *Wadatsumi* tauchte, in einem Bugwinkel von etwa 15 Grad sank sie in einer Spirale nach unten. Tadokoro und der Ingenieur schauten abwechselnd auf den Fernsehschirm und durch das Fenster hinaus.

„Da ist sie", murmelte Todokoro, seine Stimme klang fast wie ein Knurren. „Da ist sie."

Es war inzwischen neun Uhr, doch hier unten in der Tiefe war es noch nicht so hell. Das Wasser aber war klar, und auf dem Schirm der schwenkbaren Fernsehkamera erkannte man undeutlich die aus der dunklen Tiefe aufragenden riesigen Umrisse der noch schwärzeren Landmasse der unterseeischen Insel. Nur der Berggipfel schimmerte schwach, die abschüssige Seite der Insel, die sich in tausend Faden tiefes dunkles Wasser hinabsenkte, entzog sich immer mehr dem Blick.

„Halten Sie genau darauf zu", sagte Tadokoro und schaltete den Videorecorder ein.

Onodera bewegte den Steuerknüppel ganz vorsichtig, um den Kurs des Bootes zu korrigieren und um es zur Insel zu lenken. Vorsichtig schaltete er den Rückwärtsgang ein, und das Boot kam zum Stillstand. Er ließ ein wenig Stabilisierungsluft ab und setzte erneut zum Tauchen an, nachdem er den Bug des Schiffes um fünfzehn Grad gesenkt hatte. Als glitten Theaterkulissen in ihre Position, so tauchte verschwommen der Gipfel der namenlosen Insel am unteren Rand des Fernsehschirms auf. Der Bug des Tauchbootes war jetzt knapp 300 Meter davon entfernt. Professor Tadokoro drückte auf einen Knopf, und der kleine Videorecorder begann leise surrend mit der Aufzeichnung.

Onodera schaltete das Echolot ein.

„Schalten Sie es aus, sobald Sie glauben, daß es soweit ist", sagte er und beobachtete scharf die zitternde Nadel des Echometers und den Zeiger des Tauchgeschwindigkeitsmessers. „Wir haben noch ein ganz schönes Stück vor uns." In etwa zehn Metern Entfernung vom Hang des Berges schaltete Onodera die Maschine auf volle Fahrt zurück, und die *Wadatsumi*, deren Nase noch immer um 15 Grad geneigt war, schoß rückwärts wie ein Zahnkarpfen.

„Wollen wir den Abhang hinunter, Professor?" fragte Onodera.

„He, nicht so stürmisch, wenn ich bitten darf", ertönte Yukis Stimme von der *Tatsumi Maru* aus dem Funkgerät. „Wir glaubten schon, ihr kracht dagegen."

„Versuchen Sie, den Gipfel zu umfahren", sagte Tadokoro, „dann sehen wir den Hang hinunter."

„Professor Tadokoro", sagte Onodera, während er das Boot wieder vorwärts manövrierte, „obwohl sich der Meeresboden in zwei Tagen um fast 200 Meter gesenkt hat, gab es keine Flutwelle, nichts. Was meinen Sie, ist der Grund?"

„Weiß ich nicht!" antwortete Tadokoro barsch. „Irgendwie wurde das Gleichgewicht aufrechterhalten, vermute ich, ich weiß aber nicht, wie. Ich weiß es einfach nicht!"

Ich weiß es nicht – diesen Vers höre ich nun schon seit gestern abend immer wieder, dachte Onodera.

Die *Wadatsumi* begann, im Abstand von etwa 150 Metern und mit einer Geschwindigkeit von drei Knoten den Gipfel der gesunkenen Insel zu umfahren. Sie waren nahe genug, um die Risse erkennen zu können, die sich an der Kraterböschung des alten Vulkans hinabzogen. Als Onodera den Scheinwerfer eingeschaltet hatte, vermochte auch er, als Laie, die Unterschiede zwischen Wasser- und Winderosion zu erkennen. Der Durchmesser des Kraters betrug an der Öffnung 200 bis 300 Meter. Auf seiner Innenseite fiel er glatt und fast senkrecht ab. In der Kraterwand war ein tiefer, V-förmiger Spalt. Er schien nicht durch die Eruption, sondern durch weiter zurückliegende Störungen verursacht zu sein. Der Tiefenmesser zeigte neben dem Krater eine Tiefe von etwa 100 Meter an. Onodera lief es kalt über den Rücken bei dem Gedanken, daß Tadokoro sagen könnte: *Wir wollen einen Blick da hinunterwerfen.* Zu dem Zeitpunkt, als die Insel versunken war, hatte es keine Anzeichen vulkanischer Aktivität gegeben.

Als sei es immer so gewesen, lag der riesige schwarze Körper der Insel im kalten Dämmer des Ozeans, in einen Mantel tiefen Schweigens gehüllt.

Onodera begann den Abstieg. Er benützte das Echolot, um äußerste Sicherheit zu gewährleisten, und hielt mit fast 30 Grad Buglastigkeit auf die abfallende Flanke des Vulkans zu.

„Wir gehen den Hang abwärts, Yuki“, sagte er ins Mikrophon, „paß bitte genau auf.“

„Verstanden.“

Onodera bediente den Widerstandsregler. Das Geräusch fließenden Wassers drang durch das dicke Metallgehäuse der Gondel, und sie erbebte unter der Vibration der Maschine, als die *Wadatsumi* jetzt mit einer Geschwindigkeit von zwei Knoten zu tauchen begann. Professor Tadokoro und der junge Ingenieur zogen ihre Sicherheitsgurte straffer. Mit weitaufgerissenen Augen blickten sie aus dem Beobachtungsfenster und auf den Fernsehschirm. Das eintönige, scharfe Echo des Lots widerhallte in der Gondel.

Schwärme von Fischen und große Schatten wie von Haien überquerten den Bildschirm. Die Flanke des unterseeischen Kraters ragte undeutlich vor dem rechten Fenster auf, bis endlich die unverkennbaren Spuren der Meereserosion ins Blickfeld kamen.

„Gehen Sie zurück bis an den einstigen Strand", sagte Tadokoro.

Onodera hob den Bug des Tauchbootes, bis die Erosionsgrenze sich genau in Höhe des Fensters befand.

„Wo haben Sie Ihr Nivelliergerät?" fragte Tadokoro.

„Dort im Schubfach."

Tadokoro legte es auf die vorstehende Kante des Beobachtungsfensters und schaute gespannt darauf. Endlich sagte er unvermittelt: „Wenn das die Wasserspiegelmarkierung von vor drei Tagen ist, dann hat sich die ganze Insel um vier bis fünf Grad nach Osten geneigt."

„Soll ich noch tiefer gehen?" fragte Onodera.

Tadokoro tippte ihm zum Zeichen des Einverständnisses auf die Schulter. Die *Wadatsumi* setzte ihre Tauchfahrt fort ... 200 Meter ... 270 Meter ... Inzwischen stand die Sonne offensichtlich hoch am Himmel, denn die Sicht blieb ziemlich konstant. Das Wasser vor dem Fenster nahm jedoch schnell eine bläuliche Tönung an. Bei 330 Meter Tiefe richtete Onodera den Bug des Bootes langsam auf. Der Kraterhang wurde allmählich flacher, Onodera schaltete das Fernsehgerät und die Beleuchtung der Gondel aus, und ein gespenstisches blaues Licht strömte durch die runden Beobachtungsfenster. Bei 400 Meter Tiefe folgte die sich nun fast waagerecht vorwärtsbewegende *Wadatsumi* der sanften Neigung, die sich in der Dunkelheit des Meeresbodens verlor. Er ließ ein wenig Ballast ab.

„Wir stoßen jeden Augenblick auf Grund", verkündete Onodera.

Er schaltete den Scheinwerfer ein. Hinter einer wolkigen Wand aus Wasser kam vor ihnen undeutlich der Meeresboden in Sicht. Die vom Unterboden des Tauchbootes herabhängende Schleppkette schlug hart auf, so daß man die Bewegung in der Gondel spürte. Phosphoreszierende Fische schwammen ans Fenster heran. Der Boden des Meeres wirkte unter dem starken Strahl des Scheinwerfers wie ein riesenhaftes, graues Lebewesen. Onodera verringerte die Geschwindigkeit auf einen halben Knoten. Die Schleppkette rührte den Schlick vom Boden auf, während die *Wadatsumi* endlich langsam zum Stillstand kam. Nur knapp zwei Meter trennten das Boot vom Meeresboden.

Soweit Onodera es beurteilen konnte, wies der Grund des Meeres keine ungewöhnlichen Merkmale auf. Die beiden Männer hinter ihm nahmen jedoch etwas wahr, das sie in große Aufregung versetzte.

„Sandrillen –", murmelte der junge Ingenieur.

„Aufwürfe von vulkanischem Gestein – einfach hier herum verstreut?" rief Tadokoro erregt.

„Es ist doch wohl offensichtlich, daß sich der Bodenschlamm vor sehr kurzer Zeit heftig bewegt hat, oder?" fragte der Ingenieur. „Schauen Sie – dort!"

„Hmm." Tadokoro nickte. „Der Meeresboden, der hier dieselbe Neigung aufweist, scheint sich über ein weites Gebiet hin verschoben zu haben, nicht wahr?"

„Könnte man statt ‚verschoben' nicht eher sagen, daß sich hier so etwas wie ein Erdrutsch ereignet hat?"

„Onodera", sagte Tadokoro, „als nächstes müssen wir feststellen, wie es am östlichen Teil des Landsockels aussieht."

Bei der zweiten Tauchfahrt gingen Professor Yukinaga und ein Vulkanologe der Expedition mit an Bord. Diesmal tauchte Onodera mit voller Kraft und steuerte das Tauchboot rasch bis auf eine Tiefe von 650 Meter. Und von da aus folgten sie dem abfallenden Landsockel bis hinunter zum Meeresboden in eine Tiefe von über 2 000 Meter. Wieder machten die beiden Beobachter eine Fülle erregender Entdeckungen. Einmal stieß der sonst so beherrschte Yukinaga einen gellenden Schrei aus. Der Seegang war stärker geworden, als sie wieder an die Oberfläche kamen.

„Wir werden die dritte Tauchfahrt auf morgen verschieben", sagte Tadokoro. „Die *Daito Maru* scheint etwa neunzig Meilen von hier im Ogasawara-Graben etwas Ungewöhnliches entdeckt zu haben. Diesmal werden wir bis auf den Grund des Grabens gehen und nachschauen. Spricht irgend etwas dagegen?"

„Nein, Herr Professor", sagte Onodera.

Die Sicht war schlecht, als die *Wadatsumi* am nächsten Tag mit Tadokoro und Yukinaga an Bord unter die Oberfläche des Meeres glitt. Sie tauchte hinab in den Rachen eines unendlichen, schwarzen Abgrunds aus Wasser, und in 1 000 Meter Tiefe wurde sie völlig von der Dunkelheit verschluckt. Der Wasserdruck auf eine Metallfläche von nicht mehr als einer Handfläche betrug über 100 Tonnen. Die *Wadatsumi* stieß mit einer konstanten Geschwindigkeit von drei Knoten in der Stunde hinab in jenes eiskalte Inferno aus vernichtendem Druck wie ein in blaues Glas eingeschlossener Fremdkörper. Im Innern der Gondel wurde es kalt. An den Wänden kondensierte die Feuchtigkeit.

„Sie sollten lieber Ihre Jacken anziehen", sagte Onodera.

Das Steuerpult leuchtete grün wie ein Leuchtkäfer. Bei 1 700 Meter Tiefe schaltete Onodera den Scheinwerfer an. Das Wasser hüllte die *Wadatsumi* wie graublauer Nebel ein. Von Zeit zu Zeit stiegen seltsame Tiefseetiere herauf in den Scheinwerferkegel und schwammen gleichgültig weiter, ohne das geringste Interesse an dem merkwürdigen Eindringling zu zeigen.

„3400 Meter", sagte Onodera, die Augen auf dem Wasserdruckanzeiger. „Dort drüben links beginnt der Graben abzufallen. Die Entfernung beträgt acht Meilen. Böschungswinkel 25 Grad. Den Karten nach müßte er viel steiler sein."

Die Temperatur sank weiter. Yukinaga zog den Jakkenkragen unauffällig enger. Der Lufttrockner tat seine Wirkung, die Kondensationstropfen an den Wandungen und Rohren waren verschwunden. Im Innern der Gondel war es still wie auf einem Friedhof in der Abenddämmerung. Das Tauchboot kam Yukinaga vor wie ein Metallsarg, der immer tiefer hinabgezogen wurde in den schrecklichen Druck der ungeheuren Tiefe.

5000 Meter. Professor Yukinaga spürte, wie ihm die Haut zu kribbeln begann bei dem Gedanken, wie sich nur 50 Zentimeter von seiner Schulter entfernt das Wasser draußen gegen die Metallwandung preßte. Er vernahm ein leises Knacken und schaute sich heimlich um.

„Alles in bester Ordnung", sagte Onodera, der Yukinagas Beunruhigung bemerkt hatte. „Die Instrumente ziehen sich bei Temperaturabfall zusammen und reißen an ihren Fassungen. Soll ich die Heizung einschalten?"

„Nein . . .", sagte Tadokoro. „Wir sind doch bald am Grund?"

„Wir sind jetzt bei 5730 Meter", sagte Onodera mit einem Blick auf den Druckmesser. „Der Grund müßte etwa . . ."

Ein lautes Ping ertönte, als der Schallimpuls unmittelbar zurückgeworfen wurde.

„ . . . 1950 Meter tiefer liegen."

Nur noch selten erschien jetzt ein Lebewesen im Strahl des Scheinwerfers. Hin und wieder glitt eine kleine Qualle oder eine Muschel vorbei, immun gegen den fürchterlichen Druck. Wenn Onodera jedoch den Scheinwerfer ausschaltete, leuchteten Lebewesen wie verstreute Blüten, blauweiß phosphoreszierend, in der pechschwarzen Leere auf. Die Wassertemperatur sank auf 1,8 Grad Celsius. Eine Stunde und zweiundvierzig Minuten waren vergangen, seit sie getaucht waren.

„7 330 Meter ..."

„Da!" rief Yukinaga mit bebender Stimme. „Ist das ein Rochen?"

Vor dem linken Fenster schwebte etwas wie ein riesiger Vorhang langsam durch den Scheinwerferkegel.

„So groß kann doch wohl kein Lebewesen sein", sagte Tadokoro heiser.

Das Tier, das von dem äußeren Lichtkreis erfaßt worden war, brauchte fünf, sechs Sekunden, bis es vorübergeschwommen war. Es war offenbar mehr als 30 Meter lang.

„Könnten wir versuchen, es mit dem Lot zu verfolgen?" fragte Yukinaga.

„Es ist bereits ein ganzes Stück über uns", entgegnete Onodera. „Wir sind bald am Grund."

Plötzlich gab es einen lauten, dumpfen Schlag, das Tauchboot hatte einen mächtigen Stoß gegen die Seite bekommen. Die *Wadatsumi* erzitterte, ihre Spitze schwankte um mehr als zwanzig Grad nach links, und dann etwa um dreißig Grad zurück nach rechts.

„Was ist das?" fragte Yukinaga mit rauher Stimme. „Ein Unfall?"

„Nein", entgegnete Onodera ruhig. „Es scheint sich um eine unterseeische Gezeitenströmung zu handeln."

„An einer so tiefen Stelle?" fragte Tadokoro. „Eine so mächtige Strömung? Wie denn das?"

„Ich weiß nicht", antwortete Onodera. „Manchmal geraten wir in eine hinein. Aber einer so starken Strömung bin ich bisher noch nicht begegnet."

„Dort ist der Meeresboden“, sagte Yukinaga, es klang wie ein Seufzer.

Unmittelbar unter ihnen leuchteten undeutlich zwei senffarbene Kreise auf, die Kegelrundflächen der beiden Scheinwerfer, die vom Bug und vom Heck des Tauchbootes senkrecht hinabstrahlten. Allmählich wurden die Kreise heller, ihre Umrisse wurden scharf. An verschiedenen Stellen wirbelten, aufgerührt von dem abgestoßenen Ballast, Schlickwolken auf und stiegen, sich verbreiternd, nach oben. Die Schleppkette berührte den Grund, die *Wadatsumi* setzte ihren Kurs knapp eineinhalb Meter über dem Boden fort.

Das Wasser in dieser Tiefe war klar. Sobald sich die Schlickwolken gesetzt hatten, gab es so gut wie nichts mehr, was das Licht des Scheinwerfers hätte erfassen können. Um sie herum erstreckte sich die melancholische braune Wüste des Meeresgrundes, in der Ferne graugetönt, mit einem Anflug von Indigo. Dahinter war nur Schwärze.

„Also ...“, brach Onodera mit belegter Stimme das Schweigen, „das ist der Boden des Grabens. Die Tiefe beträgt 7 976,6 Meter.

Als wären sie unangenehm berührt von Onoderas Worten, begannen die beiden Wissenschaftler sich leise und schnell im Flüsterton zu unterhalten.

„Sehen Sie einmal dort hinüber!“ Tadokoro zeigte mit dem Finger.

Yukinaga nickte. Von Westen nach Osten zogen sich zahlreiche Sandrillen über den Meeresboden.

„Und das dort drüben“, fügte Tadokoro hinzu, „was ist das lange Ding dort, das wie eine Wagenspur aussieht?“

„Ich weiß es nicht.“ Yukinaga schüttelte den Kopf. Er wandte sich an Onodera: „Könnten wir vielleicht in diese Richtung fahren?“

Onodera gab etwas Ballast ab. Wieder erhob sich eine Schlickwolke vor dem Fenster. Die *Wadatsumi* stieg ein wenig. Onodera manövrierte den Bug des Tauchbootes in die gewünschte Richtung – mehr durch die geschickte Nutzung der Düsen als mit Hilfe des Steuerknüppels –, und es bewegte sich extrem langsam vorwärts.

Die Furche auf dem Meeresgrund, hier etwa zwei bis zweieinhalb Meter breit, kam durch die aufgewühlte Sandwolke hindurch in Sicht. Es sah aus, als hätte sich ein Tier von phantastischer Größe über den Schlick hinweg geschleppt.

„Dort drüben auch“, flüsterte Yukinaga. „Es gibt noch eine ganze Menge anderer.“

„Wofür halten Sie das?“ fragte Tadokoro.

„Ich weiß es nicht.“ Onodera schüttelte den Kopf. „Ich bin schon zwei- oder dreimal in einen Graben getaucht, aber das hier sehe ich zum erstenmal.“

Der Meeresboden war durchzogen von diesen Rissen. Viereinhalb bis sechs Meter breit, erstreckten sie sich von Osten nach Westen, so weit die Sicht aus dem Tauchboot reichte. Irgend etwas hatte eine Verschiebung des Meeresbodens verursacht: irgendeine Kraft von unvorstellbarem Ausmaß.

„Könnte es sein, daß es in diesem Gebiet eine außergewöhnliche Gravitationsanomalie gibt?“ fragte Yukinaga.

„Ich hab' keine Ahnung“, antwortete Tadokoro. „Wir sollten einmal die Furchen entlang fahren und weitersehen.“

Onodera stellte das Funkgerät auf volle Stärke ein und versuchte, Kontakt zur *Tatsumi Maru* herzustellen. Es dauerte eine Weile, bis Yukis Stimme zu ihnen drang. Der Empfang war sehr schlecht und elektrostatisch verzerrt.

„Was ist los“, kam die schwache Antwort. „Wir hatten gerade jede Spur von Ihnen verloren. Wir haben uns an

Ihren Schallschwingungen orientiert."

„Wir sind am Grund des Grabens auf ein paar merkwürdig aussehende Rinnen gestoßen", sagte Onodera. „Wir folgen ihnen jetzt in östlicher Richtung. Bestätigen Sie bitte meine Position."

„In Ordnung", entgegnete Yuki. „Geben Sie mir in einer Minute ein Signal. Danach in Minutenabständen Schallimpulse."

Den Blick auf die Stoppuhr gerichtet, ließ Onodera eine Minute verstreichen, dann schickte er ein Ultraschallsignal hinauf. Als er die Antwort bekam, die seine Position bestätigte, stellte Onodera den Ultraschallsender auf Minutenfrequenz ein und setzte das Tauchboot in Bewegung. Er steuerte es in eine flache Kurve und passierte zwei Rinnen, dann orientierte er die Achse des Bootes auf die dritte und fuhr mit einer Geschwindigkeit von drei Knoten über ihr geradeaus weiter. Offenbar hatten sie den tiefsten Teil des Grabens noch nicht erreicht. Vor ihnen befand sich eine leichte Senke von etwa 20 Grad, die nach Osten abfiel. Das Boot bewegte sich vorwärts, die Schleppkette hielt den gleichen Abstand zum Meeresboden. Der Wasserdruck begann erneut zu steigen. Nach anderthalb Meilen wurde die Rinne breiter, verdoppelte sich fast, und sie wurde auch flacher. Schließlich verlor sie sich im Schlick. Außer dem schwachen Echosignal des Oszillators und dem gleichmäßigen Brummen des Motors war nichts zu hören.

„Wir sind jetzt bei 7650 Metern", sagte Onodera. „Der Boden fällt plötzlich steil ab."

„Das Wasser ist schlammig geworden", sagte Tadokoro.

Unvermittelt richtete sich unter einem Stoß die Spitze des Bootes auf. Es hob sich um etwa 20 Meter über den Boden, bevor Onodera es wieder in die Gewalt bekam.

„Ist alles in Ordnung?" fragte Yukinaga, der sich an

seinen Sessel klammerte, während das Boot hin und her schwankte. Im trüben Licht der Kabine waren Schweißtropfen auf seiner Stirn zu erkennen.

Ohne zu antworten, packte Onodera den Steuerknüppel und ging etwa 30 Meter höher. Das Stampfen ließ sofort nach. *Das ist ja unglaublich,* dachte er, *eine derart starke Strömung, so nahe am Boden eines Grabens!* Er brachte das Boot bei 60 Meter über dem Grund in die Horizontale. Die schlingernden Bewegungen hörten fast völlig auf.

„Wollen wir noch einmal hinunter?" fragte Onodera.

„Nein ...", murmelte Tadokoro, offenbar unsicher geworden.

„Was ist mit einer Fackel?"

„Versuchen Sie es."

Onodera öffnete den Deckel eines kleinen Schaltkastens zu seiner Rechten und drückte einen der sechs Hebel darin hinunter. Es gab eine leichte Erschütterung. Dann tauchte auf dem oberen Teil des Fernsehschirms eine blendende Strahlenkugel ins Blickfeld. Umgeben von einer wildbewegten Wolke aus Wasserbläschen sank sie langsam abwärts.

Die beiden Wissenschaftler, die sich an das Beobachtungsfenster drängten, rissen vor Überraschung den Mund auf. Onodera hielt die Augen auf den Bildschirm gerichtet. Beleuchtet von dem blauweißen, blendenden Licht dieser Unterwassersonne, wurden dicht gedrängte Haufen graugelber Schlammwolken sichtbar. Sie trieben in der Strömung hin und her und zogen sich in weite Fernen hin wie ein unendliches Meer von Haufenwolken, auf die man vom Flugzeug hinabsieht.

„Können wir dort hinunter?" murmelte Tadokoro.

„Wir könnten es 50 Meter weit versuchen", antwortete Onodera.

„Gut. Aber vorsichtig ...", sagte Tadokoro. „Achten

Sie darauf, daß wir sofort wieder herauf können."

Onodera trieb einen Strahl Benzin aus dem kleinen Tank aus, der zum Trimmen des Bootes diente, und die *Wadatsumi* begann sehr schnell zu sinken. Erschrocken ließ Onodera etwas Ballast ab, um die Sinkgeschwindigkeit zu verringern. Sie befanden sich jedoch bereits mitten in den schlammigen Wolken. Von neuem begann das Boot heftig zu zittern. Onodera ging wieder 15 Meter höher, und sie befanden sich über den Wolken. Ein neuer Stoß erschütterte die *Wadatsumi,* sie begann zu schlingern.

„Versuchen wir es mit noch einer Fackel", sagte Tadokoro, der sich auf die Instrumente konzentriert und die neue bedrohliche Lage nicht bemerkt hatte.

Als Onodera aber die Fackel zündete, ließ er, in einer Vorahnung von Gefahr, eine große Menge Ballast ab, und der braune Wolkenstrudel fiel schnell unter ihnen zurück. Einen Augenblick später wurde die *Wadatsumi* breitseits von einer heftigen Strömung getroffen, die sie auf die Seite schleuderte und weit vom Kurs abdrückte, ehe Onodera die Steuerung wieder unter Kontrolle bekam und den Motor anstellen konnte. Das Tauchboot begann nun gleichmäßig zu steigen.

„Professor Tadokoro! Sehen Sie, dort!" rief Yukinaga.

Die Fackel, die gezündet worden war, bevor die Strömung das Boot gepackt hatte, trieb in der Ferne und ergoß Licht auf das unter ihr liegende gelbbraune Chaos. Am äußersten Rande des Lichtscheins wallte mächtig ein ungeheuer großes Etwas – eine grünliche Masse von Schlammwolken. Diese Masse schwoll beim Näherkommen an und ergoß sich aus der darüberliegenden Finsternis in die abfallende Flanke des Grabens.

„Ein Schlammstromwirbel!" rief Tadokoro mit ungewöhnlich schriller Stimme. „Wir sind die ersten, die so etwas sehen."

„Aber – in dieser Tiefe?" fragte Yukinaga, zitternd vor Aufregung. „Es sieht aus, als ob der Wirbel aus der Flanke des Grabens hervor käme."

„Ich muß uns jetzt nach oben bringen", sagte Onodera, der die Sprache wiedergefunden hatte. „Es ist ein Funkspruch vom Schiff gekommen: Die See wird rauh."

An einer Stelle, die etwa 80 Meter über dem sich in den Graben ergießenden Schlammstrom lag, begann die *Wadatsumi* ihren einsamen Aufstieg. Wie ein von seiner Verankerung gelöster Ballon stieg sie mit ständig zunehmender Geschwindigkeit auf, dem Silberhimmel zu, der 8000 Meter über ihr schimmerte. Onodera schoß die restlichen Fackeln ab. Sie barsten und schwebten unter der *Wadatsumi* hinweg. Ihr gleißendes, blauweißes Licht erhellte einen Kreis von über einer Meile Durchmesser.

Erst jetzt stellte sich bei Onodera ein Gefühl ein für die Welt, die sie umgab – für jene unendliche, vernichtende Welt aus eisigem, klarem Wasser. Weit zurück, zur Linken, wo das Licht verblaßte, ragte undeutlich die dunkle Wand des Grabens auf und verschmolz mit der Finsternis hinter ihr. Der zuckende gelbbraune Schlammstrom lag nun weit unter ihnen, aber Onodera konnte noch den schwachen Schatten der *Wadatsumi* erkennen, der sich darauf abzeichnete, ein winziger Metallzylinder in unendlicher Leere.

Der Japangraben: der tiefste aller Gräben, der sich in fast 8000 Meter Tiefe unter den sonnenbeschienenen Wogen des endlosen Pazifik entlangzog. Jetzt rührte sich etwas in dieser ungeheuren Wasserwüste. Die eisige, monströse Schlange der Finsternis, die in dem Graben lag und sich von einem Ende zum anderen erstreckte – sie begann sich unter dem fürchterlichen Druck zu winden, der auf ihr lastete. Sie begann ihren Körper langsam zu bewegen.

TOKIO

Onodera hatte seinem Abteilungsleiter Yoshimura den Bericht übergeben und wandte sich zum Gehen, als ihm Yoshimura, wie wenn ihm noch etwas eingefallen wäre, nachrief „Onodera . . ." Der wandte sich nach seinem Chef um. Yoshimura hatte den Bericht zur Seite geschoben, tippte sich mit dem Bleistift an die Lippen und starrte gedankenversunken ins Leere.

„Ist noch etwas, Herr Yoshimura?" fragte Onodera.

„Ah, ja . . . Das war's. Fahren Sie jetzt nach Hause, Onodera?"

„Ich denke, schon", entgegnete Onodera unbestimmt. „Übermorgen wollte ich meinen Urlaub antreten, den ich bisher noch nicht nehmen konnte."

Yoshimura erhob sich. „Ich gehe jetzt", sagte er zu seiner Sekretärin. „Wenn der Bericht vom Konstruktionsbüro bestätigt ist, geben Sie ihn an die Unterwasserabteilung weiter."

Onodera hielt Yoshimura die Tür.

„Was halten Sie von einem Glas Bier?" fragte Yoshimura gutgelaunt. Er drückte den Fahrstuhlknopf. „Kennen Sie eine Bar namens Miruto, auf der West-Ginza?"

„Ja, den Namen habe ich schon gehört", antwortete Onodera beunruhigt.

„Dort kenne ich ein hübsches kleines Mädchen. Jung, schlank und auf amüsante Weise unkonventionell."

Onodera fragte sich, was der andere wohl wollte.

Sie riefen ein Taxi heran und kamen nach einer kurzen Fahrt durch die erstickende Hitze des sich dem Abend zuneigenden Tokioter Sommernachmittags zur Miruto-Bar. Im Sturmschritt betrat der Chef über einen luxuriösen, purpurroten Läufer die Bar. Er ging zwischen einer sanft geschwungenen sandfarbenen Wand und einem schlanken Metallpfeiler hindurch und setzte sich neben einer Kübelpalme in einen bequemen Sessel. Onodera nahm flüchtig die kleine blau beleuchtete Tanzfläche wahr, die sich hinter der großen, ziemlich abstrakten Nachbildung einer Harfe befand. Leise Musik ertönte von irgendwo her.

„Na? Sie kommen heute ja schon so früh?"

Ein schlankes Mädchen in einem weißen Minikleid aus Haifischhaut hatte sich dem Tisch genähert.

„Weil es so heiß ist", antwortete Yoshimura und wischte sich Nacken und Kinn mit dem feuchten Tuch, das ein Kellner brachte.

„Wie geht's Tateshina? Wann ist sie nach Hause gefahren?"

„Gar nicht. Sie hat gehört, daß es in diesem Jahr dort unten ziemlich ungemütlich gewesen sein soll."

„Erdbeben? Das war doch ein ganzes Stück südlich von Matsudai, oder?"

„Ja, aber es hat bis hinauf in die Gegend von Komoro Erschütterungen gegeben. Freunden von ihr hat ein herabstürzender Felsbrocken den Wagen zerstört. Deshalb planscht sie jetzt am Strand von Hayama herum."

„Gin-Tonic", sagte Yoshimura zum Kellner.

„Mir einen Gin-Rickey", sagte Onodera.

„Das hier ist Onodera, aus unserem Betrieb ... Das ist Yuri."

„Bin erfreut, Ihre Bekanntschaft zu machen", sagte Yuri. „Was arbeiten Sie?"

„Ich habe mit der Tiefseetaucherei zu tun."

„Oh, dann sind Sie auf einem U-Boot?"

„Kein gewöhnliches U-Boot", sagte Yoshimura. „Er taucht tiefer als 10 000 Meter."

„Oh, das ist ja wunderbar!"

„Ist Mako schon da?“ fragte Yoshimura, als er den Gin-Tonic entgegennahm.

„Sie ist kurz vor Ihnen gekommen. Sie macht sich wahrscheinlich gerade ein bißchen schön.“

„Ruf sie her. Ich möchte etwas über Nakagawas Golfspiel von gestern hören.“

„Es soll für ihn sehr schlecht ausgegangen sein. Er hat kein Wort darüber verloren. Wenn er gewonnen hätte, wäre es schrecklich gewesen – er hätte die ganze Zeit über von nichts anderem geredet.“

Onodera blickte sich unruhig um. Sein Glas war beschlagen. Er faßte es fester und stürzte die hellgrüne Flüssigkeit hinunter.

„Noch einen von der Sorte, mein Herr?“ fragte der Kellner.

Onodera nickte. Er begann sich zu langweilen. Das Mädchen namens Yuri ging weg, und eine Hosteß mit brauner Perücke nahm gleichgültig ihren Platz ein. Sie war ebenfalls teuer gekleidet, schön und schlank. Doch auf den Gesichtern der Mädchen zeichnete sich unübersehbare Spuren von Erschöpfung ab, obwohl sie beide nicht älter als 23 Jahren waren. Ihre Haut war stumpf, und bei aller Gepflegtheit hatten sie etwas Grobschlächtiges an sich. Sie verdienten vielleicht drei- oder viermal soviel wie Onodera.

Er hob wieder sein Glas. Er dachte, ein wenig angetrunken würde er besser durchhalten. Die Lider wurden ihm schwer, und er spürte, wie er sich entspannte. Er sah Yoshimura an.

„Sagen Sie, Herr Yoshimura, wollten Sie nicht über irgend etwas mit mir reden?“

„Ja?“ fragte sein Chef und blinzelte, als sei er bei etwas überrascht worden. „Ach ja . . . das. Nun, ich dachte, wir könnten uns später damit befassen, aber . . .“

„Wie Sie wünschen.“

„Ich habe mich gefragt, Onodera ... Wollen Sie nicht irgendwann einmal heiraten?"

„Oh!" zirpte die Hosteß, nahezu hysterisch, wie es schien. „Was für ein entzückendes Thema! Dieser gutaussehende Herr ist noch ledig?"

„Ja. Aber könntest du uns nicht für ein Weilchen allein lassen?" Yoshimura sprach zu ihr wie zu einem Kind.

„Sie erzählen mir aber später davon, ja?" Die Hosteß stand auf, um zu gehen.

„Sind Sie verlobt, oder haben Sie eine Freundin?" fragte Yoshimura hartnäckig. „Hat Ihre Familie schon irgendwelche Pläne für Sie gemacht?"

„Nein, nicht direkt."

Onodera schüttelte den Kopf und kaute Nüsse. Er befürchtete, seine Miene könnte Abneigung gegen dieses Thema verraten.

„Ich nehme an, Sie wissen davon ... Aber einerlei, nach unserer nächsten Aktienausgabe wird es eine Vergrößerung der Abteilung geben. Das ist jetzt noch eine Sache nur zwischen uns beiden, aber ich glaube, daß sich für Sie dabei eine sehr wichtige Stellung ergeben könnte. Die Empfehlung würde von mir kommen. In diesem Falle hielte ich es für eine gute Idee, wenn Sie bis dahin Ihre Vertrauenswürdigkeit sowohl in öffentlicher als auch in privater Hinsicht noch erhöhen könnten, verstehen Sie?"

„Würde es sich dabei um Schreibtischarbeit handeln?" fragte Onodera, da er dies dem Gebaren seines Chefs zu entnehmen glaubte.

„Selbstverständlich. Sie können doch nicht ewig mit dem Tauchboot arbeiten, Sie haben Köpfchen, und das ist, denke ich, für bedeutendere Dinge bestimmt."

Onodera schwieg. Er spürte, daß er immer betrunkener, jedoch keineswegs zufriedener wurde.

„Wie wäre es mit einem Rendezvous, damit Sie sich selbst ein Bild machen können?" fragte der Chef, sich in seinen Sessel zurücklehnend, mit betonter Munterkeit.

„Ein Rendezvous?“

„Ja. Ich meine ein *miai* mit jemandem, der zu Ihnen passen könnte.“

„Oh, ich verstehe.“

„Wenn Sie nichts dagegen haben, könnten wir es noch heute abend arrangieren.“

Onoderas Hand, die voller Erdnüsse war, erstarrte auf halbem Wege zwischen Tisch und Mund.

„Heute abend?“ fragte er und sah seinen Chef an. „In diesem Aufzug?“

„Das spielt doch keine Rolle. ‚Machen Sie es zwanglos‘, hat sie gesagt. Sie ist etwa 26. Sehr schön, aber sie ist auch ein kleines Luder. Deshalb glaube ich, daß Sie genau der Richtige sind.“

Onodera war überzeugt, daß an dieser Sache überhaupt nichts zufällig oder unorganisiert war. Er wußte, daß der Betrieb von ihm eine Menge erwartete und deshalb, begreiflicherweise, ein so lebhaftes Interesse an ihm nahm.

„Wer ist die junge Dame?“ fragte Onodera.

„Sie kommt aus guter Familie, aus der Provinz. Die älteste Tochter“, sagte Yoshimura, lässig und noch immer behutsam sondierend. „Die Leute sind wohlhabend. Und wenn es auch eine angesehene Familie aus der Provinz ist, wie ich sagte, so ist sie doch sehr unkonventionell. Der Vater hat eine europäische Universität absolviert, und die junge Dame hat auch zwei oder drei Jahre drüben studiert. Was immer Sie auch zu ihr sagen, sie wird Ihnen die Antwort nicht schuldig bleiben, verstehen Sie?“ Yoshimura schüttelte sich vor Lachen. Dann winkte er einer Hosteß zu, die auf ihn zukam. „Hallo“, rief er ihr zu.

Sie winkte zurück, auch sie ein kleines Mädchen, schlank und hübsch.

„Lange nicht gesehen", sagte sie zu Yoshimura. Dann setzte sie sich neben Onodera und stellte sich selbst vor: „Ich heiße Mako . . . Hallo . . ." Ihr Gesicht war sonnengebräunt, und beim Hinsetzen senkte sie den Kopf mit einer schnellen Bewegung, die Onodera an einen kleinen Vogel erinnerte.

„Das ist Onodera", sagte der Chef.

„Ah", rief sie aus, ergriff Onoderas Arm, den das kurzärmelige Hemd frei ließ, und hielt schnuppernd ihre Nase daran. „Der Geruch des Meeres. Ich wette, Sie haben eine Yacht."

„Ein Unterseeboot", sagte Yoshimura.

„Oh, dann sind Sie das also", sagte Mako mit weit aufgerissenen Augen. „Ich habe durch Herrn Yoshimura von Ihnen gehört, und habe ihn gebeten, mich Ihnen vorzustellen. Ich bin sehr glücklich, Ihre Bekanntschaft zu machen."

„Danke", sagte Onodera und zwang sich zu einem kleinen Lächeln.

„Etwas zu trinken?" fragte Yoshimura Mako. „Wie wär's mit einem Kognak?"

„Das ist noch zu früh. Einen Whisky mit Zitrone oder so was."

Die Tonbandmusik setzte aus. In der Bar war es jetzt dunkler. Die Lampen auf den Tischen schimmerten weich wie vereinzelt stehende Straßenlaternen. Die auf die Tanzfläche gerichteten Scheinwerfer strahlten heller, leise begann eine kleine Band zu spielen.

„Bestellen Sie sich, was Sie gerne möchten", sagte Yoshimura, erhob sich und ging.

Sobald sie allein waren, verwandelte sich die Hosteß Mako in ein kleines Schulmädchen, wurde befangen und sagte gar nichts. Sie schien um die 20 zu sein, vielleicht etwas älter oder jünger. Sie trug fast kein Make-up und hatte ein rundes Kinn.

„Möchten Sie tanzen?" fragte sie mit verlegenem Lächeln.

„Nein." Onodera lächelte auch. „Ich tanze nicht."

„Ist Ihr Unterseeboot groß?" fragte das Mädchen.

„Nein. Für seine Klasse ist es groß, aber mit dem, was Sie sich darunter vorstellen, hat es nichts zu tun. Mit vier Mann Besatzung ist es bereits überfüllt. Aber es kann bis auf 10 000 Meter hinabtauchen."

„10 000 Meter . . ." Die weit aufgerissenen Augen verliehen ihrem Gesicht einen ängstlichen Ausdruck. „Ich kann mir nicht vorstellen, wie tief das ist, aber . . . so weit unten, am Grund des Ozeans, wie sieht es dort aus?"

Onodera schluckte vor Überraschung. Er schaute sekundenlang in das matte gelbe Licht der Tischlampe. Dann zeichnete sich ein leichtes Lächeln um seine Lippen ab. „Es ist ein Ort, an dem *nichts* ist."

Nichts als ein Wasserdruck von Hunderten Tonnen pro Quadratzentimeter . . . und unten, am Boden des Tiefseegrabens, im Glanz der treibenden Fackeln, eine Schlange, viele hundert Kilometer lang, deren Haut sich wie in Krämpfen zusammenzieht . . .

„Gibt es dort noch Fische?"

„Ja. Wenige. So tief und so eisig es ist und so fürchterlich der Druck ist, ein Ort ohne den geringsten Lichtschimmer – es gibt doch Lebewesen dort. Fische und andere Wirbeltiere."

„Tatsächlich? Aber wenn sie an so einem tiefen, kalten Ort leben, im Stockdunkeln und so, was haben sie dann da vom Leben?"

Der Tonfall des Mädchens ließ Onodera aufhorchen. Er sah ihr ins Gesicht. In ihren runden Augen standen Tränen.

„Ich weiß es nicht." Er sagte es sanft, wie wenn man

ein Kind beruhigt. „Aber auf jeden Fall sind sie lebendig.“ *Yoshimura hat recht,* dachte er, *dieses Mädchen ist wirklich ungewöhnlich.*

Als Onodera aus dem Halbschlaf erwachte, in den er gesunken war, sobald er in Yoshimuras Wagen saß, fuhren sie eine Straße am Strand entlang. Ihr Ziel war nach Aussage Yoshimuras eine Villa an der Sagami-Bucht. Nachdem sie Zushi passiert hatten, bog der Wagen in einen Privatweg ein, der zu einer dicht bewaldeten Höhe anstieg. Auf dem höchsten Punkt stand ein merkwürdiges, von Flutlicht angestrahltes Gebäude, dessen geschwungenes Dach wie ein riesiges Plastik-Ei in die Luft ragte.

Sie stiegen aus. Yoshimura ging voran und durch die zum Garten hin geöffneten Flügeltüren ins Haus. Im Flur kamen sie an einem ungraziösen, kräftig gebauten Mädchen vorbei. Sie trug Pumphosen. Zwischen den breiten Fingern derselben Hand, die einen Drink umfaßte, steckte eine Zigarette.

„Schön, Sie zu sehen“, sagte sie. Ihr Tonfall war durch den Alkohol bereits etwas schleppend. „Sie werden schon von allen erwartet.“

„Rei?“ fragte Yoshimura.

„Sie ist hier. Sie ist heute abend ein bißchen sentimental.“

Sie öffneten die weiße Plastiktür am Ende des Korridors und betraten einen ovalen Raum, zweifellos das Empfangszimmer. Den Fußboden bedeckte ein Teppich in gedämpftem moosigen Grün, die geschwungenen Wände waren sandfarben. Ein Elfenbeinflügel stand an der Wand. Um einen gläsernen, wie eine Malerpalette geformten Tisch saßen vier oder fünf Männer und Frauen auf merkwürdigen, aber offensichtlich bequemen Stühlen. An einer anderen Seite des Raums befand sich eine Bar, und dahinter stand ein Mädchen, dessen blasses Gesicht zur Hälfte von langem schwarzen Haar verdeckt war. Sie hielt mit beiden Händen einen Cocktailmixer und wandte sich dem eintretenden Yoshimura und Onodera zu.

„Hallo", sagte sie teilnahmslos.

„Also dann laßt euch miteinander bekannt machen..." Yoshimura war völlig Herr der Situation. „Das ist Herr Onodera von unserer Unterwasserabteilung."

„Bitte, setzen Sie sich zu uns", sagte ein freundlicher, hellhäutiger junger Mann und bot Onodera einen Stuhl an. Er trug ein Buschhemd in gedämpften Farben. „Was möchten Sie trinken?"

Onodera stand verlegen da. Das hier, dachte er, sind weltgewandte vornehme Männer und Frauen. Er hatte das Gefühl, daß er sich ihnen nicht so ohne weiteres anpassen könnte. Die Namen, die ihm, einer nach dem anderen, genannt wurden, hatte er schon früher einmal gehört, es waren Namen, die einem ins Auge fielen, wenn man eine Zeitschrift oder ein Buch durchblätterte. Das Gefühl, daß er in eine peinliche Lage geraten war, verstärkte sich immer mehr.

Schließlich führte ihn Yoshimura zu dem Mädchen an der Bar. Als Onodera hörte, daß sie, Reiko Abe, die Besitzerin der Villa sei, das Mädchen also, das er bei diesem zwanglosen *miai* kennenlernen sollte, wußte er nicht mehr, wo er hinschauen sollte.

„Möchten Sie etwas trinken?" fragte Reiko, hielt den Cocktailmixer hoch und sah Onodera müde und gelangweilt an. „Es ist ein Martini. Hier." Sie hielt ihm den Mixer, aus dem der Griff des Filters herausragte, unter die Nase.

Ein Dankeschön murmelnd, nahm Onodera ihr den schwarzen Mixer ab.

Reiko legte den Kopf zurück und lachte kurz auf. „Sie sind das erstemal hier zu Gast ... Verzeihen Sie ...“ sagte sie mit schwerer Zunge. „Aber wir haben kein einziges Cocktailglas mehr, wissen Sie. Ich hab' alle zerschmissen.“

„Ist schon in Ordnung“, erwiderte Onodera mit gezwungenem Lächeln. „Vielen Dank.“ Er setzte den Mixer mitsamt dem Filter an die Lippen und trank den Martini. Dann wischte er sich den Mund mit dem Handrücken und reichte den Mixer zurück.

„Ein guter Drink.“ Unvermittelt wandte er sich um und ging an den Tisch zurück.

„Sagen Sie, Herr Onodera ...“ Der junge Mann im Buschhemd, der ihm zuvor den Stuhl angeboten hatte, erneuerte sein Angebot und bezog Onodera herzlich in die Unterhaltung ein. „Ich habe schon so oft so viel von Herrn Yoshimura über Sie gehört. Sagen Sie bitte, wären Sie in der Lage, ein für Sightseeing entwickeltes Unterseeboot zu führen?“

„Das kommt darauf an“, entgegnete Onodera.

„Wir haben etwas ganz Einzigartiges vor. Einen unterseeischen Vergnügungspark“, sagte ein anderer Mann, ein bekannter Wirtschaftsmanager. „Es ist natürlich nichts Umwälzendes, aber wir möchten ihn mit völlig neuartigen Formen der Unterhaltung ausstatten. Die nötigen Mittel würden sich aus den verfügbaren Touristengeldern ergeben, verstehen Sie?“

„Wir werden sogar einen Unterwasser-Konzertsaal bauen“, sagte der junge Mann im Buschhemd und breitete wie zufällig eine Zeichnung auf dem Tisch aus. Er zeigte auf einen jungen avantgardistischen Komponisten am Flügel. „Er arbeitet gerade an einer Unterwassersymphonie. Recht interessant.“

Die Zeichnung in ihrer Mitte, setzten sie die lebhafte Diskussion über dieses neue Projekt noch eine Weile fort.

Infolge des Alkoholgenusses begann Onodera, ohne es zu wollen, sich zu amüsieren. Gleichzeitig aber regte sich in seinem Kopf ein Verdacht. Er bemerkte, wie Yoshimura ernsthaft mit Reiko sprach, die ihm offensichtlich nur halb zuhörte, in der herabhängenden Hand ihr Cocktailglas hielt und von Zeit zu Zeit eine widerspenstige Haarlocke zurückschob, die ihr immer wieder ins Gesicht fiel. Manchmal kicherte sie betrunken, und einmal warf sie den Kopf zurück und lachte – ein lautes, rauhes Lachen. Onodera fragte sich, ob dieses freundschaftliche Gespräch über den Vergnügungspark ein Teil von Yoshimuras Plan war. Eine so raffinierte Taktik wäre von ihm schon zu erwarten . . .

Reiko ließ Yoshimura stehen und kam leicht schwankend herüber an den Tisch. Sie war groß und hatte, obwohl recht schlank, ganz offenkundig die prachtvolle Figur einer reifen Frau.

„Ich gehe schwimmen", rief sie. Sie zog unbekümmert ihr Kleid aus, und ihr sonnengebräunter Körper, so plötzlich entblößt bis auf einen ausgeblichenen Bikini, erwies sich in der Tat als überraschend kräftig und gut geformt, als sie so mit vorgereckter Brust und gespreizten Beinen dastand.

„Nicht schon wieder!" sagte der Junge im Buschhemd gelangweilt.

„Ohne mich", meinte der Wirtschaftler und stopfte seine Pfeife.

„Wie ist es mit Ihnen?" fragte Reiko, an Onodera gewandt. „Ein Bad, Herr Onoda?"

„Ich komme mit." Onodera zog sein Hemd aus. „Aber mein Name ist Onodera."

Reiko lachte frech und verließ ihm voran das Zimmer. Onodera folgte ihr, die Augen auf ihrem herrlichen Rükken, der schimmerte, als wäre er mit Öl eingerieben. Draußen auf der Terrasse zog er die lange Hose aus.

Reiko ging vor bis an eine Ecke, wo sich, von Kiefernzweigen verborgen, ein kleiner Aufzug befand. Im Fahrstuhl berührten ihre Körper einander flüchtig, obwohl Onodera, so gut es ging, Abstand zu halten suchte. Der Lichtschein des Hauses verblaßte hinter ihnen, und plötzlich war die Nacht voll vom Rauschen der Wellen und der im Wind knackenden Kiefernzweige. Onodera war sich ganz und gar des Mädchens bewußt, das dicht neben ihm in der Dunkelheit atmete. Es war ein Gefühl, das ihn merkwürdig befangen machte. Die Sterne leuchteten nicht. Der leichte Wind war warm.

„Was meinen Sie", sagte Reiko leichthin, indem sie endlich das Schweigen brach, während sie sich dem Fuß der Klippe näherten, wo eine Quecksilberlampe leuchtete, „wie viele Männer mich in diesem Fahrstuhl schon geküßt haben?"

Onodera zögerte.

„Nur ein einziger."

Ein Plankensteg führte von der schmalen zementierten Aufzugsplattform zu einem großen, gelben, rechteckigen Korkfloß, das feucht war von den sanften Wellen, die es leise wiegten.

Ohne sich umzublicken, ging Reiko geradewegs auf das Floß zu und sprang ins Meer. Onodera stieg mit den Füßen voran hinein. Das Wasser war warm, und es war fast kein Wellengang. Nach zwei bis drei vorsichtigen Schwimmbewegungen, um die Muskeln daran zu gewöhnen, schwamm er kräftig drauf los und wühlte das Wasser dabei mutwillig auf, während er nach Reikos Kopf Ausschau hielt. Sie schwamm in lässigem Bruststil aufs offene Meer zu. Um ihre Sicherheit besorgt, glitt Onodera ein Stückchen an ihr vorbei.

In der Dunkelheit schien es, als ob ein schwaches Lächeln auf ihrem Gesicht läge.

„Würden Sie es nicht für klüger halten, wenn wir

umkehren?“ sagte er.

„Wollen wir um die Wette schwimmen?“ fragte sie.

„Wir sollten Schluß machen.“

„Ich habe ein gutes Herz.“

Schweigend schwammen sie weiter. Statt zum Floß zurückzukehren, hielt Reiko auf einen kleinen Sandstrand zu, der sich etwa 50 Meter seitlich von der Plattform befand. Als sie ihn erreicht hatte, legte sie sich, die untere Körperhälfte noch vom Wasser umspült, auf den Bauch. Onodera hatte nach wie vor ein etwas unbehagliches Gefühl, er setzte sich ein Stückchen von ihr entfernt ins flache Wasser.

„Wollen Sie mich wirklich heiraten?“ fragte Reiko unvermittelt. Onodera fuhr überrascht zusammen. „Sehr interessiert sind Sie wohl nicht?“ beharrte sie, als er nicht antwortete.

„Ich weiß es noch nicht ...“, sagte er mit verhaltener Stimme.

„Herr Yoshimura würde mich gern verheiratet sehen“, murmelte sie und bohrte ihre Hand in den Sand. „Mein Vater hat ihn mit Tränen in den Augen gebeten: Bitte, bitte, verheiraten Sie meine Tochter ... Und nun ist Yoshimura mit Ihnen hergekommen.“

„Hören Sie – heute abend habe ich zum erstenmal davon erfahren.“

„Er ist ein ganz Schlauer, wissen Sie. Er weiß genau, welcher Typ mir gefällt ... Und ich frage mich, worum es dabei *noch* geht.“

„Was wollen Sie damit sagen?“ fragte er.

„Ich weiß es nicht, aber ... als er sich so viel Mühe gab, mich zu überreden, bin ich mißtrauisch geworden.“

Onodera antwortete nicht gleich, er dachte nach. „Wahrscheinlich haben Sie recht“, sagte er schließlich.

Reiko wandte sich ihm zu. „Würden Sie nein sagen, wenn noch etwas anderes mit im Spiel wäre?“

„Nein, nicht unbedingt . . .“, antwortete er, peinlich berührt.

„Wie finden Sie mich denn? Mögen Sie mich, oder mögen Sie mich nicht?“

„Das kann ich noch nicht sagen. Vielleicht, wenn wir uns länger kennen . . .“

„Ich brauche nicht so lange Zeit. Ich mag Sie.“ Reiko stützte sich auf die Ellbogen und sagte unmißverständlich: „Das soll aber nicht heißen, daß ich Sie auch heiraten möchte. Wollen Sie unbedingt heiraten?“

„Ja.“

„Warum? Was hätten Sie davon?“

„Kinder.“

Onodera spürte, daß Reiko ihn in der Dunkelheit fest ansah. Die Wellen rollten weich an ihren Körpern entlang und beim Zurückfluten saugten sie den Sand unter ihnen weg, und es kitzelte am Bauch und an den Beinen. Plötzlich seufzte sie tief auf, rollte sich mit einer schnellen Drehung auf den Rücken und lag neben ihm. Er hörte ein leises Klicken, dem leise Musik folgte.

„Was ist denn das?“ fragte er überrascht.

„Ein Radio – in meinem Armband. Es ist wasserdicht.“

Sie atmete rascher, und ihre Stimme klang heiser: „Was werden Sie jetzt tun? Mich umarmen?“

„Hier?“

„Ja, hier. Geht es Ihnen zu schnell, nur weil wir einander gerade erst begegnet sind? Sie haben doch nichts gegen Sex, oder?“

Ihre Begierde war so stark, daß ihr fast die Stimme versagte. Ihre vollen Brüste hoben und senkten sich in der Dunkelheit. Sie streckte die Arme aus dem Wasser und legte sie um seinen Hals.

Im selben Augenblick zuckte ein unerwarteter Blitz wie ein strahlend heller Vorhang über den schwarzen

Himmel und zeichnete die Silhouette der Berge auf der Halbinsel Izu nach. Doch dann war die Musik wieder dicht an Onoderas Ohr, und Reikos kräftige Arme zogen ihn herab. Ihre Lippen waren den seinen nahe in der Dunkelheit, und ihr Atem roch ein wenig nach Alkohol. Sie hatte das Oberteil ihres Bikinis geöffnet, und ihre weichen Brüste preßten sich gegen ihn, ihre aufgerichteten Brustwarzen liebkosten seine Haut. Ihre Lippen schmeckten leicht nach Salz. Sie hatte erstaunlich kräftige Arme. Er löste die Verschlüsse an beiden Seiten ihres Bikinihöschens, und als er es abnahm, murmelte Reiko mit belegter Stimme: „Laß deinen Mund auf meinem ... ich schrei dann immer."

Als es vorbei war, blieb Reiko wie erstarrt an ihn geklammert.

Plötzlich war er hellwach.

„... der Tote ..." Die Stimme aus Reikos Radio: „... wurde als der einunddreißigjährige Rokuro Go identifiziert, der bei der Nagatsuka-Baugesellschaft beschäftigt war und seit einer Woche vermißt wird. Herr Go soll kürzlich im Zusammenhang mit seiner Verantwortung für die neue Superexpreß-Strecke die Nerven verloren haben. Bei seinem Tod scheint es sich um Selbstmord zu handeln."

„Laß!" Onodera versuchte, sich aus Reikos Umarmung zu befreien.

„Nein!" Sie klammerte sich so fest an ihn wie zuvor und atmete heftig an seinem Ohr. „Noch nicht ..."

„Laß mich los", sagte Onodera.

In diesem Augenblick traf sie der Stoß, der aus der Tiefe der Erde heraufrollte und ihre Körper zu durchdringen schien. Ein plötzlicher Windstoß fuhr ihnen ins Gesicht, salzige Gischt traf stechend ihre Haut. Der Strand, auf dem sie lagen, erbebte unter ihnen. Steine kollerten krachend durch das hohe Gras herab, das den

Hang der Klippe bedeckte, und schlugen dicht neben ihnen auf.

Onodera wandte sich um und warf einen Blick auf die Bucht. Über den weit entfernten Bergen der Halbinsel Izu standen schwarze Wolken, und dünne Blitzstrahlen zuckten den Himmelsstreifen zwischen Wolken und Berggipfeln entlang.

„Wir müssen weg von hier!"

Onodera machte sich von Reika los. Dann griff er mit einer schnellen Bewegung nach ihr und zog sie auf die Füße.

„Zieh deinen Badeanzug an. Beeil dich."

Zuerst schossen orangefarbene Flammen empor und tauchten die Bergspitzen auf der anderen Seite der Bucht in helles Licht. Dann stieß eine rote Feuersäule hoch in den Himmel. Und jetzt schien auch die schwüle Atmosphäre der Nacht zu erzittern. Ein donnerndes Grollen kam aus der Tiefe der Erde. Ferne Gewitterschläge folgten, die über das Wasser hinrollten, begleitet von einem ununterbrochenen Krachen, als ob Geschützbatterien eine Salve nach der anderen abfeuerten.

„Was ist das?" sagte Reiko heiser. „Was geschieht denn?"

„Ein Vulkanausbruch", antwortete er. Wahrscheinlich der Amagi-zan, dachte er. Wie konnte das so plötzlich kommen?

„Schnell!" rief er Reiko zu, bemüht, sie zur Eile anzutreiben. Die bebende Erde unter ihnen knisterte und ächzte unaufhörlich, Steine, Sand und Felsbrocken rollten ohne Unterlaß von der Klippe herab.

Onodera hatte längst begriffen, daß sie von dort unten weg mußten. Er packte Reiko bei der Hand und rannte mit ihr hinaus ins Meer, aber dann durchfuhr ihn ein Gedanke, der ihn fast erstarren ließ.

„Gibt es einen Pfad die Klippe hinauf zur Villa?"

fragte er aufgeregt.

„Auf der anderen Seite des Felsens. Aber warum?“ sagte Reiko mit bebender Stimme. „Bei all den Felsbrokken und Steinen wäre es zu gefährlich. Laß uns lieber den Strand entlang zurückgehen.“

Statt zu antworten, zeigte er nach unten. Wenige Augenblicke zuvor noch hatten die Wellen ihre Füße umspült, nun aber lag der Sand bereits mehrere Meter vor ihnen frei, das dunkle Meer zog sich immer weiter zurück und ließ die Spitzen unter Wasser liegender Felsen hervortreten. Reiko erstarrte. Onodera spürte, wie das Mädchen entsetzt nach Luft rang. Irgendwo draußen im Dunkel erhob sich jetzt eine Flutwelle.

Auf der anderen Seite des Wassers färbte die Flammensäule den vulkanischen Rauch scharlachrot, und von dem höchsten Gipfel herab hatte sich einem leuchtenden Faden gleich ein Lavastrom in Bewegung gesetzt.

Irgendwann nach Mitternacht saß Onodera am Steuer eines kleinen Luftkissenfahrzeugs und brauste über die Wasserfläche der Sagami-Bucht. Das Fahrzeug gehörte der Familie Abe, an Bord befanden sich all die Gäste, die schnellstens nach Tokio zurück wollten.

Da Reikos Villa 50 Meter über dem Meeresspiegel lag, hatte sie kaum Schaden genommen, aber seit die Stromversorgung ausgefallen und die unterhalb der Villa vorbeiführende Straße durch einen Erdrutsch blockiert war, befanden sich alle in einem Zustand höchster Aufregung.

In der Sagami-Bucht schneite es Asche, und der einsetzende Regen, angestrahlt von den weitreichenden Scheinwerferkegeln des Luftkissenboots, schien mit der Oberfläche des Meeres zu verschmelzen. Während das Boot mit einer Geschwindigkeit von 40 Meilen über das Wasser glitt, wanderten Onoderas Blicke immer wieder vom hellen Radarschirm zum fernen Amagi-zan, über dem der Nachthimmel rot erglühte. Ein nicht zu deutendes Vorgefühl stieg in Onodera auf wie eine dunkle, unheimliche Flut. Irgendwie schien diese Vorahnung in Verbindung mit dem zu stehen, was er in der Tiefe des Japangrabens gesehen hatte, 8 000 Meter unter dem Meeresspiegel, dort wo der Wasserdruck jeden Quadratzentimeter der Hülle seines Tauchbootes mit einem Gewicht von 3 000 Zentnern belastete – in Verbindung aber auch mit den ungeheuren, unbeschreiblichen Zuckungen der Erde.

„Onodera . . .", rief jemand aus der hinteren Kabine, als sie um Aburatsubo herumfuhren. „Ein Anruf für Sie aus Tokio. Für Sie persönlich."

Obwohl Onodera gehört hatte, reagierte er nicht sofort, noch immer im eisigen Bann jenes Gefühls furchtbarer Bedrohung.

„Hallo . . ."

Er wußte, daß er diese arrogante Stimme schon einmal gehört hatte.

„Hier Onodera", sagte er.

„Hier Tadokoro. Ich habe nach Ihnen gesucht. Wie sieht der Amagi-zan aus?"

„Die Eruption ist noch immer im Gange", entgegnete Onodera und schaute hinaus durch das vom Regen streifig gewordene Fenster. „Der Mihara-yama ist auch aktiv. Er stößt eine Menge Rauch aus."

„Ich habe von Ihrem Direktor gehört, daß Sie die Unterlagen über die Unterwasser-Vermessung besitzen, die Sie vor vierzehn Tagen in der Sagami-Bucht vorgenommen haben."

„Ja. Ich wollte sie zu Hause noch einmal durchsehen, bevor ich sie der Vermessungsabteilung übergebe."

„Steht in dem Bericht irgend etwas über Tiefenveränderungen an den tiefsten Stellen der Bucht?"

Onodera sog scharf die Luft ein.

„Ja, das stimmt", antwortete er. „Aber da die früheren Vermessungen nicht gerade exakt waren, konnte ich nichts weiter tun, als meine damaligen Eindrücke mit dem zu vergleichen, was ich sah, und einen Schätzwert anzugeben. Es scheinen sich in den vergangenen anderthalb Jahren eine Reihe von Veränderungen ergeben zu haben. Aber das bezieht sich nur auf das, woran ich mich erinnern kann."

„Onodera, wie schnell können Sie nach Tokio kommen?" Tadokoros Tonfall war so anmaßend wie gewöhnlich. „Ich weiß, Sie müssen müde sein, aber ich benötige Ihre Unterlagen so bald wie möglich. Ich bin in meinem Laboratorium in Hongo. Wo wohnen Sie?"

„In Aoyama." Er schaute auf die Uhr. Es war ein Uhr fünfundvierzig. „Vielleicht kann ich bei Tagesanbruch bei Ihnen sein. Wo in Hongo?"

„Zweiter Chome. Wenn Sie in der Gegend sind, rufen Sie mich an."

„Haben diese Ergebnisse etwas mit dem Erdbeben zu tun?"

„Mit dem Erdbeben?" Tadokoros Stimme wurde ungeduldig. „Es geht hier um sehr viel mehr als um ein Erdbeben." Kurze Pause. „Jedenfalls hat es den Anschein, daß . . ."

Onodera hatte den Eindruck, die Verbindung sei unterbrochen worden. „Hallo", rief er.

„Ich bin noch da, Onodera. Ich kann noch nicht genau sagen, was wir tun sollten." Tadokoros Stimme hatte sich auf alarmierende Weise verändert. Sie klang schwer von Müdigkeit und Enttäuschung. „Mag sein, daß es nur ein böser Traum ist. Aber er hat von mir Besitz ergriffen, und ich kann nichts dagegen tun . . . Ich bin wie besessen davon. Auf jeden Fall beeilen Sie sich, bitte."

„Ich verstehe, Professor", sagte Onodera.

In der regulären Kabinettssitzung vom 27. Juli wurde als außerordentlicher Tagesordnungspunkt das Erdbeben von Izu behandelt. Der Generaldirektor des Büros des Premierministers gab einen kurzen Bericht über den entstandenen Schaden, der auf Hunderte Milliarden Yen geschätzt wurde.

„Die Eruptionen, das Erdbeben – in keinem Fall hat es irgendeine Art von Vorwarnung gegeben, oder?“ stellte der Premierminister fest. Er war soeben von einem längeren Auslandsaufenthalt zurückgekehrt und sah aus, als leide er noch immer unter den Anstrengungen der Reise. „Seit einiger Zeit haben wir nun schon höchst beträchtliche Summen aus dem Staatshaushalt für die rechtzeitige Vorhersage von Erdbeben bereitgestellt. Man sollte doch annehmen, daß auf diesem Gebiet einige Forschungen im Gange sind.“

„Nun, nach dem, was die Wissenschaftler mir berichten“, sagte der Direktor des Amtes für Technologie, das jüngste Mitglied des Kabinetts, „wird es, abgesehen von Vulkanausbrüchen, noch fünf oder sogar zehn Jahre dauern, bis wir in der Lage sind, Erdbeben vorherzusagen. Es hat den Anschein, daß wir heutzutage nicht einmal mit Sicherheit sagen können, *warum* es überhaupt zu Erdbeben kommt.“

„Ich nehme an, wegen dieser Geschichte wird der Bau der neuen Superexpreß-Strecke gestoppt werden müssen“, äußerte der Minister für Handel und Industrie und blickte nervös umher.

„Der Präsident der Nationalen Eisenbahngesellschaft hat sogar schon früher Lärm geschlagen“, sagte ein gebeugter alter Mann, der Minister für Transportwesen. „Was es auch mit den Erdbeben auf sich haben mag, bei dem für die Streckenführung ausgewählten Gelände hat sich immer wieder herausgestellt, daß der Untergrund merkwürdig unsicher war. Wie ich gehört habe, beklagen sich die beteiligten Firmen darüber, daß sie ihre Voranschläge erhöhen müssen. Sowohl die Nationale Eisenbahngesellschaft als auch die privaten Linien werden in diesem Jahr tief in die roten Zahlen kommen."

„Abgesehen von den Überschwemmungen während der Regenzeit, haben wir auf Grund der Erdbeben in diesem Jahr bereits zum dritten Mal das Katastrophenhilfsgesetz in Anspruch genommen", erklärte der Minister für Finanzen mit verdrießlicher Miene. „Bei diesem Tempo der Ereignisse werden wir uns wohl zu einem Zusatzbudget bequemen müssen."

„Es sieht ganz so aus, als müßten wir von jetzt an jedes Jahr eine größere Summe für Erdbebenschäden und andere Naturkatastrophen abzweigen", sagte der Minister für Bauwesen und putzte seine Brillengläser.

Schweigen legte sich über den Raum. Die Worte des Ministers für Bauwesen lösten bei allen Kabinettsmitgliedern ein undeutbares Vorgefühl aus. Das kleine Japan wurde durch zahllose Pläne belastet – durch Strukturpläne, Gebietsplanungen, Stadtplanungen, Pläne für die Reorganisation von Industriegebieten. In diesem Jahr jedoch . . . bereits in den ersten vier Monaten des Kalenderjahres war ein undeutlicher Schatten von etwas bislang Unbekanntem auf all diese Pläne gefallen. Oberflächlich gesehen, schien sich der alljährliche Kampf mit den Naturkräften nur ein wenig intensiviert zu haben, aber sobald man die Ereignisse perspektivisch betrachtete, erkannte man, daß sich vorläufig noch undeutlich ein Mosaik abzuzeichnen begann, ein unheilvolles Bild, dessen Konturen noch schemenhaft waren.

„Das Problem ist die Panik, die entstehen könnte", setzte der Premierminister an und hielt inne. Er senkte den Blick auf die Teeschale vor ihm. Vom Fenster her fielen Sonnenstrahlen auf die kalt gewordene Flüssigkeit. Auf der hellen Oberfläche bildeten sich winzige Wellenkreise, einer nach dem anderen. „Verdammt noch mal. Wie lange wird es mit diesen Erdbeben noch so weitergehen? Wir wollen der Angelegenheit ins Auge sehen, meine Herren – wir haben in letzter Zeit mehr Erdbeben zu verzeichnen gehabt als je zuvor. Werden sie noch häufiger auftreten – oder was? Wenn wir es wüßten, könnten wir das in unserem Haushaltsplan berücksichtigen."

„Vielleicht hören wir uns einmal an, was die Wissenschaftler zu sagen haben", meinte der Minister für Gesundheit und Sozialwesen. „Ich für meinen Teil wäre daran interessiert."

Der Premierminister warf dem Kabinettsdirektor einen Blick zu. „Stellen wir fürs erste fest, was die Erdbebenexperten wissen. Aber lassen Sie uns vorsichtig sein. Es ist keineswegs angebracht, daß die Reporter ein großes Geschrei erheben. Wir wollen Sachkundige zusammenholen und sie anhören."

In diesem Augenblick begann das Zimmer hin und her zu schwanken. Stuck rieselte von der Decke, Staubkörnchen tanzten im Sonnenlicht. Nach einer kurzen Pause folgte eine noch stärkere Erschütterung. Der Fußboden vibrierte heftig. Die Erde stöhnte, Wände und Pfeiler knisterten und schwankten – Tee ergoß sich aus den Schalen auf den Tisch.

„Das ist immerhin ein starkes Beben", murmelte jemand.

Die Kabinettsmitglieder hatten sich gerade mit angespannten Gesichtern von den Stühlen erhoben, da hörte das Schwanken unvermittelt auf. Der in den Schälchen zurückgebliebene Tee bewegte sich noch immer. Auch das Wasser in der Blumenvase schwappte noch mit lautem Glucksen hin und her. Zwei oder drei schalldämmende Platten stürzten krachend von der Decke.

„Das war es also!" sagte der Minister für Gesundheit

und Sozialwesen mit einem Seufzer.

Man lächelte verkrampft und heuchelte Erleichterung. Alle begannen, ein wenig laut zu reden. Unbemerkt blieb bei dem Durcheinander ein entfernter Knall. Wenige Augenblicke später klopfte es an die Tür des Tagungszimmers, und ein Sekretär trat ein. Er sagte dem Kabinettsdirektor etwas ins Ohr, dieser nickte und wandte sich an die anderen.

„Meine Herren, soeben ist der Asama-yama ausgebrochen."

Als das Erdbeben allmählich einsetzte, spürte es Onodera durch die abgenutzte Couch hindurch, auf der er im Obergeschoß von Professor Tadokoros Privatlaboratorium in Hongo lag. Er war so geistesabwesend, daß er wie im Traum auf die hin- und herschwingende Neonleuchte über seinem Kopf starrte. Undeutlich vernahm er das Geräusch einer zerspringenden Fensterscheibe, und irgend etwas löste sich schnappend im Innern des Sofas. Schließlich kam Onodera so weit zu sich, daß er begriff, wo er sich befand. Ehe er sich von der Couch erhoben hatte, war das Beben bereits vorbei. Er gähnte ungeniert und hörte im selben Augenblick das Geräusch eiliger Schritte auf der Treppe.

„Brennt es irgendwo?" fragte er einen jungen Mann, der den Korridor entlang hastete.

„Nein, aber anscheinend ist der Asama-yama ausgebrochen."

Professor Tadokoro, in einem zerknitterten Laborkittel, tauchte im Flur auf. Als er ins Zimmer trat, bemerkte er, daß des Professors Augen blutunterlaufen waren. Tadokoro machte einen völlig erschöpften Eindruck.

„Der Asama-yama?" sagte Tadokoro heiser. „Kein Grund zur Aufregung.

„Aber Professor“, protestierte Onodera, „es sieht doch so aus, als sollte die ganze Welt in die Luft fliegen.“

„Lassen Sie sie fliegen“, erwiderte Tadokoro.

„Na, na“, meinte Onodera und schaute auf die Uhr. „Es tut mir leid, aber ich werde jetzt gehen müssen. Mein Nickerchen hat etwas zu lange gedauert.“

„Onodera“, sagte Tadokoro, erneut vom Gähnen übermannt, „könnten wir uns unten nicht noch ein wenig unterhalten?“ Onodera zögerte. „Lassen Sie uns nach unten gehen“, bat Tadokoro. Seinen jungen Assistenten, die aufgeregt einander redeten, rief er zu: „He, ihr da unten! Anstatt herumzuschwatzen, besorgt mir lieber einen Bericht über die Eruption des Asama-yama.“

„Lassen Sie mich vorerst einmal telefonieren, dann komme ich sofort“, sagte Onodera.

Das Kernstück von Professor Tadokoros Privatlabor war ein behaglicher, vollklimatisierter, doppelwandiger Raum. Darin stand ein winziger LSI-Computer, um den herum systemlos ein Schreibtisch, ein Aktenschrank, ein Spind, ein Reißbrett, ein altmodisches Diktaphon und eine Vielzahl anderer Geräte verteilt waren. Die kühle Luft in dem stillen Raum empfand Onodera angenehm.

Professor Tadokoro hatte in der Ecke Platz genommen, das Kinn aufgestützt, und sein Mund bewegte sich, als spräche er leise vor sich hin. Onodera, der zu ihm trat, hob die geröteten Augen und sah dem Professor forschend ins Gesicht, als erblickte er einen Fremden.

„Oh, Sie sind es“, sagte Tadokoro. „Nun, worum ging’s ... Ach ja. Gerade kam ein Anruf von Yukinaga.“

„Professor Yukinaga?“

„Er wohnt nicht weit von hier. Wie wär’s, wenn Sie mit uns essen würden? Ich werde uns etwas bringen lassen.“ Noch während er sprach, nahm er den Telefonhörer ab.

„Worüber wollten Sie mit mir sprechen, Professor?“

„Ach ja.“ Tadokoro legte den Hörer wieder auf, versank erneut in Nachdenken und sagte eine Weile lang nichts. Dann begann er: „Euer Tauchboot da – wenn man es für längere Zeit chartern würde, wieviel würde das kosten?“

„Das kommt darauf an, denke ich“, erwiderte Onodera verlegen. „Dergleichen auszurechnen sehe ich mich außerstande, Professor.“

„Also anders herum.“ Tadokoro stieß unvermittelt einen dicken Finger vor. „Wenn ich jetzt darum ansuchte, würde ich es sofort bekommen?“

„Ich fürchte, das ist ausgeschlossen, Professor“, sagte Onodera. „Die *Wadatsumi* wird demnächst nach Kyushu geschickt, um Vermessungen für den Bau des Kanbu-Tunnels vorzunehmen. Dann geht sie nach Indonesien, dort warten sie schon auf das Boot. Und es steht noch mehr auf der Liste. Es würde mehrere Monate dauern, bis Sie drankämen.“

„Hier geht es aber um eine Sache von äußerster Wichtigkeit.“ Tadokoro schlug mit der flachen Hand auf den Tisch. „Gibt es keine Möglichkeit, vorgereiht zu werden?“

„Nun, ich kann nichts versprechen, aber . . . wie lange würden Sie das Boot brauchen?“

„Ein halbes Jahr. Vielleicht länger“, sagte Tadokoro. Seine verbissene Miene zeigte, daß er begriffen hatte, wie maßlos seine Bitte eigentlich war. „Sie wissen doch genau, was ich vorhabe. Der Boden des Japangrabens – ich möchte ihn mir Zentimeter für Zentimeter ansehen.“

„Ein halbes Jahr?“ Onodera schüttelte den Kopf. „Das ist unmöglich, Professor.“

„Was sind das nur für Zustände? In ganz Japan gibt es ein einziges Tauchboot der 10 000-Meter-Klasse!“ rief Tadokoro, der allmählich wütend wurde. „Sind wir eine Seefahrernation, oder was sind wir denn? Unglaublich!“

„Wenn die *Wadatsumi 2* fertig ist, wird sich die Lage wesentlich bessern, aber das wird erst im nächsten Jahr der Fall sein. Haben Sie schon daran gedacht, ein ausländisches Tauchboot zu chartern? Es gibt –"

„Ich bin über die ausländischen Tauchboote genau informiert", unterbrach ihn Tadokoro. Er hielt Onodera ein Schriftstück unter die Nase. Es war eine Liste aller Tieftauchgeräte der Welt. „Ich möchte auf Biegen oder Brechen ein japanisches Tauchboot nehmen. Diese Untersuchung steht in unmittelbarem Zusammenhang mit nationalen Interessen."

Onodera vernahm Schritte hinter sich, die die Treppe herunterkamen. Professor Yukinaga trat ein. Er trug trotz der Hitze ein Jackett, seine Krawatte war sorgfältig gebunden, kein Tropfen Schweiß stand auf seinem würdevollen Gesicht.

„Na . . .?" sagte Yukinaga und lächelte Onodera zu.

„Da sind Sie endlich. Wollen Sie mit uns zu Mittag essen?" fragte Tadokoro. „Wollen wir auswärts essen, oder sollen wir uns etwas bringen lassen?"

„Mir ist es gleichgültig", erklärte Yukinaga.

„Einen Augenblick." Tadokoro drückte auf den Knopf der Sprechanlage und neigte lauschend den Kopf. „Keiner da. Die oben sind wohl alle ausgegangen. Ich werde etwas Kaltes zu trinken holen." Er ging hinaus und die Treppe hinauf.

„Der Professor ist ein feiner Mensch, nicht wahr?" bemerkte Onodera mit einem Lächeln, während Tadokoros Schritte verklangen.

„Dieser Bursche? Er ist ein Bauer." Yukinaga sagte es durchaus nicht scherzend; er seufzte sogar. „Er ist ein Genie, vorschnell und eigensinnig. In diesem Land ist er deshalb für die Gelehrten eine *persona non grata*. Seinen Ruf hat er im Ausland erworben."

„Dies hier ist aber ohne Zweifel ein ausgezeichnetes

Laboratorium“, sagte Onodera.

„Sein Bau hat nur vier- oder fünfhundert Millionen Yen gekostet“, sagte Yukinaga, sich umschauend. „Dazu die Betriebskosten; sie sind unvorstellbar hoch. Aber wenn er sich einmal etwas vorgenommen hat, gibt es für ihn kein Hindernis mehr.“

„Und woher bekommt er das Geld?“ fragte Onodera.

„Von der Kirche der Sieben Meere“, antwortete Yukinaga geheimnisvoll. „Das ist eine neue Religion. Ihr Zentrum befindet sich in Griechenland. Das Meer zur Gottheit zu machen, ist ein genialer Ausgangspunkt für eine Religion. Sie haben Menschen gewonnen, deren Geschäfte mit dem Meer im Zusammenhang stehen – alles, vom Fischfang bis zur Schiffahrt –, und sie haben überall in der Welt Schwesterkirchen gegründet. Sie sind sehr reich.“

All das war Onodera völlig neu.

„Professor Tadokoro kennt keine Skrupel. Wenn er an einem Projekt arbeitet, nimmt er auch vom Teufel Geld, und er ist überzeugt, daß nichts ihn daran hindern kann, die Angelegenheit auf seine Art zu erledigen.“

Tadokoro tauchte oben an der Treppe auf. Seine Rechte hielt einen Kessel, der mit feinen Wasserperlen beschlagen war, die Linke balancierte ein Tablett mit Teeschälchen.

„Professor Tadokoro“, sagte Yukinaga, „ich habe Neuigkeiten für Sie. Ein Schulkamerad von mir, ein sehr guter Freund, ist Sekretär im Büro des Premierministers. Er hat mich vorher angerufen.“

Tadokoro runzelte die Brauen. „Irgend so eine Beamtenseele?“

„Ja. Er hat mir gesagt, daß die Kabinettsmitglieder beabsichtigen, eine Reihe von Wissenschaftlern vertraulich über die Ursache der Erdbeben zu befragen. Er wollte, daß ich ihm Namen nenne.“

„Beamtenseelen!" Tadokoro spie das Wort förmlich aus. „Immer dieselbe alte Geschichte. Sie sagen, sie wollten auf breiter Grundlage Fachleute befragen, aber in Wahrheit sind sie nur daran interessiert, eine schöne Übereinstimmung zu erreichen, die mit irgendwelchen Erkenntnissen überhaupt nichts mehr zu tun hat. Da sie ständig darauf aus sind, Risiken zu vermeiden, scheuen sie vor jedem Unternehmen zurück, das ein Risiko in sich bergen könnte. Und deshalb sind sie niemals in der Lage, Zusammenhänge zu erfassen."

„Ich bin mir all dessen bewußt, Professor." Yukinaga nickte. „Würden Sie so freundlich sein und daran teilnehmen?"

„Ich?" fragte Tadokoro hochmütig, und die Augen traten ihm aus den Höhlen. „Ich und teilnehmen? Sie sind wohl nicht bei Trost. Wer ist noch alles dabei? . . . Aber was frage ich noch! Takamine vom zentralen Katastrophenschutz, Nozue vom Wetterdienst, Kimikima vom Erziehungsministerium, Yamashiro von der Tokio-Universität, Oizumi von der Kyoto-Universität – Leute dieser Art, nicht wahr?"

„Richtig, Professor", sagte Yukinaga kleinlaut.

„Und angenommen, ich setze mich zu ihnen in die Tintenburg – was dann? Da reden wir also mit Leuten, die von Wissenschaft überhaupt keine Ahnung haben. Und meine Kollegen werden sich das Rückgrat verrenken, um ja niemandem zu nahe zu treten, da sie ja auf die Gönnerschaft der Bürokraten angewiesen sind. Und schließlich, was sind das überhaupt für Wissenschaftler? Lauter Kapazitäten! Jeder steht an der Spitze seines Fachwissens, aber nicht einer weiß irgend etwas von dem, was außerhalb seines Spezialgebiets passiert. Diese verdammte Spezialisierung! Keiner weiß, wie sich das große Ganze zusammensetzt, aber sie stürzen sich gemeinsam und wütend auf jeden, der sich um den Zusammenhang der ganzen Sache bemüht."

„Um so mehr Anlaß für Sie, Professor, mir den Gefallen zu tun und mitzumachen", warf Yukinaga ein. „Die Untersuchungen, an denen Sie jetzt arbeiten –"

„Untersuchungen, an denen ich arbeite?" rief Tadokoro und stand auf. „Die Untersuchungen, an denen ich jetzt arbeite, sagen Sie? Angenommen, ich würde darüber sprechen – was würde wohl geschehen? Sie würden mich für wahnsinnig halten – der verrückte Wissenschaftler, mit dem die Phantasie durchgeht. Weil ich bis jetzt noch keinen unwiderlegbaren Beweis habe, wissen Sie. Und wenn Sie sich nicht genau überlegen, ob Sie mich tatsächlich empfehlen sollten, dann kann sich das durchaus negativ auf Ihre Zukunft auswirken. Selbst Ihre Freunde werden Sie verleugnen, und Ihr Ruf wird vor die Hunde gehen. Nein, ich werde nicht teilnehmen. Niemals!"

„Was soll das Gerede über meine Zukunft und so weiter?" fragte Yukinaga sehr ruhig. „Professor, es steht zuviel auf dem Spiel. So zu reden ist Ihrer nicht würdig. Es geht hier um etwas, das für Japan lebenswichtig ist, irgend etwas –"

„Japan? Japan, ja?" Tadokoros Gesicht verzerrte sich plötzlich, als ob er weinen wollte. „Wenn es um etwas wie Japan geht, kann es meinetwegen gehen, wie es will, Yukinaga. Ich habe die ganze Welt, diese wunderbare Welt vor mir, voller unerschöpflicher Geheimnisse, voller Reichtum. Japan, diese hintereinander aufgefädelten Inseln – was sind sie denn für mich? Was können sie mir bedeuten?"

„Aber Professor, Sie sind doch Japaner", sagte Yukinaga ruhig. „Sie lieben die weite Welt, gut. Aber Sie lieben doch auch Japan. Wenn nicht, warum haben Sie dann der obersten Leitung jener Kirche der Sieben Meere einige Ihrer Forschungsergebnisse vorenthalten?"

„Wie bitte?" Tadokoros Stimme klang plötzlich scharf.

„Woher wissen Sie, daß ich meinen Geldgebern Einzelheiten verheimlicht habe?“

„Es war nur eine Vermutung. Verzeihen Sie, Professor. Es war nicht loyal von mir, Ihnen eine Falle zu stellen.“ Yukinaga senkte den Blick, sah dann wieder auf. „Ich hatte aber Gelegenheit, mich über einiges zu wundern. Ich habe den Berichten, die Sie an die Kirchenleitung schickten, fast keine Beachtung geschenkt. Aber erst kürzlich stieß ich darin zufällig auf etwas, was meine Aufmerksamkeit erregte. Es war sehr merkwürdig. Der Bericht befaßte sich mit unserer letzten Vermessungsfahrt, und Sie schrieben darin sehr ausführlich, ja langatmig über verschiedene Meerestiere und Korallen – also über etwas, was gar nicht in Ihr Fachgebiet fällt. Und jeder noch so kleine Hinweis auf das, was wir gesehen haben – und was, wie Sie mir andeuteten, sehr wohl eine Bedrohung für uns darstellen könnte –, war geschickt ausgespart.“ Yukinaga setzte seinen Angriff fort. „Irgend etwas, das Japan betraf, wollten Sie die Ausländer nicht wissen lassen. Ist dem etwa nicht so? Irgend etwas, das Sie der Leitung der Kirche der Sieben Meere verheimlichen wollten ...“

„Sie haben recht, Yukinaga“, sagte Tadokoro in verändertem Ton. „Diese Konferenz oder das Seminar, oder was immer es ist – ich werde den Versuch machen. Das heißt, wenn man Ihre Empfehlung berücksichtigt.“

„Hervorragend“, sagte Yukinaga. Er ließ die Schultern sinken und stieß einen Seufzer der Erleichterung aus. „Und was das Essen betrifft, ich hätte gern eine Schüssel Reis. Aber nun wollen wir erst einmal etwas Kaltes trinken.“

Die Konferenz fand zehn Tage später des Abends in einem Bürogebäude im Zentrum Tokios statt, an einem

Ort, den man gewählt hatte, um die neugierige Presse fernzuhalten. Nach der Zusammenkunft, als alle Teilnehmer gegangen waren, verließ ein Beamter aus dem Büro des Premierministers mit seinem Wagen die Tiefgarage des Gebäudes. In der Nähe des Äußeren Palastgartens fuhr er an die Bordsteinkante heran und wählte über das Autotelefon die Nummer für ein Ferngespräch. Die Stimme eines alten Mannes meldete sich.

„Sie ist zu Ende", sagte der Beamte. „Es ist nichts von Bedeutung dabei herausgekommen. Ich fasse die Hauptpunkte zusammen." Er las aus seinen Aufzeichnungen vor und schloß dann mit den Worten: „Nur *ein* Wissenschaftler war dabei, der mit etwas Ungewöhnlichem aufwartete. Ein Mann namens Tadokoro. Er sagte, es könnte geschehen, daß Japan sinkt. Die anderen meinten, er hätte den Verstand verloren ... Ja. Yusuke Tadokoro ... Richtig. Sie bleiben an der Sache dran ... Wie bitte?" der Beamte runzelte die Stirn. „Ja. Wenn es recht ist, komme ich sofort."

Nachdem er den Hörer eingehängt hatte, stieß er einen tiefen Seufzer aus und warf einen Blick auf die Uhr am Armaturenbrett. Es war 22.35. „Irgend etwas hat er vor", murmelte er. „Ich möchte nur wissen, was."

Weitere zehn Tage vergingen, dann rief Yukinaga in Tadokoros Laboratorium an.

„Mit wem soll ich mich treffen?" fragte Tadokoro ungeduldig. Seit einiger Zeit hatte er die Nächte durchgearbeitet, und in seinem Gesicht standen dicht die Bartstoppeln. „Sie wissen, wie beschäftigt ich bin. Im Hotel? Das heißt wohl, mit Schlips und geschlossenem Kragen."

„Es wird Sie nicht viel Zeit kosten, Professor! Nicht mehr als dreißig Minuten. Ich habe mir erlaubt, Ihnen einen Wagen zu schicken, der Sie abholt", sagte Yukinaga eindringlich. „Dieser Herr hat Ihren Vater gut gekannt."

„Na, und wer ist es?"

Das Gespräch wurde unterbrochen. Im selben Augenblick ertönte die Haussprechanlage: „Herr Professor, der Wagen, den Professor Yukinaga geschickt hat, wartet am Vordereingang."

In zerknittertem, verschwitztem Hemd, das zerknautschte Jackett über dem Arm, betrat Professor Tadokoro das Palast-Hotel, wo er von einer jungen Frau in geschmackvollem Kimono empfangen wurde.

„Sind Sie Professor Tadokoro?" fragte sie. „Bitte, hier entlang."

Durch Gruppen von Ausländern, Geschäftsleuten, an elegant gekleideten jungen Frauen und anderen Gästen vorbei, bahnten sie sich den Weg zu einem etwas höher als die Eingangshalle gelegenen Gesellschaftszimmer. Dort kam ihnen ein großer, stämmiger junger Mann in schwarzem Anzug entgegen. Er verbeugte sich höflich vor Tadokoro.

„Wir erwarten Sie schon, Herr Professor. Bitte . . ."

Tadokoro schaute in die Richtung, die ihm die ausgestreckte Hand des jungen Mannes wies, und erblickte einen alten Mann, der zusammengesunken in einem Rollstuhl saß. Der Alte bestand nur noch aus Haut und Knochen. Trotz der Hitze hielt er eine Decke fest, die über seinen Knien lag.

„Wo ist Yukinaga?" fragte Tadokoro, sich an den hochgewachsenen jungen Mann wendend. Aber dieser stand nicht mehr hinter ihm.

„Sie sind Professor Tadokoro."

Die Stimme des alten Mannes war überraschend kräftig. Seine tiefliegenden Augen unter den buschigen grauen Brauen waren zwar matt, aber hell, und sie waren durchdringend auf Tadokoro gerichtet. Das kleine verhärmte, von Altersflecken bedeckte Gesicht schien zu lachen.

„Na ja! Eine Ähnlichkeit ist wohl vorhanden. Ich habe Ihren Vater gekannt. Hidenoshi Tadokoro. Ein hartnäkkiger junger Kerl war das.“

„Und wer sind Sie, mein Herr?“ Tadokoro schaute den alten Mann an, und sein Ärger flaute ab.

„Setzen Sie sich dorthin“, sagte der alte Mann und räusperte sich. „Namen sind Schall und Rauch. Wenn ich Ihnen sage, daß mein Name Watari ist, sagt Ihnen das gar nichts, nicht wahr? Ich bin nämlich mehr als hundert Jahre alt. Richtiger gesagt: 101 im nächsten Oktober. Die Medizin hat solche Fortschritte gemacht, daß wir alten Leute gar nicht mehr zur Ruhe gehen dürfen. Und mit jedem Jahr werden wir hochmütiger und anspruchsvoller. Wir haben alles erlebt, und je näher das Ende herannaht, desto weniger gibt es für uns zu fürchten. Was ich hier und heute tue – Sie so einfach hierher zu kommandieren – das sollte ebenfalls dem Hochmut eines alten Mannes angelastet werden ... Ich möchte Sie etwas fragen. Würden Sie die Freundlichkeit haben, mir darauf zu antworten?“

„Wie lautet die Frage, Herr Watari?“ entgegnete Tadokoro und wischte sich den Schweiß vom Gesicht. Er hatte sich neben den alten Mann gesetzt.

„Es gibt da eine Sache, die mir ziemliche Sorgen bereitet“, sagte der Alte und schaute Tadokoro mit durchdringendem Blick in die Augen. „Vielleicht halten Sie meine Frage für kindisch. Sie hat mit den Schwalben zu tun.“

„Schwalben?“

„Ja. Jedes Jahr kommen die Schwalben und bauen unter der Dachrinne meines Hauses ihr Nest. Seit zwanzig Jahren. Vergangenes Jahr kamen sie im Mai, bauten wie gewöhnlich ihr Nest und flogen aus irgendeinem Grunde im Juli wieder davon. Sie ließen ihre Eier unausgebrütet. Und in diesem Jahr sind sie überhaupt nicht mehr gekommen. Und überall in meiner Umgebung ist es dasselbe. Ich frage mich, was wohl der Grund dafür sein mag?"

„Die Schwalben – ja . . ." Tadokoro nickte. „Ja natürlich. In den vergangenen zwei bis drei Jahren hat sich die Zahl der Zugvögel in einem unwahrscheinlichen Maß verringert. Ornithologen meinen, daß es vielleicht mit einer Veränderung des Erdmagnetismus oder des Klimas zusammenhängt. Ich glaube aber, daß die Ursachen viel ernster sind. Und da sind nicht nur die Vögel. Auch in der Größe der Fischschwärme hat es beträchtliche Veränderungen gegeben."

„Du lieber Himmel", sagte der alte Mann, „was hat das alles zu bedeuten? Sind das irgendwelche bösen Vorzeichen?"

„Das kann ich nicht eindeutig beantworten", sagte Tadokoro kopfschüttelnd. „Aber ich versuche mein Bestes, um herauszufinden, was dahintersteckt."

„Ich verstehe." Der alte Mann hustete. „Ich habe nur noch eine Frage an Sie. Was ist für einen Wissenschaftler das Wertvollste?"

„Intuition", antwortete Tadokoro ohne Zögern.

„Bitte?" Der Alte hielt die Hand ans Ohr. „Was meinen Sie?"

„Ich sagte: Intuition . . . Vielleicht finden Sie es merkwürdig, aber für einen Wissenschaftler – besonders für einen Naturwissenschaftler – ist Intuition die weitaus kostbarste Gabe, die er besitzen kann. Ohne sie wird er niemals etwas von Bedeutung erreichen."

„Ich verstehe. Sehr gut." Der alte Mann nickte zustimmend. „Also, dann will ich Ihnen Lebewohl sagen . . ."

Der große junge Mann erschien sofort wieder. Eine höfliche Verneigung, und ruhig und geschickt schob er den Rollstuhl hinaus. Im nächsten Augenblick war er mit dem Alten verschwunden.

Als sich Tadokoro von seiner Überraschung erholt hatte und sich noch einmal umschaute, war noch immer von Yukinaga nichts zu entdecken. Ein Page kam jedoch und rief Dr. Tadokoro aus. Eine Nachricht von Yukinaga: „Bitte verzeihen Sie mir. Ich erkläre Ihnen alles ein andermal."

Eine Woche darauf kam ein Mann in mittleren Jahren mit sonnengebräuntem Gesicht zu Tadokoro ins Laboratorium.

„Ich habe erfahren, Herr Professor, daß Sie an einem Tauchboot interessiert sind", sagte er ohne alle einleitenden Höflichkeitsfloskeln. „Was würden Sie von dem französischen Tauchboot *Kermadic* halten?"

„Was ich davon halten würde? Wie soll ich das verstehen?" Tadokoro runzelte die Brauen. „Ich hätte lieber ein japanisches Boot. Aber . . ."

„Ich spreche nicht davon, es zu chartern. Ich spreche davon, es zu kaufen und Ihnen zur Benutzung zu überlassen. Außerdem werden wir die Mittel für Ihre Forschungen zur Verfügung stellen. Wie hoch auch der Betrag sein sollte – er spielt keine Rolle. Und Sie können sich die Mitarbeiter auswählen, die Sie haben möchten. Wir bitten Sie nur, uns damit zu betrauen, über die Geheimhaltung Ihres Unternehmens zu wachen."

„Wer sind Sie? In welcher Beziehung stehen Sie zu Yukinaga?"

„Wir haben natürlich auch Professor Yukinaga um seine Mitarbeit gebeten. Und was mich betrifft . . ." Der Mann entnahm seiner Brieftasche eine Visitenkarte.

„Das Kabinett . . . Forschungsabteilung . . ." murmelte Tadokoro, keineswegs beglückt.

In diesem Augenblick erklang von der Treppe vor dem Computerraum das laute Geräusch eiliger Schritte, und ein junger Techniker stürmte herein.

„Was ist los?“ fragte der erschrockene Tadokoro. „Können Sie nicht leiser sein?“

„Herr Professor!“ Auf dem Gesicht des jungen Mannes spiegelte sich Bestürzung, während er Tadokoro einen Zettel hinhielt. „Es ist schon wieder losgegangen. In Kansai . . .“

Zum erstenmal seit Jahren hielt sich Onodera zum Daimonji-Fest in Kyoto auf und schaute von der Veranda eines Gasthauses in Ponto-cho aus zu, von der man den Kamo-gawa überblickte. Die Veranda war voller Menschen, auch auf den Brücken und den Flußufern drängten sich die Zuschauer. Die Menge stand wie eine Mauer, so daß der Autoverkehr am Westufer, die strahlend erleuchtete Yonjo-Allee entlang nach Minamiya und zum Keihan-Bahnhof, völlig zum Erliegen gekommen war.

Etwa zwanzig Minuten lang hatte das brennende chinesische Schriftzeichen *dai* – „groß“ – hell am Hang des Higashi-yama geleuchtet, zusammen mit anderen heiligen Feuern des Bon-Festes, die allesamt Ausdruck des Gedenkens an die Seelen der Verstorbenen waren.

Onodera hörte der Unterhaltung seiner Freunde nur mit halbem Ohr zu, während er, an die Balustrade gelehnt, das fast heruntergebrannte Daimonji-Feuer betrachtete. Er hatte seinen Urlaub von zwei auf drei Wochen ausgedehnt und war nicht nur zu Gos Begräbnis gekommen, er hatte auch noch die Mühe auf sich genommen, zur herkömmlichen Trauerfeier in dessen Elternhaus nach Shikoku zu fahren. Das Daimonji-Feuer flakkerte schwach, es war das Gedenkfeuer für Go. In diesem Land verging nichts, starb nichts, überlegte Onodera sinnend. War es so? Zum Beispiel Kyoto! Hier waren tausend Jahre Geschichte lebendig. Und heute, bei dieser

Zeremonie, war die Vergangenheit lebendig; lebendig im Gegenwärtigen. Aber was würde die Zukunft bringen? Was würde in den nächsten tausend Jahren sein?

„Wünschen Sie etwas?" Eine nicht mehr junge Geisha stand neben ihm. „Macht es Ihnen keinen Spaß? Fühlen Sie sich nicht ganz wohl? Darf ich Ihr Sakeschälchen nachfüllen?"

Als die Geisha wieder gegangen war, begann jemand im Nebenzimmer auf der Shamisen zu spielen. Der leichte Wind ließ plötzlich nach, und die schwüle Hitze wurde noch lästiger.

„Ist ein Herr Onodera hier?" Aus dem Hauptzimmer des Gasthauses steckte eine Serviererin den Kopf durch den Türeingang. „Ein Anruf aus Tokio für Sie, mein Herr."

Überrascht erhob sich Onodera von seinem Platz am Geländer. Er verließ die Veranda, ging zum Empfang und nahm den Hörer ab.

„Onodera? Hier ist Yukinaga", sagte die Stimme am anderen Ende der Leitung. „Ich möchte mich auf dem schnellsten Wege mit Ihnen treffen. Kommen Sie morgen nach Tokio zurück?"

„Ja, das ist meine Absicht. Wenn es besonders eilig ist, kann ich morgen früh den Superexpreß nehmen. Worum geht's denn, Professor?"

„Das sage ich Ihnen morgen. Ich bin ganz dringend auf Ihre Mitarbeit angewiesen. Deshalb . . ." Yukinaga zögerte. „Also, um die Wahrheit zu sagen: es geht um eine Arbeit, die Professor Tadokoro betrifft."

In diesem Augenblick wurde die Verbindung unterbrochen.

„Hallo . . .", rief Onodera in die Sprechmuschel. „Hallo . . .?"

Er begann plötzlich wild zu schwanken, als wäre er betrunken. Eine junge Geisha kreischte laut. Schiebetüren klapperten laut und verursachten einen beängstigenden Lärm. Noch ehe Onodera vor Überraschung den Mund aufreißen konnte, stieg unter ihm aus der Erde ein grausiges Donnergrollen herauf, gleichzeitig wurde das Gasthaus mit schrecklicher Gewalt durcheinandergeschüttelt. Aus seiner Verbindung gerissen, stürzte der Querträger einer Tür krachend zu Boden. In dichten Wolken fiel der Staub von der Decke und von den Wänden. Durch das Knirschen des Gebäudes und das Grollen der Erde hindurch hörte man jetzt von allen Seiten Schmerzensschreie. Onodera packte einen Türpfosten, um sich auf den Beinen zu halten. In der Diele gegenüber dem Direktionsbüro des Gasthauses flog eine Kammertür auf, etwas, das wie ein stabil gebauter Schreibtisch aussah, rutschte heraus auf den Gang. Als Onodera den Schreibtisch erblickte, hielt er ihn fest, kippte ihn mit einer Seite gegen die Wand und kroch darunter. Für den Bruchteil einer Sekunde versank das Gasthaus im Dunkel, und irgend etwas stürzte mit mörderischem Krachen auf den Schreibtisch herab. Onodera warf einen Blick auf die Uhr und merkte sich die Zeit. Da es fast gar keine warnenden Erschütterungen gegeben hatte, mußte das Zentrum des Bebens sehr nahe sein. *Wie lange würde es noch dauern?* fragte sich Onodera. Da durchfuhr ihn ein Gedanke, bei dem ihm eine Gänsehaut über den Rücken lief. Er drehte den Kopf und wagte aus der Deckung des Schreibtisches heraus einen Blick. Durch ein dunkles Wirrwarr von Türrahmen und Trümmern fiel von draußen ein schwacher Lichtschimmer herein. Dort, wo einmal die Veranda gewesen war, befand sich jetzt nichts mehr.

Das große Erdbeben von Kyoto, das gerade zu einem Zeitpunkt eintrat, als sehr viele Menschen zum Daimonji-Fest zusammengekommen waren, forderte eine große Zahl von Menschenleben. Von der riesigen Menge, die am Ufer des Kamo-gawa versammelt gewesen war, wurden viele gruppenweise ineinander verschlungen, von den Brücken und den Häusern entlang des Flusses herabgeschleudert, andere kamen elend unter zusammenstürzenden Gebäuden um, wieder andere wurden unter den Füßen der in Panik geratenen Menge zu Tode getrampelt. In einem kurzen Augenblick gingen 4000 Menschen zugrunde, 13000 wurden schwer verletzt. Ganze Stadtteile Kyotos waren dem Erdboden gleichgemacht. Die ganze Nation war tief betroffen. Die Erdbebenplage hatte auf das lange Zeit ruhig gebliebene westliche Japan übergegriffen.

DIE REGIERUNG

Im April des folgenden Jahres war Yukinaga völlig von einem Projekt in Anspruch genommen, das als „Plan D" bezeichnet wurde. Er arbeitete Tag und Nacht in einem Bürogebäude im Stadtteil Harajuku, in dem er und seine Mitarbeiter eine ganze Etage belegt hatten. Herz und Seele von Plan D aber war Tadokoro.

Yukinaga hatte so seine Befürchtungen. Wenn sich nun alles nur als wilde Phantasterei Tadokoros erwiese? Er hatte an der Universität um Urlaub ersucht, als es für ihn besonders kritisch war. Seine Vorgesetzten fingen gerade an, seine Leistungen anzuerkennen, und wenn er sich entsprechend führte, hatte er eine gute Ausgangsbasis, um vielleicht im kommenden Jahr ein Ordinariat zu erhalten. Nun aber hatte er sich in eine merkwürdige Geschichte eingelassen, die allen gewohnten Vorstellungen widersprach. Wie würde er das seinen Gönnern an der Universität klarmachen können?

Kazunari Nakata, ein ehemaliger Studienfreund und eine der führenden Kapazitäten auf dem Gebiet der Informationswissenschaft, runzelte die Brauen, als er die Berichte studierte. „Wie man es auch betrachtet, es ist ein absurdes Spiel – als wollte man versuchen, eine Wolke anzufassen", sagte er mit einem Stöhnen. „Die genaueren Bestimmungsdaten sind äußerst verwirrend. Selbst die PERT dürfte mit ihnen nichts anzufangen wissen. Wir müssen uns eben vorstellen, daß es sich um irgendeine neue *Software* handelt. Ein Problem ist nur, daß die Regierung uns die Gelder etappenweise zur Verfügung stellt und daß wir in der Zwischenzeit nicht einen einzigen unwiderlegbaren Beweis dafür erbringen können,

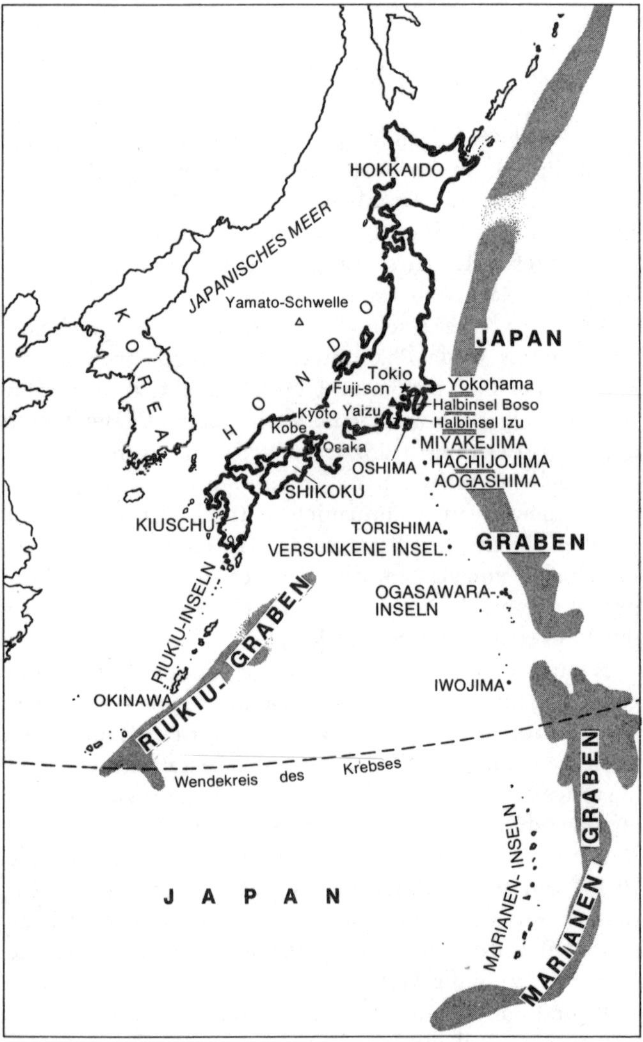

HOKKAIDO
JAPANISCHES MEER
Yamato-Schwelle
KOREA
HONDO
JAPAN
Tokio
Fuji-son
Yokohama
Halbinsel Boso
Halbinsel Izu
Kyoto
Yaizu
Kobe
Osaka
MIYAKEJIMA
OSHIMA
HACHIJOJIMA
AOGASHIMA
SHIKOKU
KIUSCHU
TORISHIMA
GRABEN
VERSUNKENE INSEL
RIUKIU-INSELN
RIUKIU-GRABEN
OGASAWARA-INSELN
IWOJIMA
OKINAWA
Wendekreis des Krebses
MARIANEN-GRABEN
MARIANEN-INSELN
JAPAN

daß es tatsächlich eintreten wird. Sind wir denn überhaupt in der Lage, die Regierung trotz dieses echten Unsicherheitsfaktors davon zu überzeugen, daß sie sich von einem bestimmten Zeitpunkt an dazu bekennen und in Betracht ziehen muß, daß damit ein finanzieller Aufwand von phantastischer Höhe verbunden ist? Und dann noch das Problem der Geheimhaltung!“

„Es könnte sich ergeben, daß neue gesetzliche Bestimmungen notwendig werden“, sagte Kunieda, ein junger Mitarbeiter im Büro des Premierministers. „In diesem Falle wäre eine Geheimhaltung unmöglich.“

Yukinaga hatte anfangs, naiv wie er in solchen Dingen war, die öffentliche Ausführung des „Plan D“ für besser gehalten, aber Kunieda und Nakata hatten ihn umgestimmt. Nach einer groben Berechnung Tadokoros läge der frühestmögliche Zeitpunkt in zwei Jahren, der späteste in fünfzig Jahren. Die Phänomene, um die es ging, waren immer noch undefinierbar, es war unmöglich, sie exakt zu deuten. Sollte es jedoch Anzeichen dafür geben, daß tatsächlich eine Katastrophe bevorstand, wenn auch nicht in den nächsten zwei, so doch zumindest in den unmittelbar folgenden Jahren, dann würde die Formulierung eines sachbezogenen Regierungsprogramms im Geheimen vorzunehmen sein, um einen öffentlichen Aufruhr zu vermeiden. Auf dem Gebiet der außenpolitischen Beziehungen wäre die Geheimhaltung nicht minder notwendig, sollte die befürchtete Krise tatsächlich eintreten. Nach und nach würde die Geschichte ohnedies nach außen dringen, deshalb war die Frage berechtigt, was die Regierung bis dahin denn zu unternehmen in der Lage sein würde.

Nakata war für die Koordination der Arbeiten am „Plan D“ verantwortlich. Die Gruppe bestand bis jetzt nur aus fünf Mann, alle etwa dreißig bis vierzig Jahre alt, also relativ jung. Außer Yukinaga, Nakata und Kunieda gehörten ihr noch Yamazyki von der Sicherheitsabteilung des Kabinetts und als jüngster Yasugawa an, der aus einem Architektenbüro kam und sich um die Rechnungsführung kümmerte.

„Was die Geldangelegenheit betrifft", sagte Yasugawa, „will es mir scheinen, daß wir das uns zugestandene Budget bereits überzogen haben. Und bald werden wir mehr Leute brauchen und jede Menge Ausrüstungen."

„Diese Sorgen sollten wir ruhig dem Premierminister und seinen Freunden überlassen", erwiderte Nakata. „So sehr wir uns auch damit herumschlagen, wir kommen in der Frage keinen Schritt weiter. Setzen wir lieber die Mittel ein, die wir zur Verfügung haben, und liefern wir ein paar Ergebnisse. Das Übrige liegt nicht in unserer Macht."

Die Zusammenkunft war zu Ende. Kunieda und Yukinaga blieben allein, während die anderen hinuntergingen, um Kaffee zu trinken. Yukinaga beneidete Nakata um seine heitere Zuversicht. Er starrte düster auf die geologische Karte Japans an der Wand. Große rote Pfeile waren auf den südöstlichen buntgescheckten Teil des Archipels gesetzt, sowie auf den Japangraben. Dort begann Tadokoros Plan.

Plötzlich bemerkte Yukinaga, daß die Karte ein wenig hin- und herschaukelte. „Wieder ein Stoß", murmelte er.

„Ich hab' gehört, daß der ehrenwerte alte Watari einen Teil seiner Kunstsammlung abgestoßen hat", sagte Kunieda zerstreut, während er an seiner Zigarette paffte.

„Auf diese Art haben wir wohl einen Teil unseres Geldes bekommen?"

„Ich glaube schon. Man sagt, daß einige dieser Stücke zum Nationalbesitz erklärt worden sind."

Dieser alte Mann im Rollstuhl – was für eine Rolle spielt er überhaupt? fragte sich Yukinaga. Kunieda stammte aus demselben Dorf wie Watari, es war daher sehr wahrscheinlich, daß Kunieda durch Wataris Einfluß in das Büro des Premierministers gelangt war. Yukinaga war ein Stadtkind und konnte das Wesen ländlicher Zusammengehörigkeit nicht ermessen, einer Zusammengehörigkeit, deren tiefe Wurzeln bis in die Gegenwart stark geblieben waren. Auf jeden Fall schien Kunieda die ganze Zeit über den Kontakt zu dem alten Mann aufrechterhalten zu haben, und Kunieda, dem Yukinaga die Ursache der „Befürchtungen" Tadokoros angetraut hatte, war es auch gewesen, durch den Watari mit der Angelegenheit in Verbindung gekommen war. Yukinaga hatte von der Beziehung zwischen den beiden nichts gewußt, er hatte auch noch nie etwas von dem Alten gehört, obwohl er sich, nachdem Kunieda ihm alles erklärt hatte, undeutlich erinnerte, den Namen schon vor Jahren irgendwo gelesen zu haben.

Unmittelbar nach der Sitzung über die Erdbeben war er eingeladen worden, zusammen mit Kunieda den alten Mann zu besuchen. Er war verblüfft über die enorme geistige Kraft, die sich unter Wataris hinfälliger Erscheinung verbarg, und über die Schärfe seines Verstandes, der lakonische, konkrete Fragen liebte. Wataris Verhalten war in jeder Hinsicht freundlich, er bot das Bild eines gütigen, alten Menschen. Dennoch – Yukinaga hatte sich an jenem Tage voller Ehrfurcht verabschiedet. Er hatte erlebt, wie Watari den Premierminister zu sich nach Chigasaki beorderte und wie er ihn mit wenigen Worten überzeugte, daß der Plan D realisiert werden müsse. Und dann all die geheimnisvollen Gestalten und die stahlhart dreinblickenden jungen Männer – offensichtlich Leibwächter –, die den alten Mann umgaben. Auch war da eine schöne, junge Frau, die auf ihre Art ebenso rätselhaft wirkte. *Wie im Märchen,* dachte Yukinaga. Eine Welt, deren Bedeutung er nicht ganz zu ergründen vermochte, und er konnte sich auch des Gefühls nicht erwehren, daß da irgend etwas Unheilvolles im Hintergrund lauerte.

„Dieser alte Bursche ... ganz abgesehen von dem Projekt ... ich frage mich, was wohl in seinem Kopf vorgehen mag", bemerkte Kunieda, seine Zigarette ausdrückend.

„Das wollte ich *Sie* gerade fragen", erwiderte Yukinaga.

„Ich weiß auch nicht viel von ihm. Wir kommen aus demselben Ort, das ist wahr, aber wenn Sie versuchen würden, irgendeine Spur aufzunehmen, die seine Beziehung zum Heimatort betrifft, dann würden Sie sehr schnell in eine Sackgasse geraten. Es ist jedoch ziemlich sicher, daß seine Stärke darin lag, daß er hinter den Kulissen zweier großer Welten arbeitete – hinter den Kulissen der Politik und des Kapitals. Er hat die Regierungsperioden *Meiji, Taisho und Showa* erlebt, er wußte um ihre Licht- und Schattenseiten, und er bewahrte dieses Wissen bis in die Gegenwart. Wahrscheinlich hat er nach unseren heutigen Begriffen etliche Untaten begangen. Aber manchmal kommt man auf den Gedanken, daß es überhaupt nicht weiterginge, wenn es nicht hin und wieder so einen genialen Schurken mit ungeheurer Macht gäbe."

„Wenn man ein ganzes Jahrhundert lang gelebt hätte, wie zum Teufel, frage ich mich, würde man wohl über die Dinge denken?" sage Yukinaga. „Und wenn man nicht nur so dahingelebt, sondern die ganze Zeit hindurch Macht in den Händen gehabt hätte – was würde einem da wohl alles durch den Kopf gehen? Was würde man dann wohl tun?"

„Keine Ahnung." Kunieda stand auf. „Ich bin sicher, es ist nur auf seinen Einfluß zurückzuführen, daß Plan D tatsächlich ins Rollen gekommen ist." Kunieda ging und überließ Yukinaga seinen Gedanken.

„Also, nun kommen sie endlich zur Sache, was?" sagte Nakata lachend, als er ein Protokoll der Pressekonferenz las, die der Generalsekretär Ende September abgehalten und auf der er die Nation dringend aufgefordert hatte, *den Blick nach draußen zu richten.*

„Geht das auch auf Sie zurück, Herr Nakata?" fragte der junge Yasugawa.

„Nein, nein. Diese Phrase stammt aus den Köpfen einiger Politiker und Beamten, die mit den Gefühlen der Nation vertraut sind. Sie scheinen jedoch einige meiner Andeutungen benutzt zu haben, als sie dieses Schlagwort aus alten Zeiten wieder auskramten: *Mit kühnem Schwung hinaus in die Welt.* Und dergleichen."

„Die sollten lieber ein wenig vorsichtiger sein", sagte Kunieda und zeigte auf einen Abschnitt des Schriftstücks. „*Draußen* könnte es nämlich jemanden geben, der zwei und zwei zusammenzählen kann."

Er bezog sich auf eine eingerahmte humorvolle Stelle, die Parodie auf ein altes Lied, das zu Beginn der *Showa*-Zeit populär gewesen war, als die Auswanderung in die Mandschurei auf dem Höhepunkt war

„Wenn du gehst, dann geh auch ich.
Wer bleibt schon gern zurück
Im wackligen alten Japan?"

Nakata lachte, als er es las. „Sie glauben also, es könnte Leute geben, die fix genug sind, hier eine Verbindung zu den Erdbeben herauszulesen? Es ist schon wahr, die Japaner können sich etwas einbilden auf ihre Intuition."

Mit erschreckendem Knall öffnete sich die Tür, und Tadokoro schoß mit vorgestreckten Schultern ins Zimmer.

„Was ist mit der *Kermadic*? Ist sie schon da, oder was?" rief er gebieterisch, eine Frage, die er schon unzählige Male zuvor gestellt hatte. „Wieso verzögert sich die Sache denn so? Ist sie unterwegs gesunken?“

„Es ist alles in Ordnung. Sie hat bereits Okinawa passiert, und morgen wird sie in Moji festmachen“, antwortete Nakata.

„In Moji?“ Tadokoros Gesicht färbte sich dunkelrot, und seine Augen traten aus den Höhlen. „Was soll sie denn dort? Wir wollen den Japangraben untersuchen. Wir verlieren ja zwei Tage für zusätzliche Fahrzeit.“

„Es geht darum, daß die Öffentlichkeit nicht aufmerksam werden darf, Herr Professor“, sagte Nakata sehr vorsichtig. „Hätten wir Yokohama oder Kobe gewählt, dann hätten wir die Reporter auf dem Hals. Wenn die *Kermadic* den Hafen verläßt, wird sie auf das Marineschiff *Takatsuki* umgeladen, das dann Direktkurs auf die Ise-Bucht nimmt. Die Taucheinsätze werden in der Toba-Bucht und der Kumano-See durchgeführt.“

„Dann fahre ich nach Ise“, sagte Tadokoro. „Das wichtigste ist, daß wir endlich anfangen. Sehen Sie sich das an. Ein Teil der Rikuchu-Küste sinkt zur Zeit um einen halben Zentimeter pro Tag. Auf dem Meeresboden vor Sanriku ereignen sich täglich mehrmals oberflächennahe Beben geringerer und mittlerer Stärke. Wann treffen die Vermessungsgeräte ein?“

„Ein Teil davon ist bereits nach Moji und Toba geschickt worden. Aber ehe alles geordnet und eingerichtet ist, werden noch eine Woche oder zehn Tage vergehen, so sehr wir uns auch beeilen.“

„Zehn Tage!“ Tadokoro stöhnte. „Hölle und Teufel! Wo es so auf Schnelligkeit ankommt. Während wir hier stehen, gehen hier und dort und überall unter dem gesamten japanischen Archipel Veränderungen vor sich. Wir müssen die Dinge so früh wie nur möglich in den Griff bekommen. Ich frage Sie: Was geschieht, wenn wir zu spät kommen?“

„Wir teilen Ihre Befürchtungen“, sagte Kunieda verwirrt. „Aber was den Zeitfaktor betrifft, so können wir so gut wie gar nichts tun.“

Aller Augen richteten sich auf den Lageplan an der Wand. Es war eine elektronisch erleuchtete Platte, auf der Lichtspuren das Vorankommen der einzelnen Aufgaben anzeigten, die in den LST-Computer einprogrammiert worden waren. Die Tafel wies noch Kategorien auf, die völlig im Dunkeln lagen. In dem durch vertikale rote Linien gekennzeichneten Datumsbestimmungsteil hatten einige Lichtspuren bereits den Punkt erreicht, der den Tag des Einsatzbeginns anzeigte.

„Seht ihr denn nicht, was los ist?“ sagte Tadokoro eindringlich und schlug mit dem Handrücken auf die Unterlagen, die er in der anderen Hand hielt. „Im Grunde ist unsere Arbeit nur ein Wettlauf mit der Zeit.“

Ein Summer ertönte. Yasugawa ging ans Telefon und nahm den Hörer ab. Seine Stimme klang überrascht.

„Es ist von der *Christina.*“

„Benutzen wir ein ausländisches Schiff ?“ fragte Tadokoro unwirsch.

„Einen Holländer. Der fällt nicht so auf wie ein Japaner“, antwortete Nakata, als er den Hörer übernahm. „Es ist Onodera“, sagte er zu den anderen. Dann sprach er in den Apparat: „Verstehe . . . Gut, wir schikken sofort Kataoka von der Forschungsabteilung des Verteidigungsministeriums, damit Sie sich in Moji mit ihm treffen. Keine Sorge. Ich glaube nicht, daß Sie ihn kennen. Er gehört zu denen, die erst vor kurzem zu uns gekommen sind, und wenn es um Getriebe geht, ist er ein Genie.“

Nakata legte auf und wandte sich an Yamazaki. „Rufen Sie Kataoka an. Er ist im Arsenal von Yokosuka. Sorgen Sie dafür, daß er nach Moji fliegt. Er soll auf die *Takatsuki* warten, die wir dem Tauchboot entgegenschicken. Die *Christina* läuft morgen früh um zehn Uhr ein."

„Wieso muß der Bursche dort hin?" fragte Tadokoro, gar nicht erbaut.

„Es gibt irgendeine Schwierigkeit mit den Motoren der *Kermadic.* Onodera sagt, er kann diese Schwierigkeit allein nicht beheben", antwortete Nakata. „Aber dieser Kataoka ist ein Zauberer."

„Professor Tadokoro . . ." Yukinaga erhob sich vom Schreibtisch und hielt ein Blatt Papier in die Höhe, auf dem er Berechnungen angestellt hatte. „Die gesamte Energiemenge bei Erdbeben und bei der Bewegung der Erdkruste hat im vergangenen Jahr auf dem japanischen Archipel den theoretischen Grenzwert, wenn auch nur um ein weniges, überschritten."

„Ich frage mich, wo die überschüssige Energie wohl herkommt." Tadokoro ergriff den Zettel und starrte gebannt darauf. „Woher wohl? Was, glauben Sie, ist die Ursache dafür?"

Yukinaga schaute auf die Reliefkarte Japans, die auf dem Schreibtisch lag. Sie war aus durchsichtigem Plastik in verschiedenen Farbtönungen gefertigt und ließ auch die Struktur der Erdkruste erkennen.

„Es mag ja voreilig sein", sagte er schließlich, „aber mir scheint die einzige Möglichkeit, um der Geschichte auf die Spur zu kommen, die zu sein, ein Simulationsmodell des ganzen Erdballs zu bauen, wobei das Hauptaugenmerk auf die Tiefenschichten der ostasiatischen Landmasse gerichtet werden sollte, besonders aber auf jene des japanischen Archipels."

„Was uns fehlt, sind Daten." Tadokoro trommelte mit den Fingern auf den Computer. „Sie sind von vorrangiger Bedeutung." Unvermittelt blickte er auf die Uhr. „Nakata, ich fahre auch nach Moji. Einverstanden?"

„Aber, Herr Professor . . ." Nakatas Augen weiteten

sich. „Wenn Sie wollen ...“

„Ich möchte die Situation im Westen noch einmal überprüfen“, erklärte Tadokoro und zog seinen Mantel an. „Ich habe mir gedacht, daß man vielleicht im Westen ... Na ja, ich mache mir Sorgen um den Aso-zan und den Kirishima-Vulkangürtel.“

„Ich nehme an, es ist das einzige, was wir tun können“, sagte Nakata und schnalzte mit der Zunge. „Yasugawa, rufen Sie in Yokosuka an. Und sagen Sie Kataoka, daß Professor Tadokoro ihn begleiten wird.“

„Nehmen wir ein Linienflugzeug?“ fragte Tadokoro.

„Ein Kurierflugzeug der Marine. Es muß wohl nicht eigens betont werden, daß Sie gerne über den Aso-zan fliegen würden, um einen Blick darauf zu werfen, oder?“

Tadokoro schnaufte, aber ein zufriedener Ausdruck huschte über sein Gesicht.

Der Herbst rückte näher, und das Wetter wurde kühler, obwohl der Sommer, wie in jedem Jahr, sogar bis in den Oktober hinein glühende Abschiedsgesten machte. Endlich hörten auch diese auf, und im gleichen Maße, in dem sich das Blau des Himmels mit jedem vergehenden Tag vertiefte und das Licht der Laternen von Abend zu Abend auf einen vom Tau immer feuchteren Boden fiel, verblaßten die Erinnerungen an einen turbulenten und verhängnisvollen Sommer. Die Menschen gewannen ihre übliche Gelassenheit wieder. Ganz Japan stellte sich auf den Herbst ein, auf eine Weise, die sich von jener früherer Jahre kaum unterschied: die Straßen, die Menschen, das Wetter, auch die Natur ... Ja, auch die Natur war die gleich – zumindest schien es so.

Onodera hatte eine Reihe von Taucheinsätzen in der Kumono-See abgeschlossen und wollte gerade für einen Abend nach Tokio zurückkehren, bevor die Forschungsfahrt begann, die ihm noch viel mehr abverlangen würde. Alle Defekte waren inzwischen beseitigt, und die *Kermadic* befand sich in zufriedenstellendem Zustand. Kataoka, das Mechanikergenie, hatte die Reparaturarbeiten gewissenhaft ausgeführt.

Als es Onodera damals endlich gelungen war, sich nach dem Erdbeben unter den herabgestürzten Dachziegeln in Ponto-cho hervorzuarbeiten, hatte er über die alsbald wiederhergestellte Telefonleitung Tokio angerufen und war auf Nakatas Weisung sofort, ohne sich Zeit für einen kurzen Besuch bei seinen Eltern zu nehmen, nach Europa abgereist, um über den Ankauf der *Kermadic* zu verhandeln. Aus Italien hatte er dann ein verschlüsseltes Telegramm geschickt, das seine Kündigung enthielt und seine Vorgesetzten im Institut für Meeresbodennutzung, die überzeugt gewesen waren, daß er bei dem Erdbeben umgekommen sei, nicht wenig überraschte. Als seine Arbeit im Gebiet der Kumano-See nun beendet war, bestieg er ein Wasserflugzeug der Armee und flog zum Flughafen Haneda. Am nächsten Tag sollte er zusammen mit Yukinaga und Nakata zur *Takatsuki* zurückfliegen, die sich auf Kurs zu einer Stelle 310 Meilen östlich von Kap Inubo befand. Onodera lebte in ständiger Hektik.

Kaum hatte er das Leitzentrum in Hatajuku betreten, wurde er bereits in Beschlag genommen, vor allem von Nakata und Yukinaga, und in eine endlose Debatte über das Kommunikationssystem und eine Vielzahl anderer Gesichtspunkte des Projekts verwickelt. Onodera war überwältigt von dem unglaublichen Tempo, mit dem Plan D ablief. Sobald ein Problem erledigt war, tauchten neue Probleme auf. *Ob sie wohl glaubten*, fragte er sich, *daß sie dieses phantastische Projekt mit den wenigen Leuten bewältigen könnten, die sie zur Verfügung hatten?*

Schließlich, nach einem langen Gedankenaustausch, warf Nakata brüsk einen Stapel Papiere beiseite und gähnte ungeniert.

„Und wenn wir noch so lange darüber reden – wir kommen keinesfalls zu Ende", sagte er. „Und morgen beginnen schon die Messungen. Was halten Sie von einem ausgiebigen Schlaf heute nacht? Onodera, kommen Sie mit uns auf einen Schlummertrunk? Immerhin werden Sie Tokio eine Weile nicht wiedersehen, was?"

„Ja", sagte Onodera und warf einen Blick auf die Uhr, während er sich erhob. „Ein oder zwei Stunden könnten nicht schaden."

Sie wählten eine Bar auf dem Dach eines neuen Gebäudes in Yoyogi, von wo aus man einen weiten Blick auf die Stadt hatte. Die Beleuchtung war so gedämpft, daß man einige Zeit brauchte, bis man die Gesichter der Gäste erkennen konnte, und obwohl es schon 23 Uhr war, als sie ankamen, war das Lokal noch ziemlich voll. Auf jedem Tisch flackerte eine Kerze hinter einem roten oder blauen Schirm. Leise klang die Musik der Band durch den Raum, gut gekleidete Männer und Frauen unterhielten sich gedämpft miteinander. Und inmitten des verschwommenen Dunkels, das indigoblau wie die Tiefe des Meeres war, die Gesichter der Frauen, ihre bloßen Arme und Schultern; die Halsketten und Anhänger auf ihren Brüsten schimmerten wie die Bäuche der Fische, die über dem schwarzen Grund des Ozeans schwimmen; hier und dort leuchteten die winzigen orangefarbenen Flämmchen von Feuerzeugen auf.

Die sechs Männer wählten einen Tisch am Panoramafenster, bestellten eine Flasche Wein und stießen miteinander an.

„Also", sagte Kunieda, „trinken wir auf das kühne

Projekt, das wir morgen beginnen."

„Ich kenne keine kühnen Projekte." Onodera deutete ein Lächeln an. „Aber wir trinken auf den Erfolg unserer Forschungsarbeiten."

„Und darauf, daß uns die *Kermadic* nicht im Stich läßt", sagte Yukinaga.

„Und nun auf Japan", fügte Nakata als abschließenden Trinkspruch hinzu, „und auf den Weg, der noch vor ihm liegt!"

Leise klirrten die Gläser aneinander. Die kühle, milde Flüssigkeit lief ihnen die Kehle hinunter. Nachdem Onodera sein Glas ein zweites Mal gefüllt hatte, lehnte er sich in seinem Stuhl zurück, als wollte er sich von der ruhigen Unterhaltung zurückziehen, die am Tisch begonnen hatte, und er schaute auf die sich unter ihm ausbreitende Szenerie hinter einer riesigen Glasscheibe, die sich vom Fußboden bis an die Decke erstreckte – die Szenerie der Stadt bei Nacht.

Tokio war, wie allnächtlich, eine Lichterflut. Die weißen Kegel der Autoscheinwerfer und das rote Glühen der Heckleuchten verschwammen zwischen dem kalten Schein ganzer Reihen von Quecksilberlampen zu schnell fließenden Strömen. Gelbe Sodiumlampen bestrahlten die Autobahnen, die sich wie riesige Schlangen rund um die Hauptstadt wanden, hier und dort erhoben sich die Riesensäulen der Wolkenkratzer, gewaltige schwarze Platten, die trotz der späten Stunde von tausend Lichtern übersät waren.

Einfach unvorstellbar, daß sich so etwas ereignen könnte! Onodera starrte hinaus in die Nacht hinter der durchscheinenden Wand aus Glas.

Ein Passagierflugzeug schien wie ein unheilverkündender schwarzer Vogel mit den blinkenden weißen und roten Lichtern beim Anflug auf Haneda die Spitze des Fernsehturms von Tokio zu streifen, der lichtgesprenkelt in den Nachthimmel stach.

Was würde aus all dem werden, was er jetzt geruhsam betrachtete, aus dieser unermeßlichen Stadt, dem wimmelnden Leben, das sie durchpulste, wenn das, was Professor Tadokoro fürchtete, einträte, wenn es sich tatsächlich bewahrheitete? Und die Millionen Menschen dieser Rasse, die sich auf einem so geschichtsträchtigen Boden entwickelt hatte und aufgeblüht war – was würde aus den Träumen werden, die ein jeder in seinem Herzen hegte, wenn er an die Zukunft dachte? Ein Haus bauen, Kinder aufziehen, auf die Universität gehen, ins Ausland reisen. Über 100 Millionen Menschen mit all ihren kleinen Hoffnungen – was um Himmels willen sollte aus ihnen werden?

Denk nicht dran und amüsier dich, dachte Onodera, während er auf die lichterbesäte Szene hinausblickte, doch er war eher in der Stimmung, ein Gebet zu sprechen. Denk nicht dran, wenigstens jetzt nicht, amüsier dich, so gut du nur kannst, mit allem was du hast und bist. Genieße jeden Augenblick wie etwas, das niemals wiederkommt. Auch die Erinnerung an billigstes Vergnügen ist immer noch besser als gar keine Erinnerung. Also freu dich jetzt deines Lebens. *Und das Morgen – vielleicht gibt es überhaupt kein Morgen mehr.*

„Es ist Zeit", sagte Nakata mit einem Blick auf die Uhr und erhob sich. „Wir sollten heute nacht noch einmal richtig schlafen."

Als sie am Zahlschalter standen, blickte ein kleines, schlankes Mädchen in sandfarbenem, ins Blaßblaue spielendem Anzug, wie er in diesem Herbst Mode war, Onodera an und rief dann mit zarter Stimme: „Du meine Güte! Das ist ja – äh – Herr Ono . . ."

„Ja . . ." Onodera erkannte das Mädchen, „Mako – hab' ich recht?"

„Ja. Sie erinnern sich tatsächlich an mich! Wie schön!

Herr Onoda – nein, so etwas, Herr Onodera."

„Stimmt. Sie arbeiten in – warten Sie – in der Miruto-Bar, oder?"

„Sie sind seit damals nicht wieder dort gewesen. Yuri hat es fast das Herz gebrochen, daß Sie ihr nicht beigebracht haben, wie man eine Aqualunge benutzt."

Während sie so plauderte, hängte sie sich an seinen Arm, als hätte sie die Absicht, den stämmigen, dinstinguiert aussehenden Herrn, der sie begleitete, stehenzulassen. „Bitte, kommen Sie wieder einmal zu uns. Ach ja – Herr Yoshimura war einmal da und hat erzählt, daß Sie Ihren Betrieb verlassen hätten. Stimmt das?"

Onodera runzelte die Brauen und nickte.

„Wie dem auch sei", sagte das Mädchen, „kommen Sie doch bitte wieder. Und rufen Sie mich an. Vergessen Sie es nicht."

„Ein nettes, kleines Ding", sagte Kunieda ironisch. „Ist sie eine Hosteß?"

„Ja. Es ist eher peinlich, ihr so über den Weg zu laufen", murmelte Onodera und sah dem Mädchen nach, das zwitschernd wie ein Vögelchen mit seinem Begleiter in der Bar verschwand. „Sollte ich ihr nicht noch sagen, daß sie den Mund halten soll?"

„Nein, dazu besteht kein Anlaß. Bei einem Mädchen von dieser Sorte gibt es keinen Grund zum Mißtrauen!" meinte Nakata. „Außerdem werden Sie morgen auf dem Meer sein – oder besser gesagt: auf dem Meeresgrund."

In Yokosuka leitete Kataoka voller Ungeduld die Umrüstung des Fabrikschiffes *Yoshino*, das als Kommandoschiff für D-1 dienen sollte. In der Zwischenzeit war die *Takatsuki* zum Mutterschiff der *Kermadic* geworden. Die *Takatsuki* war ein altes Schiff, eine ehemalige amerikanische Korvette, die im Zweiten Weltkrieg als U-Boot-

Jäger gedient hatte. Erst ein Jahr zuvor war sie von der Kriegsmarine zu einem Spezialschiff umgebaut worden. Anstelle der Wasserbombenträger war auf ihrem breiten Achterdeck eine Plattform errichtet worden, wo die *Kermadic* bei ihrem Transport von einem Tauchpunkt zum anderen vertäut werden konnte; die *Takatsuki* mußte einen strapaziösen Plan einhalten: Es waren etwa zwanzig Taucheinsätze innerhalb von zwei Wochen vorgesehen, die in einem großen Gebiet des Pazifiks direkt über dem Hang des Japangrabens durchgeführt werden sollten. Oft wurde das Tauchboot, wenn das Schiff in den Sog zusammentreffender Strömungen geriet, wie ein Blatt hin und her geschleudert, und an vielen Tagen war das Meer bis auf den Grund so aufgewühlt und verschmutzt, daß visuelle Beurteilungen unmöglich wurden.

Die Anstrengungen wirkten sich auf Onodera aus. Seine Haut wurde blaß, seine Augen waren blutunterlaufen, die Wangen fielen ein, Bartstoppeln bedeckten sein Gesicht, und der Schlafmangel verursachte mitunter Gelenkschmerzen. Immer wieder brachte er das Tauchboot durch die aufgewühlte See hinab bis in eine Tiefe von fast 7000 Metern, dirigierte es nach den lauten Anweisungen Tadokoros, schaltete die Scheinwerfer an, schoß Fackeln ab, fotografierte und bediente die Fernsehkamera. Oftmals mußte er zweimal am Tag hinunter, um die automatischen Meßgeräte am Boden und an den Flanken des Grabens anzubringen. Diese ständige Beanspruchung forderte sowohl dem Körper wie auch dem Geist immer mehr ab. Bei einer Meeresbodentemperatur von zwei bis drei Grad Celsius waren die Instrumente in der Gondel kalt wie Eis, und der Feuchtigkeitsgrad war so hoch, daß die Trockenmittel nach jedem Tauchmanöver erneuert werden mußten. Außerdem war die Umrüstung des Tauchbootes sehr schnell vorgenommen worden, die verschiedenen Instrumente, die eingebaut werden mußten, waren so, wie sie kamen, in der engen Gondel untergebracht worden, so daß kaum genügend Raum blieb, sich während des stundenlangen Unterwasseraufenthalts zu bewegen.

Am siebzehnten Tag traten auf Grund des ununterbrochenen Einsatzes der *Kermadic* technische Schwierigkeiten auf, und die Tauchfahrten mußten vorläufig eingestellt werden. Tadokoro schloß sich mit einem riesigen Berg von Forschungsdaten in der Offiziersmesse ein, und Onodera kämpfte gegen die Erschöpfung an, die ihn zu übermannen drohte, indem er sich auf die Reparaturen des Tauchbootes konzentrierte und verbissen und schweigend Seite an Seite mit den Mechanikern der *Takatsumi* arbeitete.

Zwei Tage darauf erreichte die *Yoshino* endlich den verabredeten Treffpunkt. Ihre drei Radarmaste lösten ein Hurrageschrei aus, als sie am Horizont auftauchten. Zwei große Ladebäume waren auf dem unteren Achterdeck montiert, das auch mit einem Ablaufschlitten versehen worden war. Für die beiden miteinander verbundenen Kräne würde es ein leichtes sein, das Tauchboot aus dem Wasser zu hieven und aufs Deck herabzulassen, der Ablaufschlitten hingegen ermöglichte eine schnelle Wasserung. Von nun an würde alles viel reibungsloser vonstatten gehen.

An Bord der *Yoshino* befand sich Katoka, ein helläugiger junger Mann, dessen rundliches, braunes Gesicht aussah wie das eines Kindes.

„Es tut mir leid, aber es hat länger gedauert, als ich dachte", rief er grinsend durch den Lautsprecher auf der Brücke. „Wir werden das Tauchboot gleich auf die *Yoshino* bringen. Professor Nakata und Herr Kunieda sind auch an Bord. Herr Yamazaki wird bald mit dem Kurierflugzeug nachkommen. Wir können unsere Besprechung hier an Bord abhalten, wenn es Ihnen recht ist."

Als Tadokoro und die anderen bereit waren, die *Takatsuki* zu verlassen, gingen sie in die Kapitänskajüte, um sich zu verabschieden. Der Kapitän überreichte Tadokoro einen Funkspruch, den er gerade erhalten hatte.

„Es heißt darin, daß sich um Hakone Anzeichen einer Eruption zeigen", sagte der Kapitän. „Außerdem scheint es auch auf Miyake-jima zu grollen. Der Zeitpunkt ist auf jeden Fall günstig. Wir werden mit voller Kraft auf Miyake-jima zuhalten, um die Evakuierung zu unterstützen."

Die *Kermadic* war bereits zu Wasser gelassen, ihr gelber Rumpf schaukelte auf den Wellen, während sie langsam zum Hecküberhang der *Yoshino* gezogen wurde. Sobald das Tauchboot sicher vertäut war, zog die *Takatsuki* sofort auf Südkurs davon, ihr Bug zerteilte die Wogen, sie entfernte sich weiter und weiter und wurde immer kleiner.

„Wie Sie sehen", sagte Nakata, „haben wir für Sie einen festlichen Empfang vorbereitet. Was meinen Sie, wollen wir sofort mit unseren Gesprächen beginnen?"

„Selbstverständlich", erwiderte Tadokoro ohne Zögern, „sobald wir dem Kapitän unsere Aufwartung gemacht haben. Wo können wir unsere Besprechung ungestört durchführen?"

„Erst wollen wir Ihr Gepäck in Ihre Kabine schaffen", wehrte Kunieda ab, „dann zeige ich Ihnen den Weg zu unserer Leitstelle für den Plan D."

Zwanzig Minuten später versammelten sie sich in der Leitstelle auf dem Oberdeck, am Bug des Schiffes. Die Wände waren voller blinkender Computersignale, und an einer Seite des Raums hingen der erleuchtete Lageplan und die magnetische Karte des japanischen Archipels. Fast in der Mitte des Raums befand sich ein großer rechteckiger Block aus durchsichtigem Plastik. Er schien nichts zu enthalten, aber als Kataoka einen Knopf am

Boden des Blocks drückte, wurde der japanische Archipel als klares, dreidimensionales und farbiges Bild sichtbar. Alle reagierten mit Bewunderung und Staunen.

„Ganz hübsch, was?" sagte Kataoka und lachte mit blitzenden Zähnen. „Das ist ein Hologrammprojektorschirm, entwickelt von der Forschungsabteilung des Verteidigungsministeriums. Der Plastikblock scheint leer zu sein, aber in Wirklichkeit ist er voller winzig kleiner metallischer Teilchen."

Kataoka drückte andere Knöpfe, und Bilder von kleinerem Ausmaß erschienen nacheinander in dem Plastikklotz. Eines davon zeigte die Topographie des Meeresbodens.

Und weiter bewegte Kataoka seine Finger über die Schaltanlage. Eine Anzahl von Symbolen, Lichtpunkte, Pfeile, Linien und anderes erschien. Hitzeströmungen, Schwerkraftanomalien, Vertikal- und Horizontalbewegungen der Erdkruste, vulkanische Aktivität – diese und fast jede andere Art von Daten konnte in das Hologramm eingebracht werden.

„Es gibt eine Direktverbindung zu den Computern, und daher können die Daten, sobald sie vorliegen, hier ohne Verzögerung wiedergegeben werden. Auf diese Weise läßt sich alles darstellen", sagte Nakata.

Tadokoro hatte sich inzwischen in einer Ecke des Raums auf einem Stuhl niedergelassen, der an der Wand stand. Er hatte den Kopf gesenkt und war in Gedanken versunken. Sein Gesicht war grau und schweißbedeckt, und Yukinaga erschrak beim Anblick seiner qualvoll verzerrten Züge.

Yukinaga ging zu Tadokoro hinüber, legte ihm eine Hand auf die Schulter und sagte: „Professor, ist Ihnen nicht wohl?"

Tadokoro fuhr bei Yukinagas Berührung zusammen, als hätte er einen elektrischen Schlag erhalten. Er sprang von seinem Stuhl auf und rief, heftig den Atem aussto-ßend: „Oh, doch – natürlich.“

Dann ging er mit schleppenden Schritten auf den Schreibtisch zu, um den die anderen versammelt waren. Sein leerer Blick glitt über die Computer an der Wand, über das Schaltpult und blieb dann starr an dem dreidimensionalen Bild des japanischen Archipels, das in dem großen Plastikklotz aufleuchtete, haften, als sähe er es jetzt zum erstenmal. Und während er dorthin starrte, füllten sich seine leeren Augen allmählich wieder mit Leben.

„Ein interessantes Gerät“, sagte er, und sein Blick bohrte sich in den plastischen Projektionsapparat. „Können Sie noch mehr zeigen – nicht nur den japanischen Archipel, sondern auch das ganze Gebiet, mit dem westlichen Pazifik und Südostasien?“

„Zur Zeit ist das größte Gebiet, das wir abbilden können, dieses.“ Kataoka drückte einen Knopf, um ein Gebiet zu zeigen, das, außer Japan in der Mitte, die Ogasawara-Inseln, Okinawa, Taiwan, die Philippinen, die koreanische Halbinsel und einen Teil der chinesischen Küste umfaßte.

„Das genügt. Lassen Sie es so, bitte.“

Mit diesen Worten entfernte sich Tadokoro von der Projektion und stellte sich an die Karte des japanischen Archipels.

„Setzen Sie sich, meine Herren“, sagte er mit leiser, belegter Stimme. „Ich werde Ihnen sagen, was gesagt werden muß.“

Die Gruppe nahm um den Schreibtisch herum Platz. Tadokoro stand noch mit gesenkten Augen, als dächte er über irgend etwas nach. Yukinaga wurde bei diesem Anblick die Brust eng. Er dachte: *Wie alt ist dieser Mann in nur zwei oder drei Monaten geworden! Als wären es zehn Jahre. Sein Haar ist ergraut, sein Gesicht strahlt keine Energie mehr aus, die Falten sind tiefer geworden; seine Augen sind stumpf und blutunterlaufen, er sieht wie ein Mensch aus, der am Ende ist.*

„Dieser Plan D", begann Tadokoro mit tonloser Stimme, „geht auf eine Möglichkeit zurück, die sich in meinem Kopf als Resultat verschiedener Untersuchungen aus den vergangenen zehn Jahren ergeben hat. Untersuchungen, die ihren Ausgang bei unterseeischen Vulkanen genommen haben und sich allmählich auf Gebirgszüge, Geologie und schließlich auf die gesamte Erdstruktur unter dem Meeresboden ausgedehnt haben. Es könnte sein, daß sich in den Tiefenschichten des gesamten japanischen Archipels eine unvorstellbare Veränderung vollziehen wird."

Tadokoro machte eine Pause, und ein eisiger Hauch schien über die um den Schreibtisch versammelten Männer hinwegzugehen.

„Zur Zeit ist der Plan in D-1 und D-2 geteilt. D-1 ist unsere Aufgabe – die weitere Untersuchung. Die Schwierigkeit von D-2 besteht in der Ausarbeitung eines Evakuierungsprogramms für den Fall, daß es zum Schlimmsten kommt." Tadokoro schwieg einen Augenblick lang und griff sich mit der Hand an den Kopf, als wolle er seine Gedanken im Zaum halten. Dann legte er beide Hände auf die obere Fläche des Plastikblocks. „Lassen Sie mich die Dinge in der richtigen Reihenfolge darstellen. Was mich zuerst stutzig gemacht hat, war, daß etwas an der Art und Weise, in der sich die Gravitationsabweichungen in den Seegebieten rund um den japanischen Archipel verteilten, nicht stimmte. Es ergaben sich unwahrscheinliche Veränderungen gegenüber einer Vermessung, die vor nur zehn Jahren durchgeführt worden ist. Des weiteren gab es eine ebenso radikale Abweichung im Hinblick auf den Erdmagnetismus, aber auch auf die elektrischen und die Wärmeströmungen, vor allem auf die Wärmeströme an der Küste des Japanischen Meeres. Und dann sank, wie Sie wissen, innerhalb einer Nacht in der Ogosawara-Gruppe eine Insel, deren höchster Punkt fast 70 Meter über dem Meeresspiegel lag – ein Ereignis von außerordentlicher Bedeutung."

Tadokoro blickte hinunter auf Onodera.

„Im Verlauf der Untersuchung dieses Ereignisses erregte noch etwas anderes meine Aufmerksamkeit, etwas, das unsere neuesten Forschungen bestätigt haben. Es hat für mich den Anschein, als ob sich die Struktur der Erdmantelkonvektion tief unter dem Japangraben radikal verändern würde."

„Professor", sagte Kunieda, „würden Sie uns bitte erläutern, was unter einer Erdmantelkonvektion zu verstehen ist?"

„Gut", sagte Tadokoro, und seine blasse Haut bekam etwas mehr Farbe. „Unsere Spezialgebiete liegen ein wenig auseinander, deshalb sind wohl einige grundsätzliche Erklärungen angebracht. Konvektion: Im Augenblick genügt es wohl, wenn Sie sich die Weiterleitung von Hitze durch Strömung, besonders durch Aufwärtsströmung vorstellen. Und nun zur Struktur der Erde." Er zeichnete auf einer Schultafel einen Kreis und danach einen etwas engeren innerhalb des ersten. „Im Mittelpunkt der Erde befindet sich, wie das Gelbe im Ei, der Kern. Er ist umgeben vom Erdmantel, wie das Eiweiß das Eigelb umgibt. Schließlich die Erdkruste, die dünnste, oberste Schicht. Gehen wir von der Frage aus, wie die Erdbebenwellen aus der Tiefe heraufgeleitet werden, dann ist vorauszusetzen, daß der Mantel fest ist, der äußere Mantel flüssig und der innerste Kern wieder unvorstellbar fest. Die Stärke des Mantels beträgt etwa 2 000 Meilen, was annähernd der Hälfte des Erdradius entspricht. Die Kruste hingegen ist unter den Kontinenten nur zwanzig Meilen stark und unter dem Meeresboden noch viel dünner – offensichtlich nicht stärker als drei Meilen. Wir sind immer geneigt, zu glauben, der Boden unter uns sei stabil. Tatsache ist jedoch, daß die Stärke der Kruste, auf der wir, mit unserer Geschichte und unserer gesamten Zivilisation ruhen, im Verhältnis zur Größe der Erdkugel dem gedehnten Gummi eines aufgeblasenen Luftballons entspricht. Im Mantel nun finden – so zeigen die Ergebnisse – über ungeheure Zeiträume hinweg Konvektionen statt, wie eben in Flüssigkeiten. Tatsächlich bewegt sich der Mantel unterhalb der Kruste in seinen tiefsten Teilen mit der relativ großen Geschwindigkeit von 5 Zentimeter pro Jahr, und in den Teilen, die näher an der Kruste liegen, um etwa zwölf Zentimeter pro Jahr, was nun wiederum größere Bewegungen an der Oberfläche der Kruste hervorruft, besonders unter den Ozeanen. Hier scheint die Ausgangskraft für die Bewegung der Kontinente zu liegen ... Kataoka, zeigen Sie uns eine topographische Weltkarte."

Kataoka drückte einen Schaltknopf, und eine strahlend bunte Karte erschien auf dem Projektionsschirm. Tadokoro setzte seine Ausführungen fort, indem er mit seinem Schreibstift auf die Karte wies.

„Beachten Sie die konkaven und die konvexen Abschnitte der Küsten Europas und Afrikas oder der Küste Nord- und Südamerikas. Sie sind so geformt, als würden sie genau aneinanderpassen. Diese Struktur war es denn auch, die Wegener auf den Gedanken brachte, die Kontinente seien tatsächlich einmal miteinander verbunden gewesen. Das führte ihn zu seiner berühmten Theorie von der Kontinentalverschiebung."

Tadokoro führte nun seinen Schreibstift längs der Mitte des Atlantiks nach unten und deutete damit die Lage des mittelatlantischen Rückens an, der sich S-förmig und etwa 960 Kilometer breit vom nördlichen Polarkreis bis hinab zum Südpolargebiet erstreckt und unter Wasser eine Höhe von 3 000 Meter erreicht.

„In der Mitte dieses Gebirgszuges, der die Quelle fast aller Atlantikbeben ist", fuhr Tadokoro fort, „verläuft eine tiefe Rinne, die außergewöhnlich warm ist. Diese Wärme wird durch die Konvektion aus der Tiefe des Mantels nach oben geleitet, und der mittelatlantische Rücken selbst ist nichts anderes als eine Aufwölbung dieser Mantelkonvektion. Hier haben wir die Ausgangskraft, die nach Wegeners Theorie in der Vorzeit einen riesigen Spalt in den Kontinentalblock gerissen und jenen Teil, den jetzt die amerikanischen Kontinente bilden, in westliche Richtung geschoben hat. Weiter: Die gleiche Aufwölbung, die sich aus der Mantelkonvektion ergab, und der gleiche Bruch der Kruste verläuft auf dem Boden aller Weltmeere." Professor Tadokoro schwieg und schaute jedem der Anwesenden ins Gesicht, bevor er mit leiserer Stimme fortfuhr: „Was nun diese Mantelkonvektionen betrifft, so war ich – nach einer Methode, die ich selbst entwickelt habe – in der Lage, von ihnen detaillierte Diagramme anzufertigen und daraus eine umfassende Erklärung abzulesen, und ich bin sicher, daß ich nunmehr das Auftreten von Erscheinungen voraussagen kann, die völlig neu sind."

Yukinaga spürte, wie sein Puls sich beschleunigte. Was für eine Sensation würde es geben, wenn Tadokoro seine Theorie öffentlich vertreten könnte! Aber das stand natürlich außer Frage. Auch wenn man in Betracht zog, daß die Geschichte der wissenschaftlichen Erforschung der Erde durch den Menschen noch jung war, schien das Gewicht der Argumente Tadokoros außerordentlich zu sein . . .

„Soviel darüber", sagte Tadokoro, drehte an einer Skala und stellte eine Reliefkarte des Pazifischen Ozeans ein. „Nun wollen wir uns einmal den Pazifik ansehen." Er nahm einen Zeigestock und wies auf den unterseeischen Rücken vor der chilenischen Küste. „Sie sehen, wie sich die Linie des Rückens vom Atlantik in den Südostpazifik fortsetzt. Und nun schauen Sie – hier!“ Er zeigte auf einen unterseeischen Gebirgszug, der sich hinauf, bis in den Indischen Ozean erstreckte. „Wenn man der Theorie Wilsons zustimmt, war es die von diesem Gebirgszug ausgehende Aufwölbung des Mantels, die den indischen Subkontinent, der ursprünglich von Asien getrennt war, nach Norden und schließlich gegen den Kontinent preßte. Bei diesem Prozeß wurde das ursprüngliche Küstengebiet aufwärts geschoben und bildet nun die große Kette des Himalajagebirges, die sich immer noch hebt.“ Der Zeigestock bewegte sich zurück zum Südostpazifik. „Es scheint, daß die allgemeine Bewegung des Mantels im östlichen Pazifik sich von Südosten nach Nordwesten vollzieht, was durch die Tatsache erhärtet wird, daß die Gruppen der Weihnachts-, der Hawaii- und der Tuamotu-Inseln in dieser Richtung verlaufen. Und weiter: Diese Mantelbewegung gerät, wie wir annehmen, allmählich mit der Mantelbewegung in Konflikt, die vom asiatischen Festland ausgeht. Als Ergebnis dessen wird der eine Teil abwärts gepreßt werden, was letzten Endes auch die langen Tiefseegräben erklärt, wie sie für die Ostflanken der Inselbögen im Westpazifik charakteristisch sind. Doch lassen Sie uns nun überlegen, was das alles mit unseren unmittelbaren Befürchtungen zu tun hat.“

Tiefes Schweigen herrschte im Raum, als Tadokoro einen Schalter drückte, um das Bild zu wechseln. Jetzt breitete sich das Gebiet des Nordwestpazifiks vor ihnen aus, auch Japan und ein Teil des Festlandes waren sichtbar. „Die japanische Inselgruppe war einstmals mit dem Festland verbunden. Irgendwann in ferner Vergangenheit wurde sie von der kontinentalen Mantelströmung, die ich erwähnt habe, in südöstliche Richtung, in den Pazifik hinausgedrückt. Nach meiner Theorie bewegt sie sich noch heute mit einer Geschwindigkeit von zwei bis acht Zentimeter jährlich. Im ersten Stadium dieses Prozesses, sagen wir vor 25 Millionen Jahren, lag der Archipel weiter nördlich und geradliniger vor dem Kontinent, als in der uns heute bekannten, gebogenen Form. Der ständige Druck jedoch hat ihn in die gegenwärtige Bogenform gebracht und die *Fossa Magna* gebildet, welche unsere Hauptinsel Honshu durchzieht. An dieser Bruchlinie befindet sich die Fuji-Vulkanzone. Doch nun wollen wir sehen, was aus der Mantelströmung wird, die aus der entgegengesetzten Richtung wirkt, vom Südostpazifik her. Was geschieht, wenn beide Bewegungen zusammentreffen?" Tadokoro schwieg ein Weilchen und schaute dann unvermittelt mit funkelnden Augen Yukinaga an. „Yukinaga, welcher Zweig der Wissenschaft befaßt sich mit den Eigenschaften fließenden Massen mit wechselnder Temperatur, hier, auf der Erdoberfläche?" fragte er.

„Die Meteorologie, Professor", antwortete Yukinaga mit heiserer Stimme.

„Richtig. Aber Sie werden vielleicht einwenden, daß Gase, Flüssigkeiten und feste Stoffe völlig verschiedenartige Dinge sind, nicht wahr? Wäre es aber sehr abwegig, zu behaupten, daß – einen genügend langen Zeitraum, die Unterschiede zu überspielen, vorausgesetzt – meteorologische Analogien angewendet werden könnten, um die Verhaltensweise des Erdmantels zu erklären? Er bildet nicht nur Konvektionsströme. Im oberen Mantel findet auch eine Verteilung von Massen unterschiedlicher Temperatur statt. Wäre es abwegig, anzunehmen, daß sich diese wie gasförmige Massen verhalten, wenn nur genügend Zeit dafür vorhanden ist?"

Erstaunt blickten alle Tadokoro ins unrasierte Gesicht. Sollte tatsächlich eine Ähnlichkeit zwischen atmosphärischen Strömungen, die niemals zur Ruhe kommen, und dem Verhalten jener schweren, festen Gesteinsmassen bestehen, die sich in der Tiefe bei hohen Temperaturen bewegten?

„Um es einfacher auszudrücken", sagte Tadokoro, „lassen Sie uns einen Blick auf die Erscheinung richten, die auftritt, wenn eine Kaltfront auf erwärmte Luftmassen trifft."

Tadokoro zog auf der Tafel eine waagrechte Linie. Darüber zeichnete er eine halbe Ellipse, die jene Waagrechte schnitt und deren Längsachse parallel zu ihr verlief. Innerhalb der Ellipse zeichnete er einen von rechts nach links gerichteten Pfeil. „Dies ist das vertikale Teildiagramm einer Kaltfront. Die gerade Linie hier unten ist die Erdoberfläche. Auf der rechten Seite befindet sich die Kaltfront. Diese kalte Luftmasse taucht unter die warme Luftschicht zur Linken. Die Warmluft wird hochgedrückt und abgekühlt. Und in diesem Wechselspiel bilden sich Wolken, es beginnt zu regnen. Beim Nahen einer Warmfront tritt der umgekehrte Vorgang ein: die Warmluft steigt über die kalte Luftmasse." Tadokoro wandte sich von der Tafel ab und suchte mit den Augen Onodera. „Onodera, sehen Sie jetzt, worauf ich hinaus will?"

„Ich denke schon, Professor", antwortete Onodera. „Analog zu Ihren Ausführungen ist die Kaltfront, die von rechts nach links strömt, jene Mantelbewegung, die aus dem Südostpazifik kommt. Die warme Luft auf der linken Seite entspricht demnach der Mantelströmung, die unter dem Kontinent hervorkommt."

„Richtig. Die kontinentale Mantelbewegung ist viel wärmer, und zwar infolge der radioaktiven Elemente, die sie enthält, weil die Kruste unter den Kontinenten etwa sechsmal so stark ist wie die ozeanische Erdkruste und auch aus anderen Gründen, die ich jetzt nicht näher erläutern muß. Dadurch steigt sie an dem heranrückenden Mantel nach oben. Und diese Kraft war es, die den japanischen Archipel vom Festland wegdrückte, im Verlauf dieses Prozesses das Japanische Meer entstehen ließ und schließlich den Archipel in seine gegenwärtige gekrümmte Form brachte. Nun stellen Sie sich bitte folgende Möglichkeit vor: Der Archipel krümmt und bewegt sich noch immer, und der Japangraben, der sich durch das Absinken des pazifischen Mantels gebildet hat, wird immer tiefer."

Die Zuhörer schluckten insgeheim, als sie Tadokoros Erläuterungen vernahmen. Die Inselgruppe, auf der sie lebten, war also eine Reihe von Wolken, die ihre Form der dominierenden Grenzlinie einer sich bewegenden Warmluftmasse verdankte. Draußen schien der Wind heftiger und die See rauher geworden zu sein. Die *Yoshino* fing an zu stampfen und zu schlingern, wenn auch anfangs nur leicht. Und da Tadokoro abermals eine Verschnaufpause eingelegt hatte, vernahmen sie alle ganz deutlich das Knarren des Schiffkörpers, das Stöhnen des Windes und das Brechen der Wogen.

Kataoka brach das Schweigen. „Aber, Herr Professor, geht das nicht alles schon seit Millionen von Jahren so?"

„Ja, das tut es. Und Sie glauben nun, daß es auf dieselbe Art und Weise noch Millionen von Jahren weitergehen wird?"

„Nun – ja."

„Wenn dem so wäre, hätten wir natürlich nichts mehr zu befürchten. Aber meine Forschungen und auch meine Intuition, wenn Sie so wollen, haben mich zu der Überzeugung gebracht, daß wir uns am Rande einer plötzlichen, gewaltsamen Veränderung dieses Zustandes befinden. Ich gebe gern zu, daß eine Veränderung dieser Art etwas bisher noch nie Dagewesenes wäre, aber vergessen Sie bitte nicht: Seit der Mensch, wie wir ihn kennen, auf der Erde erschien, sind einige hunderttausend Jahre vergangen – mehr nicht. Was für unvorstellbare Dinge sich ereignet haben, bevor er als Mensch existierte, wissen wir nicht. Und seit es ihn gibt, in historisch überschaubarer Zeit, hat sich immerhin viel ereignet, von dem wir so gut wie gar nichts wissen, einfach deshalb, weil die wissenschaftliche Erforschung der Erde erst vor kurzem begonnen hat. Ein Beispiel: Die Tatsache, daß sich die Erdachse verschoben hat und sich in den nächsten zweitausend Jahren neuerlich verschieben wird, die Tatsache, daß die Lebewesen auf der Erde kosmischer Strahlung mit allen ihren Folgen ausgesetzt sind – diese und viele andere Dinge haben wir gerade erst im letzten Jahrzehnt erkannt. Und damit haben wir sozusagen gerade erst an der Oberfläche gekratzt. Deshalb müssen wir sehr vorsichtig sein mit der Behauptung, daß sich das eine oder andere nicht ereignen könne."

Die Kabine neigte sich nach einer Seite. Man hörte das Geräusch zuschlagender Türen.

„Einen Grund gibt es natürlich immer. Es muß ja einen Grund geben", fuhr Tadokoro fort, an Yukinaga gewandt. „Yukinaga, erinnern Sie sich wie Runcorn, als er Wegeners Theorie von der Kontinentalverschiebung wieder aufnahm, den Beginn des Prozesses erklärte: das Auseinanderbrechen einer einzigen Landmasse und die Wanderung der beiden Amerika nach Westen?"

„Ich erinnere mich", antwortete Yukinaga mit trockener Kehle. „Er benützte die Berechnungen Chandrasekhars, des großen indischen Astrophysikers, der in Amerika arbeitete."

Tadokoro nickte und zeigte dann auf das Diagramm der Erde, das er zuvor gezeichnet hatte.

„Werfen Sie noch einmal einen Blick auf diesen Querschnitt, meine Herren. Zur Zeit ist der Durchmesser des Kerns größer als der Radius der Erdkugel, deren Durchmesser etwa 12 700 Kilometer beträgt. Es hat jedoch den

Anschein, daß der Kern anfangs kleiner war. Die Erde hat sich infolge ihrer eigenen Schwerkraft zusammengezogen, während der Kern, dessen Hitze und dessen Druckverhältnisse zugenommen haben, sich ausgedehnt hat. Das hat natürlich auf den ihn umgebenden Mantel Auswirkungen gehabt. Am Anfang sah das Konvektionssystem des Mantels einem einzigen großen Wirbel ähnlich, aber es veränderte sich in dem Maße, in dem sich der Kern ausdehnte. Diese Veränderung vollzog sich keineswegs langsam. Sobald der Kern eine bestimmte Größe erreicht hatte, riß vielmehr der große Wirbel plötzlich auseinander, und es bildete sich eine Vielzahl kleiner Wirbel – eine Theorie, die durch Chandraskhars Berechnungen gestützt wird. Damit begann dann die Wanderung der Kontinente, bei der sie die heutige Form bekamen, nachdem sie vorher viele Millionen Jahre lang eine zusammenhängende Masse gewesen waren. Sie verstehen, worauf ich hinauswill, Yukinaga?"

„Ich glaube, ja. Der sich ausdehnende Kern hat eine weitere Veränderung des Konvektionssystems im Mantel hervorgerufen." antwortete Yukinaga. „Es bilden sich noch kleinere Wirbel. Und irgendwo, in der Nähe des japanischen Archipels, hat sich in der Mantelschicht ein kleiner Riß gebildet, oder er ist gerade dabei, sich zu bilden."

„Im Prinzip stimmt das. Weshalb sich alles so schnell abspielt, weiß ich auch nicht. Aber auf jeden Fall wird die Mantelschicht nahe dem japanischen Archipel schnell dünner." Er tippte auf den Hologrammprojektorschirm, auf den eine dreidimensionale Karte Japans projiziert war. „Das mag ein Anzeichen für eine beispiellose Krustenveränderung sein, die sich über die ganze Erde hinzieht. Vielleicht aber wird sie auch nur unser Gebiet beeinflussen."

Seine Stimme war jetzt weicher als vorher, er sprach

leise. Mit angehaltenem Atem saß die Gruppe da und schaute auf Tadokoro. Hinter seinem Rücken blinkten unaufhörlich die Lampen des Computers. Draußen schienen das Heulen des Windes und das Donnern der Brecher immer lauter zu werden.

Onodera bemerkte, daß seine Hände zu Fäusten geballt und schweißnaß waren. Unwillkürlich wischte er sich die Stirn und stellte fest, daß auch sie schweißbedeckt war.

„Und was wären nun die Auswirkungen, Professor?“ sagte er.

„Bei Anhalten der derzeitigen Geschwindigkeit und Richtung gibt es Grund genug anzunehmen, daß das gegenwärtige Gleichgewicht zwischen den Strukturen des Mantels und der Kruste schlagartig zusammenbrechen wird, wenn der Schub einen bestimmten Punkt erreicht hat. Bis jetzt hat der Druck von der pazifischen Seite den Archipel gegenüber dem Druck, der von der Kontinentalseite kommt, relativ fest an seinem Standort gehalten. Sollte sich das Konvektionssystem auf der pazifischen Seite plötzlich ändern, dann wäre das ein vernichtender Schlag für Japan.“

Onodera sah vor seinem geistigen Auge ein erschreckendes Bild: Die Sperre, die den japanischen Archipel an seinem Platz festhielt, fiel plötzlich zusammen ...

„Falls es zum Schlimmsten kommen sollte“, fuhr Tadokoro fort, „wäre für Gedanken über größere oder geringere Schäden kein Platz mehr. Wenn das Schlimmste einträte, dann würde der größte Teil des japanischen Archipels im Meer versinken. Wir müssen daher mit der völligen Vernichtung unseres Landes rechnen.“

Keiner wagte zu atmen. Das Heulen des Sturms, das Knirschen der Schiffswände, das Geräusch der Brecher, die jetzt über das Schiff schlugen – alles schien das Grauen nur noch zu vertiefen, das sie in seinem Bann hielt.

Aus dem Augenwinkel bemerkte Onodera, daß die roten Lampen des Computers und der Übertragungseinrichtung begonnen hatten, gleichmäßig zu blinken. Da niemand die Nachricht abnahm, speicherte das Gerät sie selbsttätig. Der Fernschreiber klapperte, das Bildfunkgerät fing an zu knattern. Noch immer rührte sich keiner.

Plötzlich hörte man Schritte. Sie erreichten die Kabinentür, es wurde laut geklopft. Einer im Zimmer reagierte, Onodera achtete nicht darauf, wer es war. Die Tür öffnete sich, und ein sonnengebräunter junger Offizier kam herein. Er verbeugte sich höflich. Sein Gesicht war angespannt, der Zettel, den er in der Hand hielt, zitterte.

„Soeben kam ein Funkspruch vom Flottenkommando in Yokosuka", sagte der Offizier mit unsicherer Stimme, während er auf das Papier starrte. „Ein Erdbeben von großer Stärke hat sich im Kanto-Gebiet ereignet. Das Epizentrum liegt zwanzig Meilen außerhalb, auf See, vor der Tokio-Bucht. Die Stärke beträgt 8,5 nach der zwölfteiligen Skala. Flutwellen haben die Küste der Tokio-Bucht und der Sagami-Bucht überspült. In Tokio soll es eine Stärke von 6 bis 7 gehabt und infolge der Plötzlichkeit, mit der es auftrat, umfangreiche Schäden angerichtet haben. Dieses Schiff ändert auf Befehl des Oberkommandos der Seestreitkräfte den Kurs und begibt sich in die Tokio-Bucht zu Rettungseinsätzen . . ."

Kurz vor fünf Uhr war Yamazaki gerade im Begriff, das Leitzentrum für Plan D in der sechsten Etage eines Gebäudes nahe dem Harajuku-Bahnhof zu verlassen. Um sechs Uhr sollte ein schneller Helikopter der Marine am Harumi-Pier landen, ihn aufnehmen und zur *Yoshino* fliegen, die sich der Enshu-See näherte.

„Ich gehe also, am Abend bin ich schon auf hoher See."

„Das tut mir aber wirklich leid", meinte Yasugawa gut aufgelegt und bediente die Knöpfe eines Computers. „Ich darf noch die ganze Nacht durcharbeiten!"

„Übertreiben Sie's nur nicht", meinte Yamazaki, den Hut aufsetzend. „Es hat doch keinen Sinn, sich schon in jungen Jahren die Gesundheit zu ruinieren." Bei diesen Worten ging Yamazaki zum Fenster, um nachzusehen, wie dicht unten, auf den Straßen, der Feierabendverkehr war.

In diesem Augenblick erhob sich wie eine wallende Pfefferwolke in der Richtung des Yoyogi-Hains ein Haufen dunkler Punkte in den Himmel. Tauben, Sperlinge, Krähen – Vögel aller Art stoben auf, wie von plötzlichem Entsetzen gepackt.

Ein Schrei formte sich auf den Lippen des erschrockenen Yamazaki, aber kein Laut drang aus seiner Kehle. Im selben Augenblick schoß Blitz um Blitz aus den bleifarbenen Wolken herab, die sich am dunkelnden Osthimmel gesammelt hatten. Sie erhellten den Horizont mit gleißendem Licht.

„Yasugawa!" Yamazaki, dessen Augen auf das Schauspiel draußen gerichtet waren, fuhr herum und rief mit schriller Stimme seinen Freund. „Kommen Sie her! Sehen Sie!"

Man konnte nicht feststellen, woher sie kamen – von irgendwo im Osten ausgehend und sich bis in die Stadt hinein ausdehnend, schossen wallende Feuersäulen aus dem Erdboden, als wollten sie ihn auseinanderreißen. Sie stiegen hinauf bis in die Wolken. Die Säulen – zwei oder drei – hatten einen gleichbleibenden Abstand voneinander und strahlten grell. Aus der einen löste sich ein karmesinroter Ball aus Licht, beschrieb einen feurigen Bogen und fiel auf die Erde zurück.

„Was ist es?" frage Yasugawa und erhob sich von seinem Schreibtisch.

In der selben Sekunde gab es einen fürchterlichen Erdstoß, und der Fußboden unter ihnen schien auf und ab zu wogen. Ehe sie überhaupt die Gefahr begriffen, hob der Boden sich wieder, als ob von unten ein mächtiger Hammer dagegenschlüge, Schlag auf Schlag, um alles in Trümmer zu legen. Während die Männer sich abmühten, um auf den Beinen zu bleiben, flogen Tintenfässer, Wassergläser und andere Gegenstände durch die Luft. Eine Schachtel mit Reißnägeln kippte im Flug um, und die Zwecken verstreuten sich auf dem Boden.

„Ein Erdbeben!" rief Yamazaki, „und ein schweres obendrein!"

Als die heftigen Erschütterungen, die das Gebäude schwanken ließen, verebbten, überdachte Yamazaki hastig die Situation. War es besser, die Atempause zu nutzen und hinunterzulaufen?

Aber sie hatten keine Zeit zur Flucht. Ein dumpfes Donnern rollte wie eine große, ferne Kanonade, dann begann das ganze Gebäude zu ächzen und von einer Seite zur anderen zu schwanken. Yamazaki krallte sich fest, um auf den Füßen zu bleiben, aber die Gegenbewegung schleuderte ihn flach auf den Boden. Zwei oder drei der verschütteten Reißzwecken stachen ihn in die Handflächen. Angst packte ihn. Er versuchte, auf die Knie zu kommen, kam aber nicht einmal auf alle viere. Der Boden schwankte in entsetzlich schnellem Rhythmus, und Yamazaki schlug erneut der Länge nach hin.

„Herr Yamazaki!“ ertönte die helle Stimme des jungen Yasugawa.

„Unter einen Schreibtisch“, rief Yamazaki. „Kriechen Sie unter einen Schreibtisch!“

Lautes Krachen. Ein schweres Bücherregal war umgestürtzt. Risse liefen quer über die Wände und die Zimmerdecke. Zementbrocken regneten herab, inmitten von Wolken rußigen Staubes. Yamazaki umfaßte schützend seinen Kopf und spähte unter dem Schreibtisch hervor, unter den er schließlich hatte kriechen können. Mit entsetztem Staunen sah er, wie das Glas des nahen Fensters aus dem starken Rahmen, in dem es befestigt war, herausgerissen wurde und laut klirrend in der Luft zerbarst. Das Licht ging aus. Draußen am grauen Himmel schienen glühende, ineinander fließende Funkenschleier zu tanzen. Für Augenblicke ließ das Schwanken nach, dann setzte es mit neuer Kraft wieder ein. Ein Tischcomputer segelte mit hinterherwehender Kabelschnur durch die Luft und krachte dicht neben Yamazaki gegen die Wand. Die Erschütterungen waren diesmal noch heftiger. Das Gebäude schwankte, die ganze Konstruktion stöhnte unter einer übermächtigen Gewalt. Betonsplitter hagelten von der Decke herab. Yamazaki spürte, wie der Fußboden sich aufs neue hob.

Brach das Gebäude zusammen? Erstaunlich ruhig überdachte er die Lage. Sie befanden sich in der sechsten Etage eines siebengeschoßigen Hauses. Würde es zusammenbrechen, wäre die Überlebenschance gleich Null. Unvorstellbar, inmitten dieser zerborstenen Betonmassen zur Erde hinabzustürzen!

Ein Stakkato von Stößen folgte. Der Fensterrahmen bog sich von neuem und löste sich dann. Yamazaki schaute zu, wie der Rahmen fast lässig hinaussegelte, ins Freie. War das nun der Tod? In einem Winkel seines Bewußtseins erwog Yamazaki völlig nüchtern diese Frage. Wie bedeutungslos wäre doch sein Leben gewesen, wenn er jetzt schon sterben müßte!

Allmählich aber ließ das Grollen nach. Der Fußboden hatte sich geneigt. Yamazaki konnte erkennen, daß das Zimmer in eine Wolke von Staub gehüllt war. Als er unter seinem Schreibtisch hervorkriechen wollte, versperrte ihm etwas den Weg. Ein Stück der herabgestürzten Decke hatte sich über den Schreibtisch gelegt. In dem schwachen Licht, das durch die Fenster hereindrang, bot sich seinem Blick ein entsetzliches Chaos. Durch den Staub nahm er Risse in den Wänden wahr, Löcher waren in der Decke entstanden, der Fußboden war mit Betonbrocken übersät, Bücherregale und Rollschränke waren umgestürzt, Schreibtische zusammengebrochen. Alle Ordnung war dahin, nichts war geblieben als ein Trümmerhaufen. Was bisher, gebändigt hinter geometrischen Strukturen, gelauert hatte, hatte sein schreckliches Gesicht gezeigt.

Der beißende Staub zertrümmerten Betons drang Yamazaki stechend in die Nase.

„Yasugawa!“ rief er heiser. „Ist alles in Ordnung?“

„Ja“, kam die schwache Antwort. „Irgend etwas hat mich am Kopf getroffen, aber sonst ist alles in Ordnung.“

Wieder knirschte es, das Zimmer begann von neuem zu schwanken. Ein bereits schräg stehendes Bücherregal fiel krachend zu Boden.

„Was sollen wir tun?“ fragte Yasugawa. Seine Stimme zitterte wie die eines geängstigten Kindes.

Draußen folgte nun in schneller Folge eine Explosion der anderen. Bei jedem Knall leuchtete es hinter den Fenstern rot auf. Und dann drang plötzlich, wie aus großer Entfernung, das Geräusch rufender und schreiender Menschen an ihr Ohr. In den Geruch des Staubes mischte sich sengender, beißender Gestank.

„Erst einmal müssen wir hier heraus", sagte Yamazaki. „Es könnte noch ein Nachbeben geben."

„Der Fahrstuhl ist nicht ratsam, schätze ich. Ob es über die Treppen geht?"

„Die Feuerleiter wäre wahrscheinlich am besten."

Die Tür zur Feuerleiter befand sich am Ende eines kurzen Korridors. Zerbrochenes Glas bedeckte den Boden und knirschte unter ihren Schuhen. Yamazaki spürte, wie es ihm kalt den Rücken hinunterlief, als er in dem Dämmerlicht die Risse sah, die Wände und Decken durchzogen.

Die Stahltüre, die auf die Feuerleiter hinausführte, war verklemmt, Yamazaki warf sich mit dem ganzen Körper dagegen, bis sie endlich aufging. Rauch und sengend heiße Luft drang ihnen in die Nase. Ein Holzhaus nebenan stand in Flammen. Die Dämmerung des frühen Abends war erfüllt von dem Geräusch rennender Füße, von Rufen und Schmerzensschreien. In unmittelbarer Nähe hatte das Beben auf dem Harajuku-Bahnhof einen Vorortezug aus den Schienen geworfen, und längs der verbogenen Gleise liefen Menschen hin und her. Aus allen Richtungen ertönte das Geheul der Feuerwehrsirenen, schwarzer Qualm stieg zum Himmel auf.

„Kommen Sie!" rief Yamazaki und lief zur Tür hinaus. Die Eisenplatten unter seinen Füßen klapperten unheimlich, er hörte Yasugawas Schritte hinter sich. Da das Gebäude schräg stand, hätte der geringste Fehltritt den Absturz zur Folge gehabt. Sie stiegen entlang dem fünftem Geschoß hinab, dann am vierten vorbei, traten mit äußerster Vorsicht auf und hatten gerade das dritte Geschoß erreicht, als Himmel und Erde aufstöhnten.

„Vorsicht!" rief Yasugawa schrill. „Passen Sie auf, Herr Yamazaki."

Aber Yamazaki hatte bereits den Halt verloren. Er stürzte hinunter, prallte schwer auf Stufen auf und rutschte dann auf dem Rücken abwärts, bis die nächste Plattform seinen Sturz aufhielt. Er versuchte wieder auf die Füße zu kommen, brachte es aber nicht fertig. Die eiserne Feuerleiter schwankte heftig und vibrierte wie ein riesiger Gong. Die Stöße des Nachbebens schienen Himmel und Erde in einem einzigen, riesigen, brausenden Strudel zu vereinen. Das brennende Gebäude nebenan fiel in sich zusammen wie ein Kartenhaus, ein Funkenregen stob in alle Himmelsrichtungen. Irgend etwas sauste pfeifend vorbei und riß Yamazakis Wange auf, er konnte nicht sagen, ob es ein Ziegel oder ein Stück Metall vom Dach war. Vom düsteren Himmel herab, der über ihnen grollte, kam ein betäubendes Dröhnen, und die Feuerleiter schwankte noch stärker. Die Eisenplatten und die Stäbe, mit denen sie in der Betonwand des Gebäudes verankert war, wurden nacheinander herausgerissen – in Yamazakis Ohren klang das wie schreckliches Maschinengewehrfeuer.

Als der Abend kam, ließ das bedrohliche Grollen, das dem Erdbeben gefolgt war, allmählich nach, aber die Zerstörung ging weiter. Da es keine Möglichkeit gab, die Feuersbrünste, die an mehr als einhundert Stellen der Stadt ausgebrochen waren, unter Kontrolle zu halten, breiteten sie sich langsam weiter aus, und in der zunehmenden Dunkelheit leuchtete die rote Glut am Himmel noch heller. Entlang der Küste, die von Flutwellen verwüstet worden war, brachen Flammen wie Lotosblumenblätter aus aufgerissenen Lagertanks und Lagerhäusern hervor, und Rauch wallte in riesigen schwarzen Säulen zum Himmel.

Kein Zug fuhr, weder von der Staatsbahn noch auf

privaten Linien. In einigen Abschnitten der Untergrundbahn war Feuer ausgebrochen, andere waren überflutet. Überall waren die Straßen durch Feuer, Trümmer oder brennende Fahrzeuge blockiert. Die Schnellstraßen der Stadt waren in noch schlimmerem Zustand. Bei Nishi Kanda und Shibara waren die Stützpfeiler aus ihren Verankerungen gerissen, auf der gesamten Schnellstraßenstrecke waren Teile der Betonfußwege herabgefallen. Brennende Autos, die das Schutzgeländer zum Schmelzen brachten und den Asphalt in flammendes Gallert verwandelten, waren wie Feuerbälle von der Autobahn herabgestürzt. Siedender Asphaltbrei floß von den höher gelegenen Abschnitten der Straße hinunter in die Tunnels, aus denen Feuer und dicker schwarzer Rauch quoll. Die Kanalisation der Stadt war von giftigen Gasen erfüllt, und unaufhörlich schleuderten Explosionen die Schachtdeckel in die Luft. Hier und dort wallten Dampfwolken auf, wenn das aus zerstörten Hauptleitungen strömende Wasser mit den wütenden Flammen zusammentraf.

Als Yamazaki sich wieder seiner Umgebung bewußt wurde, befand er sich in einem kleinen Hain auf dem Gelände des Meiji-Schreins, und er zog beim Gehen ein Bein nach. Sein linker Knöchel war offenbar verstaucht, und bei jedem Schritt durchfuhr ihn ein stechender Schmerz. Bis zu diesem Augenblick war ihm das jedoch gar nicht bewußt geworden. Er blickte um sich, Yasugawa war nirgends zu sehen. Aber schluchzende Männer und Frauen waren da, die verstört an ihm vorbeiliefen. In seinem Rücken, hinter dem Hain, war der Himmel rot gefärbt.

Wie hatte er überlebt? fragte Yamazaki sich in dumpfer Verwunderung, während er vorwärtshumpelte. Er glaubte sich erinnern zu können, daß das Gebäude eingestürzt war. An die Plattform der Feuerleiter geklammert, hatte er wie im Traum mit angesehen, wie sich die Leiter, von der Mauer losgerissen, immer mehr nach außen geneigt hatte. Zusammen mit ihr und mit dem ganzen Haus hatte er sich wie im Zeitlupentempo auf die Erde zu bewegt, auf der nun alles zerschellen sollte. Dann war er fortgeschleudert worden. Irgend etwas hatte ihn hart in den Rücken getroffen, sein Körper war hin und her geprallt wie ein Ball. Funken waren an seinem Gesicht zerstoben, und ein scharfer, stechender Geruch war ihm in die Nase gedrungen. Sonst erinnerte er sich an nichts.

Alle Kraft war aus seinem Körper geschwunden, und überall verspürte er jetzt Schmerzen. Er fühlte, wie etwas Feuchtes, Schmieriges ihm das Gesicht herunterlief. Der Ärmel seiner Jacke war wie von einem Rasiermesser zerfetzt, Hemd und Unterhemd waren ebenfalls zerrissen. Blut floß seinen nackten Arm entlang. Das linke Hosenbein hing vom Knie abwärts in Fetzen, das Schienbein war übersät von kleineren Abschürfungen. Von Schmerzen überwältigt, stöhnte Yamazaki auf. Dann begann sein Herz beängstigend schnell zu schlagen, immer schneller, bis es ihm in den Ohren rauschte.

Als er aus dem Hain hinaustrat, spürte er, daß die Beine unter ihm nachgaben, er sank auf die Knie. Schweiß strömte seinen Körper hinab. Er atmete mühsam, sein Bewußtsein trübte sich. Dann ließ das Brausen in den Ohren allmählich nach, und aus weiter Ferne trafen wieder die Schreie verzweifelter Männer und Frauen an sein Ohr wie kleine Wellen. Er atmete zwei-, dreimal tief durch, und endlich wurde sein Kopf wieder klar.

Hier, unter den Bäumen des Äußeren Parks, waren Tausende von Menschen zusammengekommen. Manchmal drang der Schein einer Feuersbrunst durch die Bäume und beleuchtete mit schwachem Schein das Chaos dieser furchtbaren Nacht.

„Die ganze Innenstadt ist vernichtet!" rief jemand. „Akasaka und Shibuya auch. Aoyama wird als nächstes dran sein."

„Die Tokio-Bucht ist ein einziges Flammenmeer, sage ich Ihnen", sprach ihn jemand im Vorbeigehen mit leiser, eindringlicher Stimme an. „Von Tsukiji bis Shinagawa, das ganze Gebiet ... und die Ginza auch – alles wie wegradiert."

Yamazaki spürte den Schmerz in seinem Bein und stand wieder auf. Plötzlich befiel ihn Sorge um seine Familie. Seine mürrische, brummige Frau – sein pickliger Ältester, der sich die Haare hatte langwachsen lassen wie ein Mädchen – seine älteste Tochter, die weder der Mutter noch dem Vater ähnlich sah und deren auffallend schönes Gesicht ihm stets Grund zur Beunruhigung gab, denn sie wurde allmählich erwachsen. Er dachte an seine jüngste Tochter, die nach einer leichten Kinderlähmung behindert und ein wenig zurückgeblieben war ...

„Entschuldigen Sie bitte", sprach Yamazaki einen vorbeikommenden Fremden an. „Fahren die Züge schon wieder?"

„Die Züge?" stieß der Fremde mit rauher Stimme hervor. „Die Gleise sind ja verbogen wie Brezeln. Außerdem hat es Erdrutsche und sowas gegeben. Na, und in Shibuya – da wollte ein überfüllter Zug gerade den Bahnhof verlassen, und als er anfuhr, sprang er aus den Hochgleisen. Überall liegen die Leichen verstreut. Ich hab' es mit eigenen Augen gesehen."

„Auf den Schnellstraßen sieht es schrecklich aus", sagte jemand mit hoher, tränenerstickter Stimme. „In Kasumigaseki ist es grauenvoll. Im Tunnel dort ..."

„Tut denn die Polizei nichts?" fragte ein anderer. „Wo ist sie denn? Sonst laufen sie doch überall herum."

Plötzlich ertönte am Rande der Menge ein lauter Freudenschrei. Yamazaki vernahm das Motorengeräusch von Lastautos, und zwischen den Bäumen blendeten Scheinwerferkegel die Gesichter der Umstehenden. Drei Lastwagen kamen heran und hielten, Soldaten in Khakiuniform mit Helm sprangen ab.

„Wir sind ein Armeehilfstrupp", verkündete ein Lautsprecher. „Sind unter Ihnen Verletzte, die schnell versorgt werden müssen? Wir werden uns sofort um sie kümmern. Alle anderen, die laufen können, begeben sich bitte zu den Sporthallen und zur Schwimmhalle in Yoyogi. Es sind Versorgungsstützpunkte eingerichtet worden. Bitte, bewahren Sie Ruhe und verhalten Sie sich normal. Das Erdbeben ist vorüber. Was das Feuer betrifft, so werden die nötigen Maßnahmen ergriffen. Es ist noch zu früh, um sagen zu können, wann der Schienenverkehr wieder aufgenommen werden kann, aber Pionierbataillone sind bereits dabei, die Geleise instand zu setzen."

„Können Sie uns nach Hause fahren?" rief jemand, „meine Familie wohnt in Mitaka. Sie macht sich Sorgen."

„Drüben im Sportzentrum von Yovogi treffen laufend Transporteinheiten ein. Gehen Sie also bitte zum Sportzentrum. Dort werden aber sehr viele Menschen zusammenkommen, deshalb bleiben Sie bitte ruhig und regen Sie sich nicht auf. Im Sportzentrum müßten auch Meldungen über die Schäden in jedem Bezirk vorliegen und auch darüber, wann der Reiseverkehr wieder aufgenommen wird. Dort steht auch so viel zu essen und zu trinken bereit, wie herbeizuschaffen möglich war. Also gehen Sie bitte ruhig und diszipliniert zum Sportzentrum. Soldaten werden Sie notfalls hinführen."

Ein Scheinwerfer wurde eingeschaltet und brachte Bewegung in die Menge. Man hatte sich so nach Licht gesehnt. Aber nun, da es wieder Licht gab, herrschte Unsicherheit, ob man der Sache trauen solle. In dem

Licht des Scheinwerfers beobachtete Yamazaki den Offizier, der mit den Menschen sprach. Sein unerschrockenes Gesicht war sonnengebräunt, auf seinen Wangen lag ein seltsamer Hauch kindlicher Unschuld. Von oben her ertönte das laut tuckernde Geräusch eines Hubschraubers. Wind kam auf. *Der Hubschrauber hat eine schwere Zeit vor sich,* dachte Yamazaki, als er zurückblickte auf die dunkelrote Glut feuriger Zerstörung.

Aufsteigender schwarzer Qualm bedeckte den Himmel, angestrahlt von dem Schein der Flammen. Heftige Detonationen, wahrscheinlich von explodierenden Petroleumtanks, erschütterten in Abständen die Luft.

Unvermittelt stieg in Yamazaki eine alte Erinnerung auf. Während des Krieges – die Nacht des großen Luftangriffs auf Tokio . . . Er war noch nicht ganz zwanzig Jahre alt. Es war die Nacht, in der seine Mutter und sein jüngerer Bruder umgekommen waren, die Nacht, in der das Haus seiner Nachbarn in Shinagawa abgebrannt war. Jetzt kehrte jenes bedrückende Gefühl der Teilnahmslosigkeit plötzlich wieder, das ihn damals beherrscht hatte, als er aufrecht im Freien stehengeblieben und nicht in den Schutzraum gegangen war, sondern in dumpfer, hilfloser Verkrampfung den dichten Regen der Brandbomben und das Flammeninferno rundum betrachtet hatte. Seit dieser weit zurückliegenden Nacht hatte Tokio sich zu einer Großstadt von phantatischen Ausmaßen entwickelt. *Die Zerstörungen müssen unvorstellbar sein,* dachte Yamazaki . . . Wenn das Öl, das auf der Tokio-Bucht schwamm, Feuer finge, würde die Hölle losgehen. Und auch, wenn man die Katastrophe unter Kontrolle bekäme, würde die Ohmacht auf dem zivilen Sektor, angesichts des unglaublich komplizierten Systems großstädtischer Verwaltung, vermutlich noch lange Zeit andauern. Chaos müßte sich im ganzen Land ausbreiten.

Was für eine Situation, dachte Yamazaki. Er ging

inmitten der in Bewegung geratenen Menschenmenge, das schmerzende Bein nachziehend. Wenn in nächster Zukunft das Kabinett zu Fall käme ...

Im Strahl des Scheinwerfers schwirrten schwarze und weiße Punkte in der Luft. Yamazaki schaute nach oben. An dem bleifarbenen Himmel tanzten, soweit das Auge reichte, schwarze Flocken im Wind und wurden fortgeweht, eine Million flatternder Fledermausflügel.

„Asche“, murmelte ein alter Mann neben Yamazaki. „Wir werden triefnaß werden. So ist das immer. Es wird Regen geben. Nach einem großen Feuer kommt immer Regen. Ist es nicht so? Nach den großen Luftangriffen war es genauso.“

Yamazaki spürte einen Tropfen auf der Wange; es begann tatsächlich zu regnen. In einem Winkel seines überbeanspruchten Gehirns dachte er bedrückt an die weitere Ausführung des Plans D. *Wenn das Kabinett zu Fall käme, was in aller Welt würden sie dann noch tun können?*

Um elf Uhr desselben Abends passierte die *Yoshino* den Uraga-Kanal. Schon während sich das Schiff der Halbinsel Miura näherte, hatten alle an Bord von weitem die zerstörerische Feuersbrunst gesehen, die an der gesamten Küste der Sagami-Bucht wütete. Als die *Yoshino* in den Kanal einfuhr, trug die salzige Brise einen seltsamen, undefinierbaren Geruch heran. Während es bisher nur vereinzelte Schauer gegeben hatte, begann es auf der Höhe von Kap Kannon in Strömen zu regnen und die Sicht wurde sehr schlecht. Dennoch erkannte Onodera von der Brücke aus die Flammen, die aus den unterirdischen Lagertanks züngelten und scharlachrot glühten wie die Feuer der Hölle.

„Tokio brennt“, murmelte Kataoka, der neben Onodera am Rand der Brücke stand. „Und Kawasaki auch. Und Chiba ...“

„Ich glaube, die Flutwellen sind vor etwa drei Stunden gekommen“, sagte Onodera und zog die Kapuze seines Regenmantels enger um den Kopf. „Die Verwüstungen müssen schrecklich sein.“

Die *Yoshino* fuhr mit einer verminderten Geschwindigkeit von sieben bis acht Knoten. Eine Dampfsirene heulte durch den Regen. Flammen schossen plötzlich zum Himmel auf, irgendwo in Kawasaki oder Yokohama – wahrscheinlich explodierten wieder Tanks –, und es klang, als grollten die Grundfesten der Erde.

„Was für ein schrecklicher Gestank“, sagte Nakata, runzelte die Brauen und rümpfte die vom Regen nasse Nase. „Ich denke, wir werden in Yokosuko anlegen. In der Stadt herrscht wahrscheinlich ein Chaos, aber weiter im Norden soll es zu gefährlich sein, wegen giftiger Gase, großer Ölbrände und wegen der Wrackteile als Folge der Flutwellen.“

Onodera sah auf die dunkle Wasserfläche hinunter und bemerkte, daß ringsumher alle möglichen Gegenstände schwammen: Körbe, Tatamis, Ölfässer, Holzplanken, Trümmer jeglicher Art und Dinge, die wie Leichen aussahen.

„Backbord voraus treibt etwas!“ rief die Bugwache.

Ein Scheinwerfer flammte auf. Mit ächzendem Getöse setzte die Bugschraube ein, und die *Yoshino* drehte scharf zur Seite. Ein Wrack von einigen tausend Tonnen trieb dicht an Backbord vorbei, fast schon unter Wasser, der gekenterte Rumpf war gerade noch zu sehen.

Aus dem Regen und der Finsternis drang ein schwacher Ruf.

„Steuerbord voraus – ein Mann im Wasser!“ ertönte wieder die Stimme der Bugwache.

„Maschinen zurück!“ befahl der Kapitän leise durch

die Sprechanlage. „Steuerbord Rettungsboot aussetzen! Holt den Burschen herauf.“

Während mit rasselndem Geräusch das Boot hinuntergelassen wurde, wanderte der suchende Scheinwerferstrahl nach rechts über das Wasser, aber auf der vom Regen gepeitschten See war nichts zu erkennen.

„Weiter voraus liegt eine Menge Wracks“, sagte der Navigator, der den Radarschirm beobachte. „Wahrscheinlich von den Flutwellen zerschmetterte Fischerboote und Leichter.“

„Das Rettungsboot kommt zurück“, rief ein Matrose vom Ende der Brücke.

„Was ist? Habt ihr ihn?“ rief einer über die Reling nach unten.

„Wir haben ihn“, antwortete ein Matrose. „Aber den hat‘s am Kopf erwischt.“

„Professor Tadokoro . . .“ sagte Onodera und wandte sich um – Tadokoro stand hinter ihm, er hatte keinen Regenmantel an, „die ganze Küste der Bucht scheint schwer getroffen zu sein. Es sieht aus, als wenn das gesamte Hafengebiet Tokios dem Erdboden gleichgemacht wäre.“

„Das ist eine voreilige Schlußfolgerung“, murmelte Tadokoro, dem der Regen in das unrasierte Gesicht schlug. „Das jetzt schon zu sagen, hieße, voreilige Schlüsse ziehen.“

„Ich frage mich, wie es denen zu Hause gehen mag?“ sagte Kataoka abwesend. „Ich wohne in Tamaschi.“

Als der Morgen dämmerte, war der Himmel wieder klar, und die Nacht der Zerstörung und des Feuers, der Flutwellen und des tintenschwarzen Regens war zu Ende, aber das entsetzliche Ergebnis war eine zerstörte Stadt. Noch immer wüteten Brände entlang der Küste.

Schwarzer Rauch, der sich wie ein riesiges Seeungeheuer ausbreitete, hing tief über der Bucht.

Onodera verließ Yokosuka in einem Hubschrauber. Er begleitete Tadokoro und Yukinaga, die zum Premierminister gerufen worden waren, und schaute aus dem Fenster hinunter auf die schreckliche Szenerie. In Yokohama, in Kawasaki und auch in Tokio stieg noch immer an verschiedenen Stellen dünner Rauch auf. Unter dem blauen Herbsthimmel, an dem dick aufgeplusterte Wölkchen segelten, lag unheimlich still das riesige Ballungsgebiet, die Heimat von mehr als zwanzig Prozent aller Japaner. Wenn man die Feuer außer acht ließ, die an der Küste brannten, wirkte das Bild auf den ersten Blick gar nicht so ungewöhnlich. Aber als Onodera genauer hinsah, erkannte er die Ruinenlandschaft, all die schrecklichen Folgen jenes blitzartigen Feuersturms. Die dicht an dicht stehenden Häuser waren zur Hälfte zerstört, niedergebrannte Viertel breiteten sich wie häßliche schwarze Flecke in alle Richtungen aus. Die großen Gebäude im Stadtzentrum waren überraschend gut weggekommen, obwohl auch sie geborsten waren und Schlagseite hatten.

„Der Bezirk Chiyoda scheint noch in ganz gutem Zustand zu sein", sagte Onodera. „Sehen Sie! Dort fährt sogar ein Zug in Richtung Yokohama."

Unter dem klaren Herbsthimmel war Tokio noch einmal zum Leben erwacht. Ein ganzes Geschwader von Bulldozern war bereits dabei, die Trümmer zu beseitigen. Große Lastwagen, wahrscheinlich mit Hilfsgütern beladen, rollten in die Stadt. Und in entgegengesetzter Richtung bewegten sich Militärfahrzeuge und Busse mit Bewohnern der Randgebiete, die endlich die Möglichkeit bekommen hatten, nach Hause zurückzukehren. *Es sieht so aus, als ob die Japaner mit Katastrophen sehr gut vertraut wären,* dachte Onodera und spürte, wie ihm die Tränen in die Augen stiegen. Die gleiche überraschende

Beobachtung hatte in der Mitte des neunzehnten Jahrhunderts bereits ein deutscher Japanreisender gemacht, der die großen Feuersbrünste, die Edo verwüsteten, erlebte und dann das Klopfen der Hämmer hörte, als die Menschen, deren Häuser die Flammen verzehrt hatten, ohne einen Seufzer des Kummers, und noch während die Feuer glühten, mit dem Wiederaufbau begannen.

Diesmal jedoch war das Ausmaß der Zerstörung überwältigend. Auch wenn man das „traditionelle“ Verhalten in Betracht zog – wie würde die Reaktion sein, wenn erst einmal das volle Ausmaß der Katastrophe bekannt war, wenn es darum ging, mit den wesentlichsten daraus erwachsenden Problemen fertigzuwerden? Mehr noch – angenommen, *zusätzlich zu all diesem würde noch* . . .

„Die Regierung hat einen Zwischenbericht veröffentlicht“, sagte Yukinaga, das Ohr am Radio. „Tote – man schätzt über zwei Millionen. Es wird ein Gesamtschaden von mehr als einer Milliarde Yen erwartet.“

„Was ist das?“ murmelte Onodera, der beobachtet hatte, daß von Zeit zu Zeit etwas Glänzendes aus den Fenstern der hohen Gebäude fiel.

„Wenn das Erdbeben schon lange vorbei ist, löst sich das Glas und fällt infolge der einen oder anderen kleinen Erschütterung heraus“, antwortete Tadokoro, ohne den Blick zu wenden. „Das ist auch seinerzeit bei dem großen Erdbeben in Peru so gewesen. Da wurde manchen Leuten durch herabstürzendes Fensterglas der Kopf zerschnitten, und sie starben, nachdem das Beben schon längst vorüber war.“

Als Nakata, Yukinaga, Onodera und Yamazaki das Verwaltungsgebäude betraten, in dem sich das Büro des Premierministers befand, wimmelte dort alles durcheinander, alle möglichen Leute liefen auf den Korridoren hin und her.

Nakata wandte sich an Yamazaki: „Haben Sie schon Verbindung mit unserem Geldgeber?"

„Ja – endlich", antwortete Yamazaki mit müder Stimme. Seine Krawatte war zerknittert, der Kragen schmutzig. Er war in kurzer Zeit sichtlich gealtert. Seine unrasierten Wangen waren eingefallen, und um die Augen hatten sich Falten gebildet. Abgesehen von allem, was er bei dem Erdbeben durchgemacht hatte, bedrückte ihn auch noch ein Schuldgefühl gegenüber dem jungen Yasugawa, der mit schweren Verletzungen in einem Notlazarett aufgespürt worden war. „Herr Watari ist in Hakone. Kunieda ist bei ihm."

„Gut. Professor Tadokoro sollte ihn aufsuchen. Er verschwendet seine Zeit damit, in diesem Durcheinander den Premierminister stellen zu wollen."

„Auf jeden Fall sieht es so aus, als ob wir für geraume Zeit den Laden zumachen könnten, oder?" fragte Yamazaki, die Tür zu dem Raum öffnend, der für die Arbeitsgruppe Plan D zur Verfügung stand.

„Glauben Sie wirklich?" gab Nakata trocken zurück.

„Da doch zur Zeit alles in der Schwebe ist, können wir nicht erwarten, irgend etwas zu erreichen, nicht wahr? Außerdem, wenn tatsächlich etwas geschieht, dann doch nicht so bald? Vielleicht in vier oder fünf Jahren, oder noch später?"

„Schwer zu sagen", erwiderte Nakata ruhig. „Nach sehr grober Schätzung könnte sich ergeben, daß D gleich zwei ist."

„Gleich zwei?" Yamazakis Mund blieb offen stehen. „Zwei Jahre? Sind Sie sicher?"

„Ja, im schlimmsten Fall."

Verstört sah Yamazaki die anderen drei an. Er schüttelte den Kopf. „Das ist schwer zu glauben . . . Na, auf jeden Fall machen Sie es sich bequem. Ich kann Ihnen bei diesem Durcheinander keinen Tee anbieten. Wie wäre es mit einem Glas Wasser?"

„Lassen Sie nur", sagte Nakata mit einem Lachen. „Mich beschäftigt vor allem, wie Sie am besten zu dem alten Watari nach Hakone kommen könnten."

„Wir haben keinen Wagen, und die Benzinrationierung ist wirklich streng," antwortete Yamazaki und warf sich in einen Sessel vor dem Schreibtisch. „Irgendwie kann ich es noch nicht fassen," fuhr er fort, aus dem Fenster blickend. „Kann so etwas tatsächlich geschehen? Könnte es sich bei der ganzen Geschichte nicht nur um die Täuschung eines alten Mannes und Wissenschaftlers handeln, der nicht mehr ganz richtig im Kopf ist?"

„Ich glaube, das haben wir uns schon alle gefragt", sagte Nakata. Er schwieg und schloß dann: „Ich fürchte, es wird tatsächlich geschehen."

„Gut, und wenn – was dann? Es gibt einhundert Millionen Japaner, wie Sie wissen."

„Die meisten von ihnen werden wahrscheinlich umkommen", antwortete Nakata. „Und warum? Darum, weil nicht ein einziger glauben wird, daß die Katastrophe eintreten kann. Wir selbst sind ja im unklaren mit uns, und wir stecken doch mitten drin in der Sache. Bei diesem Wird-es-oder-wird-es-nicht, dem Vielleicht-oder-vielleicht-nicht läuft uns die Zeit davon. Je länger wir brauchen, desto größer wird die Zahl derer sein, die dabei zugrunde gehen."

„Sie haben offenbar überhaupt keine Hoffnung mehr", sagte Yamazaki leise.

„Oh, hoffen kann ich, wie jeder andere. Ich hoffe, daß irgendein Ausgleichungsprozeß stattfindet, den wir nicht kennen, irgend etwas, das die Katastrophe weitgehend mindert. Aber inzwischen müssen wir unter der Voraussetzung weitermachen, daß es geschieht. Nur so können möglichst viele Menschenleben gerettet werden.“ Nakata lächelte traurig. „Ich habe nicht das Bedürfnis, den Propheten zu spielen. Wenn es geschieht, wird es die Hölle sein, und es ist sinnlos, sich angesichts der Hölle noch prophetisch zu gebärden.“

Yamazaki drückte seine Zigarette aus. „Ich habe eine Frau und Kinder“, sagte er heiser. „Ich frage mich, was Sie so denken . . . über ihre Familien, meine ich. Wenn nur einer den Anfang machen würde . . .“

Als sie in Hakone eintrafen, war es bereits Mitternacht. Die Straßen waren stark beschädigt, und es hatte so schwere Verkehrsstockungen gegeben, daß sie in der Stunde nicht mehr als durchschnittlich zehn Kilometer zurückgelegt hatten.

Eine enge, fast verborgene Privatstraße schlängelte sich von einer Abzweigung auf halbem Wege zwischen Ubako und dem Gojiri-Paß durch den Zedernwald. Als der Wagen den steilen, gewundenen Weg hinauffuhr, kam ein einstöckiges Haus in Sicht. Es war von einer dichten Hecke umgeben und lag da, wie in eine unwirkliche Atmosphäre der Stille gehüllt. Das Auto hielt neben einem Einganstor mit schmückendem Querträger. Einer von ihnen stieg aus und meldete über die Sprechanlage ihre Ankunft; kurz darauf wurde das Tor durch Fernschaltung geöffnet. Die Oribe-Votivlaternen im Garten waren umgestürzt. Ihre steinernen Spitzen hatten Löcher in den moosigen Untergrund gerissen.

Der alte Mann saß allein in einem kleinen Zehnmattenzimmer. Seine Beine umhüllte eine Steppdecke, unter der ein Kohlenbecken verborgen war. Ein mit purpurrot gemusterter Seide bezogenes Sitzkissen stützte seinen Rücken. Über einem eleganten Kimono aus Yuki-Seidentaft trug er ein dunkelbraunes, ärmelloses, wattiertes

Gewand. Um den Hals hatte er lose einen breiten Schal aus weißem Leinen gelegt. Die einsame Gestalt mit dem gebeugten Rücken wirkte klein und zusammengeschrumpft. Die Augen des Alten, überdacht von weißen Brauen, waren geschlossen. Er schien zu schlummern.

Die fünf Männer, auch Tadokoro, knieten am Eingang nieder, aber Watari gab nicht zu erkennen, daß er sie bemerkt hatte, er nickte nur, wie im Schlaf.

„In Hakone ist es kühl wie immer", sagte Tadokoro laut und unbekümmert, wie es seine Art war; er erhob sich und betrat den Raum. Seine schmutzigen Socken waren an den Zehen ausgebeult und schlappten auf dem mattenbedeckten Fußboden.

Ein tadellos gepflegtes Mädchen in kurzem Chichibu-Meisen-Kimono, zu streng für ihr Alter, forderte sie auf, sich rings um ein riesiges, von einer Steppdecke umhülltes Kohlenbecken niederzulassen. Das volle, kaum zu bändigende Haar des Mädchens war im Nacken zusammengenommen, große Augen blickten aus dem ungeschminkten Gesicht. Sie war hochgewachsen, und ihr fester Mund gab ihr ein entschlossenes Aussehen. Erst als sie dann lachte, bemerkte man ihre Grübchen und einen schiefen Zahn; das sah rührend aus, und ihre Züge hatten jetzt einen Ausdruck ungekünstelter Unschuld.

„Wie ich sehe, haben Sie auch etwas abbekommen", sagte Tadokoro und reckte den Hals, um in die Schmucknische hinter dem alten Mann zu spähen. Oben, wo die uralten Pfeiler aus japanischer Zeder von den Bergen des Nordens die Decke stützten, zogen sich breite Risse an der Wand entlang, und Mörtel war auf die aus schwarzem Persimonenholz gefertigte Stufe herabgerieselt.

Yukinaga fiel das in der Nische hängende Bild aus der Zeit der südlichen Sung-Dynastie auf, und er bemerkte unvermittelt: „Ich nehme an, das ist ein Tanomure Chokunyu?"

„Ein scharfer Blick“, sagte Watari mit belegter Stimme und lachte. „Aber es handelt sich zufällig nur um eine Kopie. Und für eine Kopie doch gewiß gut gemacht, wie? Mögen Sie die südliche Schule? Wie gefällt Ihnen Tessai?“

„Gar nicht. Er sagt mir nicht viel.“

„So, so ... Nun, ich selbst finde ihn auch nicht so besonders. In meinem Alter, wissen Sie, wird einem dieser Stil schon langweilig.“

Das junge Mädchen kam mit dem Tee herein; sie setzte beim Gehen graziös ihre in weiße Tabi gehüllten Füße. Wie ein No-Spieler, dachte Yukinaga, während er sie beobachtete.

In den Teeschalen, die sie verteilte, befand sich an Stelle gewöhnlichen Tees ein Getränk, in dem ein einziges bräunliches Blatt irgendeiner Pflanze lag.

Offenbar eine Orchidee, dachte Onodara und nahm einen Schluck. Durch den Dampf, der von der Schale aufstieg, schaute er abwesend auf das Purpurrot der Ahornblätter in der Mosochiku-Vase, die in der Nische stand.

„Also dann“, sagte der alte Mann mit einem Hüsteln, „wie stehen die Dinge, Professor Tadokoro?“

„Deswegen sind wir hier, Herr Watari“, entgegnete Tadokoro und beugte sich vor.

„Soweit es die Katastrophe von Tokio betrifft, bin ich gut im Bilde.“

„Das habe ich erwartet“, sagte Tadokoro und trank den Rest seines Orchideentees. „Ich sehe die Dinge heute genauso wie damals. Wir müssen auf jeden Fall eine Untersuchung noch größeren Ausmaßes einleiten, um die Fakten besser in den Griff zu bekommen. Die Frage ist nur, wie wir das zustande bringen wollen. Und wie wir darüber hinaus unseren Wunsch an die Regierung herantragen sollen?“

Mit seiner runzeligen Hand, die wie ein verwitterter Zweig aussah, gab der alte Mann seiner Rakuyaki-Schale einen kleinen Stoß, die Oberfläche des Orchideentees erzitterte. Die Augen des Alten lagen tief in ihren Höhlen, und es war unmöglich, zu erkennen, in welche Richtung sie blickten. Er schien unbekümmert wie ein Kind auf die bewegte Flüssigkeit zu starren. War er in Gedanken versunken, blind und taub gegenüber allem anderen? Stille breitete sich im Raum aus, und Onodara vernahm das Rauschen des dunklen Waldes draußen. Und aus weiter Ferne schienen sogar die Berge ein schwaches, undeutliches Geräusch von sich zu geben, das wie ein Stöhnen klang.

„Von jetzt an ..." begann Nakata unvermittelt, von irgendeinem Impuls getrieben, mit ganz leiser Stimme. „Wenn Sie der Meinung sind, daß wir mit den Männern, die wir jetzt haben, und mit den Mitteln, die wir jetzt haben, weitermachen sollen, dann machen wir weiter – aber es wird zu nichts führen. Je näher der Tag rückt, um so mehr Menschen werden von der Sache erfahren, aber bis dahin wird es zu spät sein."

Der alte Mann schwenkte noch immer seine Teeschale. Ein leichter Husten drang aus seiner Kehle, die von Runzeln und Falten bedeckt war. Alle starrten gebannt in ihre Schalen.

„Professor Tadokoro", sagte Watari, hob die Augen und drehte den Kopf ein wenig zur Seite, „haben Sie die Blume dort in der Vase gesehen?"

Tadokoro blickte auf. An einem der hinteren Pfeiler der Nische hing eine kürbisförmige Vase. Darin befand sich eine kleine Blume von lebhaftem Rot, die in voller Blüte gepflückt worden war und sich von zwei oder drei Zweigen mit dunkelgrünen Blättern abhob.

„Eine chinesische Kamelie, nicht wahr?" murmelte Professor Tadokoro.

„Richtig. Jeder Busch trägt Blüten im Überfluß. Mir will scheinen, Professor, in diesem Herbst ist Japans Natur auf allen Gebieten außer Rand und Band geraten. Ein Wissenschaftler bemerkt das und findet es vielleicht nicht einmal bemerkenswert. Ich aber habe hundert Jahre mit der Natur gelebt, und ich kann mich des Gefühls nicht erwehren, daß die Natur in Japan – die Pflanzen und Bäume, die Vögel, die Insekten und die Fische –, daß alles von Angst erfaßt ist und sein normales Verhalten aufgegeben hat."

Das Geräusch leiser Schritte näherte sich auf dem Gang und verstummte vor der Tür.

„Haben Sie gerufen, Herr?" hörte man eine Stimme.

„Hanae", sagte der alte Mann, „öffne die Tür und öffne auch die Außentüren, alles."

Die Innentür glitt auf. „Aber Herr", sagte das Mädchen mit weit geöffneten Augen, „es ist doch ziemlich kühl geworden."

„Das ist einerlei. Mach sie auf."

Es gab ein leicht kratzendes Geräusch, als das Mädchen die gläsernen Außentüren zur Seite schob. Die Kühle der Herbstnacht von Hakone strömte in das Zimmer, in dem nur die Kohlenbecken Wärme spendeten. Gespenstisches Insektensummen war zu hören. Zweige raschelten im pechschwarzen Dunkel des Zedernhains.

Man konnte über den Garten hinweg durch die Baumstämme bis zum Ashi-See hinuntersehen. Am Himmel hing der Mond des siebzehnten Tages im Monat. Der eisige Glanz seiner Strahlen zersplitterte auf der gekräuselten Oberfläche des Wassers. Der Ring der Berggipfel, die Hakone umgaben, ragte düster auf, gleich einem riesigen schwarzen Wandschirm, den das Mondlicht nun anstrahlte.

„Professor Tadokoro", sagte Watari mit überraschend kräftiger Stimme hinter ihrem Rücken, während sie wie verzaubert auf die Schönheit der Szenerie blickten. „Sehen Sie das? Schauen Sie es sich gut an. Schauen Sie sich die Berge und die Seen Japans an. Sie wissen, Japan ist groß. Von Südwesten bis Nordosten zieht es sich über 2 700 Kilometer hin. Es hat große und kleine Inseln. Es hat Bergzüge mit Gipfeln über 2 700 Meter. Die Landmasse umfaßt 370 000 Quadratkilometer. Und es leben 110 Millionen Menschen darauf, deren Bruttonationalprodukt im Weltmaßstab den dritten Platz einnimmt. Dieses Japan, diese mächtige Inselgruppe – glauben Sie noch immer, auch in dieser Minute, daß es versinken wird? Glauben Sie tatsächlich, auch in dieser Minute, daß sich so etwas in allernächster Zukunft ereignen, daß all das hier ganz schnell untergehen könnte?"

„Ich . . ." Tadokoro sprach das Wort mit einem tiefen Seufzer aus. „Ja . . . Ich glaube es. Und unsere nächste Messung wird diese Überzeugung nur noch bestärken."

Onodera spürte, wie sein Innerstes erbebte, als er auf die Berge schaute, die sich im Licht des fast vollen Mondes badeten, und auf die schwarze Fläche des Sees, über den sich dieselbe strahlende Helligkeit in tausend silbernen Wellen ergoß.

„Nun gut", sagte der alte Mann. „Genau das wollte ich wissen. Hanae, es ist genug. Schließ die Türen."

Onodera schaute hinauf zum Mond, dessen strahlendes Licht am wolkenlosen Himmel beinahe weh tat, und zog die Brauen zusammen. Denn der Strahlenring, der den Mond bei seiner Fahrt über den klaren Himmel umgab, flimmerte plötzlich, als würde er von einer Hitzewelle eingehüllt. Dann bemerkte Onodera, daß das Zirpen der Insekten aufgehört hatte. Auch das Rauschen des Windes in den Bäumen war verstummt, als hätte sich jedes Lüftchen gelegt.

Plötzlich ertönte aus dem tiefdunklen Wald das schrille Schreien von Nachtvögeln, ein ängstlicher Chor, der von allen zugleich herüberklang. Etwas näher, am Ufer des Sees, begannen Hunde zu bellen und Hähne zu krähen.

„Es geht wieder los, passen Sie auf", flüsterte Tadokoro.

Und ehe er zu Ende gesprochen hatte, begannen die Berge und die Wälder vor ihnen zu grollen. Dachziegel klirrten. Die Pfeiler und Türstürze fingen an zu knistern und zu ächzen, bis schließlich das ganze Haus geräuschvoll zu beben begann und das Licht ausging. Die Möbel knackten. Mörtel rieselte raschelnd die Wände herab, und irgend etwas ergoß sich leise plätschernd über die Fußbodenmatten. Das Mädchen stieß einen ängstlichen Schrei aus.

„Keine Angst, Das ist nur ein Nachbeben. Der Hakone-yama und der Tanzawa-yama heben sich, nachdem sie ein wenig abgesunken waren, wieder ein wenig an, damit das Gleichgewicht hergestellt ist. Es hat nicht viel zu bedeuten", hörte man Tadokoros beherrschte Stimme in der Dunkelheit sagen. „Hierüber brauchen wir uns keine Sorgen zu machen."

Bevor sie völlig begriffen hatten, war das Beben bereits vorüber. Sie blieben schweigend in dem dunklen Zimmer sitzen und schauten hinaus auf die nächtliche Szenerie, wo der helle Mond die leuchtende, stille Fläche des Ashi-Sees beschien, als wäre nichts geschehen. Der Mond stieg allmählich höher, und sein bleiches Licht bedeckte eine immer größere Fläche des Fußbodens.

„Nakata . . . so war ihr Name, nicht wahr? Ich meine den jungen Mann, der vorhin etwas sagte." Das war die Stimme des alten Mannes aus dem Dunkel hinter ihnen.

„Ja, Herr Watari", antwortete Nakata.

„Haben Sie schon in etwa eine Vorstellung, was im Hinblick auf dieses zweite Stadium zu tun ist?"

„Ich habe einen Plan im Kopf", sagte Nakata ruhig. „Er ist noch nicht in allen Einzelheiten fertig, aber ich habe einen Entwurf gemacht."

„Gut. Bringen Sie ihn so schnell wie irgend möglich zum Abschluß. Morgen rufe ich den Premierminister an. Ich möchte mich mit ihm treffen. Außerdem möchte ich, daß morgen jemand nach Kyoto fährt. Zwei von Ihnen. In Kyoto gibt es einen Gelehrten namens Fukuhara. Er ist noch sehr jung, aber seinen Schriften habe ich entnommen, daß er aufrichtig ist, ein Gelehrter mit Gewissen. Bringen Sie ihm einen Brief von mir. Ich werde ihm die Umstände erläutern und um seine Mitarbeit bitten. Morgen sage ich Ihnen, was zu sagen ist. Es ist sehr wichtig, von Fukuharas Vorstellungen über diese Sache zu wissen. Die Gelehrten in Tokio, Sie werden mir verzeihen, hatten schon immer eine Neigung zu Marotten und eine gewisse Unfähigkeit, sich gedanklich durch kompliziertere Probleme hindurchzuarbeiten."

„Fukuhara . . ." sagte Yukinaga nachdenklich. „Er beschäftigt sich mit Zivilisationsvergleichen, nicht wahr? Kennen Sie ihn schon länger?"

„Ich bin ihm nie begegnet", antwortete der alte Mann, leise hüstelnd. „Aber wir haben ein- oder zweimal miteinander korrespondiert. Ich bin sicher, daß er uns gegenüber aufgeschlossen ist."

Durch einen Türspalt im Hindergrund des Zimmers schimmerte Licht. Die Tür glitt auf, und das Mädchen kam mit einer altmodischen Lampe herein.

„Oh!" rief sie mit gerunzelten Brauen. „Die Kamelie!"

In dem schwachen gelben Lichtkreis der alten Lampe lag die winzige Blume, die von dem Pfeiler der Nische herabgefallen war, auf der Fußbodenmatte wie ein kräftiger Farbfleck, rot wie Blut.

Am nächsten Morgen machten sich Onodera und Kunieda mit dem Brief Wataris nach Kyoto auf. Der Superexpreß war westlich von Shizuoka noch in Betrieb, aber infolge der erforderlichen Vorsichtsichtsmaßnahmen brauchte er über drei Stunden bis zum Expreßbahnhof in Osaka.

Onodera stand hin- und herschwankend in dem überfüllten Gang eines Waggons. Als der Zug den Tenryugawa überquerte, ergriff Onodera ein schwer zu definierendes Gefühl. Es war gerade ein Jahr her, seit er zufällig am Trinkbrunnen beim rückwärtigen Eingang des Tokioter Hauptbahnhofs Go begegnet war.

Bei der Erinnerung daran begriff er, daß in jenem Augenblick alles angefangen hatte. Damals hatte er nicht die entfernteste Ahnung davon gehabt, was die Zukunft Japan bringen oder daß er selbst einmal in die Erforschung dieser Zukunft verwickelt werden würde. Ein Gefühl der Einsamkeit und der Gefahr drückte ihn nieder wie eine gewaltige Last.

Osaka hatte sich von den Auswirkungen des großen Erdbebens vor einem Jahr fast völlig erholt, aber in Kyoto waren die Verwüstungen nicht zu übersehen - sowohl in Gion, Ponto-cho und den anderen Stadtteilen, die einst das Vergnügungsviertel und das Herz der Großstadt gebildet hatten, aber auch in den dichtbesiedelten Gebieten der Innenstadt, die durch das Beben und die Feuersbrünste zerstört worden waren.

Als sie im Haus des Professors im Norden der Stadt ankamen, erfuhren sie, daß er am Tag zuvor leicht erkrankt und seidem nicht ausgegangen sei. Bekleidet mit einem Seidentaft-Haori erschien er im Empfangszimmer; er wirkte so jugendlich mit seinem knabenhaften Gesicht, ohne eine Spur von Grau im Haar, daß Onodera, dem bekannt war, daß der Professor bereits die Fünfzig überschritten hatte, auf den ersten Blick Schwierigkeiten gehabt hätte, sein Alter zu bestimmen.

Professor Fukuhara las mit zur Seite geneigtem Kopf mehrmals den Brief des alten Mannes, während Onodera und Kunieda ihm abwechselnd die Lage erläuterten. Fukuhara bewegte anfangs zwar lautlos die Lippen, doch schließlich sprach er nur einen Satz: „Mein Gott, was für eine entsetzliche Geschichte . . ."

Dann erhob er sich unvermittelt und verließ den Raum. Es verging eine halbe Stunde, dann eine Stunde, und noch immer war von dem Professor nichts zu sehen. Als ihnen schon die Beine weh taten vom langen Hocken auf den Fußbodenmatten, riefen sie das Mädchen, um zu erfahren, was geschehen sei.

„Der Herr hat sich oben hingelegt", gab sie ihnen zur Antwort.

„Zum Teufel! Das will ein Gelehrter aus Kyoto sein? Uns so zum Narren zu halten!" rief Kunieda aufgebracht. „Wir kommen die weite Strecke von Tokio hierher, um ihm Entscheidendes zu berichten, und alles, was er sich abringt, sind die Worte: ‚Mein Gott, was für eine entsetzliche Geschichte?' Und dann geht er nach oben, um ein Nickerchen zu machen."

DAS SINKENDE LAND

In einem Zimmer der Residenz des Premierministers, das noch immer Spuren des Erdbebens aufwies, saßen mit düsteren Mienen drei Männer um einen Tisch: der Premierminister, das Gesicht erschöpft und eingefallen, der Generalsekretär und der Kabinettsdirektor. Auf dem Tisch lag ein einzelnes Blatt Papier, auf dem geschrieben stand: *min D = 2.*

„Das ist doch absolut lächerlich“, sagte der Kabinettsdirektor und fuhr sich aufgeregt mit der dicken Hand über das Gesicht. „Wenn das stimmen würde, wäre es natürlich entsetzlich. Aber es ist doch ein lächerlicher Irrtum, ein Hirngespinst dieses überspannten Wissenschaftlers Tadokoro.“

Der Generalsekretär beobachtete scharf den Premierminister. Er sah in ihm so etwas wie einen Pflegesohn und hatte ihn, da er Absolvent derselben Hochschule gewesen war, ein langes Stück auf dem Wege der Politik begleitet. Von Anfang an war der Generalsekretär, was diese Geschichte betraf, die Befürchtung nicht losgeworden, daß der Mann, der nunmehr alle Verantwortung für die Nation trug, durch irgendeinen geistigen Kurzschluß einem großen Schwindel aufgesessen sein könnte und auf dem Wege sei, einen falschen Schritt zu tun, von dem es kein Zurück mehr gäbe. Bis jetzt war es noch möglich gewesen, alles geheimzuhalten. Hätte die Sache eine verdächtige Wendung genommen, so hätte sie leicht vertuscht werden können. Aber von nun an . . . Sollte die Sache in die nächsthöhere Phase eintreten, dann würde sie, was das Budget und die Organisation betraf, ein Ausmaß annehmen, das in Kürze die Aufmerksamkeit der Öffentlichkeit erregen mußte. Wenn dann noch irgend etwas schief ginge, würde wahrscheinlich die Frage nach der politischen Verantwortung aufgeworfen werden. Der kleinste Schnitzer könnte sich dann als verhängnisvoll erweisen, nicht nur für den Premierminister, sondern auch für die regierende Partei.

„Die Untersuchungen haben uns noch nicht in die Lage versetzt, eine uneingeschränkte Antwort zu geben", sagte der Premierminister, wobei er die Arme ausbreitete und den Kopf hob. „Machen wir also weiter damit. Das Budget, der Bedarf an Personal werden sich erheblich erhöhen, das ist selbstverständlich. Und was tun wir dann?"

Die Worte des Premierministers besagten nicht mehr, als daß man, grob gesehen, den bisherigen Kurs fortsetzen solle. Aber der Generalsekretär hielt den Atem an. *Aha, hat er sich nun doch entschieden,* dachte er. *Er hat also die Absicht weiterzumachen, ohne Rücksicht auf die Folgen. Er wird sogar einen politischen Selbstmord riskieren.*

„Ich glaube nicht, daß das ein allzu großes Problem sein wird", antwortete der Kabinettsdirektor und nickte, wobei sein dicker Körper ins Schaukeln geriet. „Das Sekretariat tritt morgen zusammen."

„Das ist gut." Der Premierminister erhob sich. Er nahm eine Flasche und drei Gläser von einem Regal. „Ich bin ein bißchen müde", sagte er und goß sich und den anderen Kognak ein. „Sprechen wir morgen weiter?"

„Gut", sagte der Kabinettsdirektor und nahm ein Glas. „Ein wenig Ruhe wäre jetzt schön. Was ich zu sagen habe, hat auch noch bis morgen Zeit."

Die drei Männer hoben schweigend ihre Gläser. Der Kabinettsdirektor, der äußerlich einem Berufsringer glich, leerte sein Glas auf einen Zug. Er stand auf, verbeugte sich vor dem Premierminister und wandte sich zur Tür. Der Generalsekretär kam einen Augenblick später nach, und auch der Premierminister erhob sich, um ihnen zu folgen. Während sie den Korridor entlang gingen, der Kabinettsdirektor einige Schritte voraus, wandte sich der Generalsekretär um und flüsterte dem Premierminister zu: „Eine Kabinettsumbildung?"

Wie ertappt, schaute der Premierminister forschend in das Gesicht seines scharfsinnigen Vertrauten.

„Wenn das Durcheinander erst einmal nachläßt", flüsterte er mit unbewegter Miene. „In gewisser Hinsicht bietet das Erdbeben eine günstige Gelegenheit, glaube ich."

Als die beiden Beamten gegangen waren, kehrte der Premierminister in das Empfangszimmer zurück und goß sich einen zweiten Kognak ein. Nach dem Erdbeben hatte er seine Familie nach Shinshu geschickt. Jetzt war in seinem Hause niemand außer einem Dienstmädchen in mittleren Jahren, einem Steward zu seiner persönlichen Bedienung und seinen Leibwächtern. Da sich auch von diesen kaum einer sehen ließ, war das Innere seiner Residenz so menschenleer, als wäre er völlig allein.

Die Dinge haben sich zugespitzt, dachte er. Er spürte, wie die Wirkung des Alkohols seine Müdigkeit vertrieb, hob den Zeigefinger und rieb sein rechtes Auge. Dann schloß er die Lider, und plötzlich übermannte ihn ein Gefühl der Erschöpfung, ein Gefühl, als würde er in die Tiefe hinabgezogen.

Die physische Vernichtung einer Nation von solcher Größe, wirtschaftlicher Stärke und großartiger historischer Tradition . . . Hatte sich jemals zuvor etwas so Unvorstellbares ereignet? War jemals ein Politiker einem Problem so ungeheuren Ausmaßes gegenübergestanden?

Wie abwesend starrte der Premierminister ins Leere und schwenkte dabei immer noch sein Kognakglas. Hatte er die Kraft, einen Weg aus dieser Gefahr zu finden? Sollte er nicht lieber einem anderen Platz machen? Er stürzte den Rest seines Kognaks hinunter. Zum gegenwärtigen Zeitpunkt gab es niemanden, der geeignet gewesen wäre, entschied er. Wenn die Lage noch kritischer würde, könnte unversehens ein Mann in den Vordergrund treten und sich auszeichnen, irgendein Mann, der fähiger war als er, um der Krise Herr zu werden. Aber da diese Zeit noch nicht gekommen und bisher kein solcher Mann erschienen war, hatte der Premierminister keine andere Wahl, als weiterzumachen und die qualvollen, unausweichlichen Entscheidungen zu treffen. *Wie merkwürdig,* dachte er. Nie hatte er eine Berufung zum Helden in sich verspürt, weder früher noch heute. Außerdem hatte er, wie alle seine Kollegen, es als ungeschriebenes Gesetz angesehen, daß die Rolle eines Politikers nicht darin bestand, etwas zu *tun,* sondern etwas *werden zu lassen.* Politische Taten waren nichts weiter als ein Teil des großen Schicksalweges.

Nun jedoch, da er sich einer so gefährlichen und komplizierten Krise gegenübergestellt sah, befand sich der Premierminister in einem Zustand tiefer Verwirrung. Er hatte Mut bisher immer für eine notwendige Randerscheinung gehalten, jetzt schien er ein unabwendbarer Bestandteil der Entscheidung zu sein.

Fort möchte ich, für ein, zwei Tage, weg von der Arbeit, dachte er und starrte in sein Kognakglas. *Nach Zen-Manier meditieren . . . Den Geist beruhigen und hinausschauen über die vor uns liegende Dunkelheit . . . Den alten Mann befragen . . .*

Der Winter brach über Tokio herein, das noch immer die tiefen Spuren der Katastrophe aufwies. Als wäre es mit dem Erdbeben nicht genug gewesen, folgte ein weiterer Schlag: Gegen Jahresende setzte eine Kältewelle ein. Pulvriger Schnee fiel vom Frosthimmel, als Onodera, den Mantelkragen hochgestellt, von Tameike nach Toranomon ging. Er hatte die Absicht, ins Büro des Premierministers zu gehen und dann weiter zur Schiffssicherheitsagentur, aber er geriet am Parlamentsgebäude in eine wogende Menschenansammlung, die erste Demonstration größeren Umfangs seit der Katstrophe. An einer Stelle hatte bereits ein Zusammenstoß zwischen Studenten und der Bereitschaftspolizei stattgefunden. Um der Menge auszuweichen, beschloß Onodera, vor dem Patentamt abzubiegen und einen Umweg über Kyumigaseki zu machen.

Die Universitäten waren relativ unbeschädigt geblieben, die meisten hatten den Studienbetrieb bereits wieder aufgenommen. Zum Teil dienten sie allerdings noch der Unterbringung von Obdachlosen, und da viele Mitglieder des Lehrkörpers umgekommen oder beim Erdbeben verletzt worden waren, fielen zahlreiche Vorlesungen aus. Auch war eine Reihe von Internaten zerstört worden, und viele Studenten waren nach dem Beben in ihre Heimatorte zurückgekehrt. Infolgedessen war die Zahl der Studenten gering, und ihre Stimmung trotz der üblichen Ausrüstung der Polizei – Helme, Schutzmasken, Schlagstöcke – keineswegs aggressiv. Dennoch waren auch Arbeiter und Bürger an der Demonstration beteiligt, und da es niemals an solchen fehlte, die sich gern mit der Polizei anlegten, waren vereinzelte Schlägereien ausgebrochen. Wenn auch keine Molotow-Cocktails flogen, so warteten die Demonstranten immerhin mit Zementbrocken und Ziegelsteinen vor den zusammengestürzten Gebäuden. Schließlich griff die Bereitschaftspolizei ein und trieb die Menge auseinander.

Mehr noch als durch die Studenten wurde Onodera durch die gedrückte, düstere Stimmung der Leute beunruhigt, die sich ihnen stillschweigend angeschlossen hatten. *Gebt uns Häuser! Öffnet eure Wohnungen! Ausrei-*

chende Geldmittel für die Obdachlosen, damit sie durch den Winter kommen! Die Gesichter unter den Transparenten waren finster und wie von der Kälte eingeschrumpft. Eine merkwürdige Furcht schien ihnen allen im Nacken zu sitzen.

Vielleicht ahnen diese Menschen etwas, dachte Onodera.

Es war, als schwebte über den Köpfen der Demonstranten wie ein grauer Schatten die verzweifelte, vom Auge nicht wahrnehmbare Angst. Es war wie die Sage von einem Volk, das einstmals furchtlos und entschlossen gewesen war, große Dinge zu vollbringen, und das dann seinen Willen zur Tat verloren hatte.

Als die Demonstranten ihre Transparente mit den leidenschaftlichen Aufrufen senkten, übertrug sich die Angst, die auf ihren bedrückten Gesichtern lag, auf Onodera. Die Menschen nahmen die täglichen Schlagzeilen der Massenmedien natürlich nicht wörtlich – *Kommt eine neue Krise auf uns zu? – Schwarzmarktpreise für Lebensmittel um 40 Prozent gestiegen – Steht eine Nahrungsmittelkrise im kommenden Frühjahr bevor?* – aber sie waren jetzt offenbar mehr auf der Hut.

Wir sind ein empfindsames Volk, dachte Onodera, während er die Reihen der Demonstranten durchquerte, die in entgegengesetzter Richtung marschierten. Und er selbst empfand, was sie fühlten, seine Haut spannte sich. Plötzlich spürte er etwas wie Schmerz in der Brust. *Angenommen,* dachte er, *angenommen, diese Menschen, die einerseits keine bestimmten Informationen erhalten, deren Wahrnehmungsvermögen anderseits aber immer schärfer wird . . . angenommen, sie erfahren von dieser Sache, die mit jetzt mehr als fünfzigprozentiger Wahrscheinlichkeit eintreten wird . . . was würde wohl geschehen? Wird eine Panik ohnegleichen ausbrechen?*

In einem Zimmer der Schiffsversicherungsagentur traf Onodera Kataoka, der unmittelbar vor ihm dort eingetroffen war. Das runde, jungenhafte Gesicht Kataokas hatte sich in sehr kurzer Zeit auf erschreckende Weise verändert. Weder zeigte Kataoka seine weißen Zähne noch sein strahlendes Lächeln, wie früher so oft. Ausdrucklos blickten seine Augen aus einem Gesicht, das von Müdigkeit gezeichnet war und irgendwie verschwommen wirkte. Er sah aus, als wäre er um zehn Jahre gealtert. Wie alle Mitglieder der Gruppe „Plan D" litt er an Arbeitsüberlastung, aber mehr noch als diese hatte der Tod seiner gesamten Familie in Tamachi seinen Unternehmungsgeist offensichtlich für immer zerstört.

„Sind Sie in die Demonstration geraten?" fragte Kataoka teilnahmslos.

Onodera nickte.

„Es hat den Anschein, als ob die Reporter allmählich Wind von der Sache bekommen hätten", sagte Kataoka fast flüsternd, während er hinaussah auf den Schnee, der sich auf dem Fenstersims angesammelt hatte. „Heute kam einer von ihnen ins Verteidigungsministerium. Er hatte natürlich bisher noch mit niemanden von der Plan-D-Gruppe gesprochen, aber es heißt, sie hätten es in der Public-Relations-Abteilung nicht leicht gehabt, ihn loszuwerden."

„Das sieht schlimm aus", murmelte Onodera. „Ich frage mich, was ihn ins Verteidigungsministerium geführt hat!"

„Wahrscheinlich hat er Professor Yukinaga und Professor Tadokoro dort gesehen. Er weiß, wer Professor Yukinaga ist. Daß er so plötzlich die Universität verlassen hat . . ."

„Kunieda hat mir im Vertrauen erzählt", sagte Onodera, „daß der Generalsekretär heute abend mit einer Gruppe bedeutender Zeitungsverleger eine vertrauliche

Zusammenkunft hat. Und dann scheint auch demnächst eine höchst geheime Besprechung des Premierministers mit den Oppositionsführern bevorzustehen."

„Aber wieviel davon läßt sich verschweigen?" fragte Kataoka tonlos. „Überall tauchen wilde Gerüchte auf. Und wenn mit jedem Tag immer mehr Menschen in den Plan D einbezogen werden, dann wird die Wahrscheinlichkeit, daß etwas nach draußen dringt, immer größer. Übrigens, was ist mit diesem Gelehrten aus Kyoto, den man eingeweiht hat? Mit Fukuhara?"

„Er ist im Haus des alten Mannes, in Hakone."

„Und woran arbeitet er?"

„Das weiß ich nicht genau, aber ..." Onodera lächelte bedauernd, „Kunieda war ein wenig verwirrt. Er hat mir erzählt, daß Fukuhara den ganzen Tag lang nichts weiter getan habe, als zu schlafen."

Die Tür öffnete sich, und der stellvertretende Direktor des Hydrographischen Amts trat ein.

„Hallo . . . Tut mir leid, daß Sie solange warten mußten", sagte er und legte Aktenfaszikel auf den Tisch. „Alle Vorbereitungen sind getroffen. Morgen um 18 Uhr wird die *Seiryu Maru* in Yokosuka eintreffen."

„Danke", Onodera nahm die Papiere an sich. „Dann könnten wir ja übermorgen unsere Ausrüstungen und das Personal an Bord haben."

„Es ergab sich", fuhr der stellvertretende Direktor fort, „daß wir das Meereslaboratorium und das Tauchboot von einem japanischen Unternehmen chartern konnten."

„Von einem japanischen Unternehmen!" sagte Onodera. „Von welchem?"

„Vom Institut für Meeresbodennutzung. Das Tauchboot ist die *Wadatsumi 2*."

Onodera und Kataoka verließen gerade die Schiffssicherheitsagentur, als Onodera von einem Mann einen heftigen Schlag gegen die Brust erhielt. Solchermaßen aufgehalten, erblickte der erschrockene Onodera einen kleinen, dunkelhäutigen Mann, der ihm mit vor Wut blitzenden Augen den Weg versperrte. Im nächsten Augenblick traf eine Faust Onoderas linke Wange, dann landete ein dritter Hieb neben seinem rechten Nasenflügel.

„Was fällt Ihnen ein?" rief Kataoka und griff nach dem Arm des Mannes.

„Ist schon gut, Kataoka. Lassen Sie ihn!" rief Onodera, während er weitere Schläge erhielt. „Nehmen Sie die Papiere und gehen Sie voraus. Es ist alles in Ordnung, glauben Sie mir!"

Da sich ringsherum Leute ansammelten, wich Onodera, immer noch Hiebe einsteckend, an die Seitenfront des Gebäudes zurück. Aus dem Augenwinkel sah er, wie Kataoka über die Schulter zurückblickte. Schläge trafen Onoderas Augen, den Nasenrücken, die Brust, den Hals, bis er schließlich über irgend etwas stolperte und rückwärts zu Boden ging.

„Steh auf, verdammter Scheißkerl!"

Der kleine Mann stand, heftig atmend, mit gespreizten Beinen da.

„Ach, Yuki . . . ich freue mich, dich wiederzusehen", sagte der noch immer auf dem Rücken liegende Onodera, während ihm das Blut aus der Nase schoß. „Wie ist es dir denn ergangen?"

Er spürte die Kälte des gefrorenen Bodens im Rücken und sah die dunklen Schneeflocken vom grauen Himmel fallen wie Straubkörner. Die Wirkung von Yukis Schlägen schien bei Onodera ein lange nicht gekanntes Gefühl von Energie auszulösen.

„Du Schweinehund!" stieß Yuki heftig atmend hervor und schaute auf Onodera hinunter. „Einfach abzuhauen, ohne mir ein Wort zu sagen . . . ohne ein Wort! Einfach bei einer anderen Firma anzufangen!"

Unsicher erhob sich Onodera wieder auf die Beine. Yuki zog ein zerknautschtes Taschentuch aus der Hosentasche und hielt es Onodera vor die Nase. Onodera öffnete sein anschwellendes Auge und nahm lächelnd das schmutzige Taschentuch entgegen.

„Du Schweinehund! Nur ein einziges Wort hättest du zu sagen brauchen! Ich dachte . . . ich dachte, du wärst beim Erdbeben umgekommen. Ich war außer mir. Ich bin mehrmals nach Kyoto gefahren. Und dann, als ich hörte, daß du unser Institut ohne Erklärung verlassen hättest, hab' ich immer wieder versucht, mit dir in Verbindung zu treten. Aber du hast mir nie geantwortet, mit keinem Wort. Du verschwindest einfach und denkst nicht eine Sekunde lang an deinen Freund."

„Es tut mir so leid", sagte Onodera und legte die Hände fest auf die Schultern Yukis, der einen Kopf kleiner war als er. „Es war unverzeihlich. Ich habe deine Nachrichten erhalten, aber damals war die Situation so, daß ich mit niemandem in Verbindung treten konnte."

„Du tauchst wieder mit der *Wadatsumi*, nicht wahr?" sagte Yuki mit abgewandtem Blick. „Einer, den ich kenne, hat dich kürzlich hier herumgeistern gesehen, dann sagte er, das Verteidigungsministerium habe raschest die *Wadatsumi* angefordert. Deshalb dachte ich, ich werfe einmal einen Blick hierherüber." Er zögerte. „Weißt du, was ich tun werde? Ich werde auch mit der *Wadatsumi* tauchen. Ich habe mich entschlossen, zu kündigen, genauso wie du es getan hast."

„Was?" fragte Onodera. „Hast du deine Kündigung schon eingereicht?"

„Morgen tu ich's. Ich hab' mir alles überlegt. Hör zu, wie könnten sie ohne uns beide aus diesem Tauchboot das Bestmögliche herausholen? Einer von uns muß ja das Telefon oben auf dem Schiff bedienen."

„Danke,“ sagte Onodera. Da gab es nichts zu überlegen. Er und Yuki – sie bildeten ein gutes Team. Auf Yuki konnte er sich verlassen.

„Gut, wunderbar! Abgemacht also“, sagte Yuki, als er seine Hand zurückzog, die Onodera gepackt hatte. Dann verzog sich Yukis Gesicht zu einem breiten, glücklichen Grinsen. „Wir beide wieder zusammen.“ Plötzlich schien ihm etwas einzufallen: „Sag, du kennst doch ein Mädchen namens Reiko, glaube ich? Sie war im Büro und hat nach dir gefragt.“

Onodera erhielt die Nachricht von der Eruption auf Hachijo-jima, als er sich in 2 000 Meter Tiefe an einer Stelle etwa dreißig Meilen nordwestlich von Tori-shima befand. Die Meldung kam über das Telefon von der *Yoshino*, und starke Nebengeräusche machten es schwer, sie zu verstehen. Onodera begriff, daß der Ausbruch bereits zahlreiche Opfer unter den 12 000 Bewohnern der Insel gefordert hatte. Als er diese Meldung von der *Yoshino* empfing, spürte er, wie ein Stoß die *Kermadic* traf. Das anschließende Aufstiegsmanöver war gefährlich, und als der Ladebaum der *Yoshino* die *Kermadic* endlich gesichtet hatte, bemerkte Onodera, daß die Meeresoberfläche mit Bimsstein übersät war.

„Koshu soll gespuckt haben“, sagte jemand von der Deckmannschaft. „Mehrere Fischerboote wurden beschädigt. Sich vorzustellen, daß so etwas ausbricht!“

„Es sieht aus, als sollten wir hier so schnell wie möglich verschwinden“, meinte Onodera und trocknete das Gesicht mit einem Handtuch. „Irgend etwas rührt sich auch da unten.“

„Sobald die Bergung abgeschlossen ist, ziehen wir ab“, sagte der Matrose.

Onodera hielt sich im Funkraum auf und trank eine

Tasse Kaffee, als die *Yoshino* nach Vertäuung der *Kermadic* die Anker lichtete, diesmal mit anderem Kurs. Volldampf voraus, zerteilte sie in nordöstlicher Richtung die Wellen und ließ das gefahrvolle Seegebiet hinter sich.

„Wie schaut es auf Hachijo-jima aus?" fragte der Techniker, der sich unten bei Onodera befand, den Funker.

„Beim Ausbruch des Nishi sollen zweihundert Menschen umgekommen sein. Und man befürchtet eine noch stärkere Eruption, deshalb werden Schiffe der Seeverteidigungskräfte und private Schiffe hingeschickt, um die Menschen wegzubringen."

„Die gesamte Bevölkerung?"

„Ja. Insgesamt sind es etwa zwölftausend. Die Einwohnerschaft der ganzen Insel. Sie können überhaupt nichts mitnehmen. Auch auf den anderen Izu-Inseln gibt es Vorzeichen von Eruptionen, und wenn ich richtig verstanden habe, werden die Leute nach Shizuoka evakuiert."

„Ein U-Jagd-Aufklärer der Kriegmarine ist in unserem Gebiet gelandet", sagte ein anderer Funker. „Er wird sofort starten und dann neben uns wassern, heißt es, um die Daten zu übernehmen, die wir gesammelt haben. Wir sollen ihn einweisen."

Der Funkoffizier gab eine Meldung zur Brücke durch, und der Kapitän instruierte den Radarraum. Kurz darauf wurde das Flugzeug auf dem Radarschirm ausgemacht und die Funker leiteten es auf die Position der *Yoshino*.

„Herr Onodera", meldete der Funker, der den Kontakt zum Flugzeug hielt, „in dem Aufklärer befindet sich ein Mann namens Kataoka. Er sagt, Sie sollen mit ihm zurückfliegen."

„Kataoka?" fragte Onodera, der gerade die Funkkabine verlassen wollte.

Zwei oder drei Matrosen rannten draußen an der Tür

vorbei. Über ihnen näherte sich Motorengeräusch. Als Onodera an Deck kam, hatte der Wind aufgefrischt und die Wellen hatten weiße Schaumkronen. Das viermotorige Flugboot setzte in unmittelbarer Nähe des Schiffes zur Landung an.

Onodera, der gegen die Gischt der groben See einen Regenmantel trug, stieg in ein Schlauchboot mit Motor. Bei der Überfahrt schlingerte es so stark, daß er sich anklammern mußte, um nicht hinauszufallen. Als er auf das Flugboot kletterte, war er in Schweiß gebadet. Sobald er die Dokumente in einem wasserdichten Beutel übergeben hatte, begann die PS-1 zu starten. Onodera schien es, als hätten sie kaum zwei oder drei Wogen zerteilt, als das Geräusch des Wellenschlags gegen den Bootskörper schon verstummte. Ehe er sich's versah, kreisten sie bereits über der *Yoshino*.

Auf dem Weg durch einen ziemlich engen, mit Ausrüstungsteilen verstellten Gang zur Kanzel des Flugboots kam Onodera an der Funkerkabine vorbei. Dort erblickte er Kataoka, der einem Besatzungsmitglied über die Schulter sah. Als Onodera ihn am Arm berührte, drehte Kataoka sich um.

„Oh, hallo", sagte er nebenhin und wandte sich wieder den Geräten zu, die der Funker bediente.

„Genau das ist es", murmelte der Funker. „Ein großes U-Boot. Aus der 4000-Tonnen-Klasse ... wahrscheinlich noch größer."

„Wenn es 4000 Tonnen hat, muß es ein Atom-U-Boot sein", sagte Kataoka mit rauher Stimme. „Es folgt der *Yoshino*, glaube ich. Mit knapp 780 Metern Abstand – das ist sehr nahe."

„Ein Unterseeboot? Könnte es die *Uzushio* sein?" fragte Onodera. „Sie arbeiten jetzt auch an Plan D."

„Die *Uzushio*? Die befindert sich jetzt vor der Halbinsel Izu", sagte Kataoka. „Außerdem ist sie viel kleiner.

Sie hat nicht mehr als 1 850 Tonnen."

„Ich frage mich, was die vorhaben", sagte der Funker kopfschüttelnd. „Ob sie uns nachspionieren!"

„Könnte sein. Es wäre gut, die *Yoshino* zu informieren. Sagen sie ihr, es wäre am besten, auf Geräuschpeilung umzuschalten und sich von dem U-Boot nicht in die Karten schauen zu lassen", wies Kataoka ihn an.

„Es sieht so aus, als wären eine Menge Länder an dem interessiert, was wir hier tun", murmelte Onodera.

„Backbord voraus – vulkanischer Rauch!" ertönte es aus der Sprechanlage.

Sie stürzten zum Beobachtungsfenster. Von starkem Westwind getrieben, schienen vereinzelte Haufen weißer Wolken die dunkelblaue Meeresoberfläche zu sprenkeln. Dahinter quoll wie der Geist aus Aladins Wunderlampe dunkelbrauner vulkanischer Rauch aus einer kleinen Stelle mitten im Meer und schwoll zu einer sich ausdehnenden Wolke an, die langsam höher und höher in den Himmel stieg, bis sie zu einer großen Säule geworden war, die über die Kumuluswolken hinausreichte. Der Aufklärer befand sich in etwa 5 000 Meter Höhe, und sogar hier schien die Luft bei jeder Explosion, deren Wellen von unten heraufdrangen, zu vibrieren. Onodera schaute aufmerksam hinunter und sah im Rauch rote Flammen züngeln. Asche und Bimsstein regneten herab und prasselten an der Ostseite des Vulkans auf das Meer; wie ein zarter Gazevorhang sah das von ferne aus. Und inmitten der sich ausdehnenden Säule wirbelnden braunen Rauches flammten Blitze. Langsam, in konzentrischen Kreisen, breiteten sich kleine Flutwellen aus.

„Ist es das Smith-Riff?" fragte Onodera.

„Nein, Aoga-shims", antwortete Kataoka. „Das ist heute die zweite große Eruption. Und damit ist fast die gesamte Insel verschwunden."

„Waren noch Menschen drauf?"

„Ich glaube etwa 270. Fast alle sollen tot sein. Einige sind vielleicht in Fischerbooten entkommen, aber das ist nicht sicher."

„Wie? Hat man sie einfach umkommen lassen?"

„In diesem Gebiet haben sich kaum Schiffe aufgehalten. Nach dem Bericht eines Passagierflugzeugs ereignete sich die erste Eruption genau zehn Minuten, nachdem ein Funkspruch von der Insel Anzeichen vulkanischer Aktivität gemeldet hatte", erläuterte Kataoka ohne eine Spur von Bewegung in der Stimme.

„Im Gegensatz zu Joga-shima ist Aoga-shima sehr abgelegen."

Wie oft würde sich gleiches wohl in der nächsten Zeit wiederholen? fragte sich Onodera mit einem eiskalten Gefühl im Magen. Wiederholen in tausend-, ja millionenfach schlimmeren Ausmaßen als auf Aoga-shima.

„Der gesamte Fuji-Vulkangürtel spuckt Feuer", sagte Kataoka mit zusammengezogenen Brauen und deutete mit dem Kinn auf das Meer unter ihnen. „Es hat dort früher schon Ketteneruptionen gegeben, aber niemals von dieser Stärke. Oh! Sehen Sie – dort drüben steht die Rauchfahne von Hachijo-jima."

Das Flugboot stieg mit schwankenden Tragflächen höher und höher. Hinter dem rechten Flügel stieg noch mehr vulkanischer Rauch auf. Und im Norden von Joga-shima sah man noch viel mehr.

„Und dort drüben?" Onodera spürte, wie ihm die Stimme in der Kehle stockte.

„Miyake-jima. Vor etwa zwei Stunden setzte eine Reihe von Eruptionen ein, die sich von Akabakyo bis Oyma hinziehen. Die Zugvögel haben es wohl gewußt. In diesem Jahr sind sie nicht gekommen."

„Ich verstehe", sagte Onodera leise, seine Stimme war nun genauso unbewegt wie jene Kataokas.

Die PS-1 hatte eine Höhe von fast 8400 Metern erreicht und kletterte immer noch höher. Als sie weiter in Richtung Norden flogen, wurde die Bewölkung dünner, und das Meer leuchtete jetzt in der klaren Schönheit, die im Winter für diese Breiten typisch ist. Die Izu-Inseln lagen in Nordsüdrichtung über den dunkelblauen Ozean verstreut. Sie erfüllten das ganze Gesichtsfeld und erstreckten sich quer über das Beobachtungsfenster. Von jeder der fünf Inseln stieg eine schwarze Rauchfahne in den klaren Himmel auf. Weithin sichtbar trieben diese Fahnen vom Westwind gepackt, nach Osten ab. Es sah aus, als dampfte eine Reihe größerer Schlachtschiffe majestätisch nordwärts.

Aber der Rauch stammt nicht von Kriegsschiffen. Die Inselgruppe war von einer unvorstellbaren zerstörerischen Kraft, die sich aus der Tiefe unter dem Meeresboden Bahn gebrochen hatte, gepackt und geschüttelt. Wie in Todeszuckungen wild um sich schlagend, war sie dem Untergang geweiht.

Onodera schloß die Augen. Und als er sie wieder öffnete, hatten Wolken die unheilverkündende Szenerie verhüllt, und vor ihnen ragte, sich wie ein weißes Phantom vor dem dunkelblauen Himmel abzeichnend, der Fuji-san auf.

„Niigata – im Gebiet von Tomiyama – ein Erdbeben", ertönte es aus der Sprechanlage. „Mittlere Stärke, 7,0 nach der Skala. Das Epizentrum befindet sich vierzig Meilen nördlich von Niigata. Tiefe: 48 Kilometer. Ein Vermessungsschiff meldet ungewöhnliche Anhebung der Yamato-Schwelle."

„Jetzt ist die Küste des Japanischen Meeres dran", murmelte Kataoka und warf einen Blick hinauf zur Sprechanlage. „Jetzt werden wir von zwei Seiten gepackt."

Im Salon einer Villa in Red Hill, einem Vorort von Canberra, die einem hohen Regierungsbeamten gehörte, saß, seit fast fünf Minuten in Schweigen versunken, der Premierminister Australiens. Er hatte das Kinn auf die behaarten, gefalteten Hände gestützt. Die Februarhitze war lästig. Und da die beiden anderen anwesenden Männer, der Besitzer des Hauses und ein kleiner, dunkler Mann, ebenfalls schwiegen, war nur das Summen der großen Klimaanlage zu hören.

Der Premierminister begann mit den Fingerspitzen zu trommeln, als wolle er gewaltsam etwas unterdrücken, das in ihm aufstieg. Dann erhob er sich wie ein großer Baum – er war über einen Meter achtzig groß – aus dem niedrigen Sessel, verschränkte die Arme auf dem Rücken und ging langsam, gesenkten Blickes durch das Zimmer. Schließlich hakte er die Daumen hinter die Aufschläge seiner Jacke und wandte sich an seinen Gast.

„Ihre Geschichte, Mr. Nozaki, könnte einem den Verstand rauben. Und das Problem, um das es geht, ist entsetzlich."

Der Japaner war zierlich und schlank, und sein Haar war fast weiß. Die kleinen Fältchen in seinem Gesicht und in den Augenwinkeln gaben ihm ein heiteres Aussehen. Seine Augen waren außergewöhnlich hell. Die vertrauliche Unterredung mit dem Premierminister hatte ihm der Mann verschafft, der ihr Gastgeber war. Kaum einer Handvoll Menschen im ganzen Commonwealth war bekannt, daß der Premierminister eine Bitte dieses besonderen Beamten niemals abschlagen würde. Der Premierminister hatte sich nicht erklären können, woher Nozaki davon wußte und warum dieser alte Mann so sehr interessiert war, ihn zu sprechen.

„Ihnen ist sicherlich bekannt, daß die Bevölkerung Australiens in den vergangenen zehn Jahren um fast eine Million gewachsen ist. Wir haben jetzt über 12 Millionen

Einwohnern", sagte der Premierminister und begann wieder, im Raum auf und ab zu gehen.

„Ich weiß", sagte der alte Mann und nickte; seine hellen Augen verrieten nichts. „Im selben Zeitraum hatte Japan einen Bevölkerungszuwachs von etwa acht Millionen zu verzeichnen. Die Gesamtziffer beträgt also etwa 110 Millionen."

„Grob gesehen, das Zehnfache von unserer", sagte der Premierminister mit gefurchter Stirn.

„Und projiziert auf die Bevölkerungsdichte, das Zweihundertfache ihres Landes."

„Aber Sie berücksichtigen doch wohl, daß über siebzig Prozent der australischen Bodenfläche unfruchtbare Wüste ist."

Der Premierminister sammelte seine Gedanken, indem er aus dem Fenster schaute. Es gab ein Thema, das zu vermeiden er keine Möglichkeit mehr sah. Ein rötlicher Mond stieg an dem schwarzblauen Himmel höher, an dem noch ein Schimmer des Sonnenuntergangs erkennbar war.

„Japan", murmelte der Premierminister, als spräche er zu sich selbst. „Ich habe dafür gewirkt, den australischen Kontinent der Welt zu öffnen, ihn zu einem Land der Verheißung zu machen. Mein Vater und mein Großvater aber waren Männer, die sich für ein ‚Australien der Weißen' eingesetzt haben . . ." Der Premierminister sprach fast flüsternd, zog eine Zigarre aus der Tasche und roch daran. „Zu Beginn dieses Jahrhunderts gab es im Norden einen Goldrausch. Chinesische Arbeiter strömten in Massen herein. Ich glaube nicht, daß mein Vater und mein Großvater auf irgendeine Weise als Rassisten anzusehen waren. Aber bedenken Sie die Umstände. Australien war ein Kontinent, auf dem es nichts gab als Känguruhs und Ureinwohner, ein Kontinent, der den Engländern als Verbannungsort für Kriminelle diente. In den so gut wie unbegrenzten Weiten züchteten die weißen Siedler Schafe und Rinder, und Stück um Stück kultivierten sie neue Gebiete, in denen nun erstmals ein Mensch anständig leben konnte. Die unlenksamen und unsteten chinesischen Arbeiter waren für diese Lebensweise nicht geeignet. Und die gespannte Situation wurde noch komplizierter durch die Ablehnung alles Orientalischen, eine Tendenz, die zu jener Zeit in der ganzen Welt vorherrschend war. So kam es zu den Einwanderungsbeschränkungen mit ihren tragischen Folgen."

Der Premierminister lächelte gezwungen. Er fühlte sich verwirrt durch den alten Mann, der fast ohne ein Wort zu sagen, die Unterhaltung in diese Richtung gelenkt hatte.

„Nun denn", sagte er und hielt ein Streichholz an seine Zigarre, „in welchem Umfang bewegt sich Ihr Anliegen?"

„Fürs erste handelt es sich um eine Million Menschen", sagte der alte Mann ruhig.„Was die Zukunft anbelangt, so würden wir uns freuen, wenn Sie, falls es möglich ist, noch weitere fünf Millionen aufnehmen könnten."

Der Premierminister schwieg sehr lange. Er sog die Luft ein, um die Flamme des Streichholzes in die Spitze der Zigarre zu ziehen. *Fünf Millionen Menschen! Das wären fast 45 Prozent der gesamten Bevölkerung Australiens. Australien würde zu mehr als einem Drittel japanisch werden!*

„Eine Million – das sind etwa neun Prozent unserer Bevölkerung." Der Premierminister stieß eine mächtige Rauchwolke aus. „Und die Umsiedlung würde sich über zwei Jahre erstrecken!"

„Es könnte sich ergeben, daß es schneller gehen muß." Zum erstenmal erschien etwas wie Angst auf dem Gesicht des alten Mannes. „Wenn möglich, würden wir gern den ersten Schub herüberbringen, bevor das Jahr zu Ende geht – sagen wir einhunderttausend. Wir stellen uns vor, daß diese Menschen in einem unerschlossenen Gebiet im Innern des Landes angesiedelt werden könnten."

„Das würde viele neue Probleme aufwerfen", sagte der Beamte, das Schweigen brechend. „Wenn wir nicht einigermaßen geschickt zu Werk gehen, bekommen wir das Parlament nicht dazu, einer Ansiedlung zuzustimmen. Sehen Sie, unserem Land ist sehr daran gelegen, sein Entwicklungstempo selbst zu bestimmen."

„Warten Sie, warten Sie – vielleicht können wir es schaffen." Der Premierminister nahm mit einer schnellen Bewegung die Zigarre aus dem Mund. „Da ist doch die Nordsüdstrecke der Eisenbahn."

„Ach ja", sagte der Beamte. „Es liegen noch keine festen Pläne für den Abschnitt von Tea Tree bis Newcastle Waters vor, nicht wahr? Es käme nur darauf an, den Auftrag international auszuschreiben und ihn dann Japan als dem Bewerber mit dem vorteilhaftesten Angebot zuzuschlagen."

„Es bleibt aber noch die Möglichkeit, daß alles, was wir tun können, zu spät kommt", sagte der alte Mann. „Was hielten Sie von folgendem, meine Herren? Japan gibt Ihnen eine Kreditstütze zu den allergünstigsten Bedingungen, und Australien sorgt für die rasche Ausführung des Vorhabens. Wir werden selbstverständlich unsere eigene Ausrüstung mitbringen. Wir werden Ihnen vorbehaltlos unser gesamtes technisches Potential auf dem Gebiet des Streckenbaus zur Verfügung stellen. Wir bitten sie nur, ohne Verzögerung – sagen wir innerhalb der nächsten sechs Monate – die Zustimmung Ihres Parlaments zu erwirken."

„Wenn wir zu schnell vorgehen oder wenn Ihre Bedingungen zu günstig sind – könnte das nicht Verdacht in unserem Land erregen?" sagte der Beamte.

„Vielleicht können wir mit einer Begründung aufwarten. Nach der letzten Erdbebenserie hat die japanische Regierung eine umfassende Überprüfung des Superexpreß-Verkehrsnetzes eingeleitet. Infolgedessen sind die Arbeiten an der Superexpreß-Strecke so gut wie zum Erliegen gekommen. Um also die Mittel, die für dieses Projekt freigestellt wurden, möglichst nutzbringend anzulegen, bieten wir sie Australien an. Wir werden selbstverständlich auch ähnliche Verhandlungen mit Afrika, Südamerika und anderen aufnehmen."

Das ist die Sache wert, dachte der Premierminister. Das Unternehmen würde ohne Zweifel einträglich sein. Es gäbe einen Zustrom tatkräftiger, gewissenhafter und gebildeter Arbeiter mit vielfältigen technischen Kenntnissen, weitestentwickelten Ausrüstungen und Produktionsgütern. Später würde das Land, an das die Zahlungen geleistet werden mußten, vom Antlitz der Erde verschwunden sein . . . Aber der Premierminister war keineswegs beruhigt. Was für ein Schatten legte sich dann auf die Zukunft seines Landes?

„Wie dem auch sei, einhunderttausend Menschen auf einen Schlag dürften bereits eine zu große Belastung sein", meinte der Premierminister kopfschüttelnd. „Und dann die Ansiedlung von einer Million . . . Ich denke, es gibt im Hinblick auf die gesamte Menschheit doch entsprechende Bestimmungen. Was ist mit den Vereinten Nationen? Ich nehme an, daß Sie bereits in dieser Richtung aktiv gewesen sind."

„Wir hatten drei vertrauliche Besprechungen mit dem Generalsekretär. Wir sind auch schon an verschiedene Länder herangetreten, die ständige Mitglieder des Sicherheitsrates sind. Tatsache ist jedoch, daß die UNO nicht genügend Macht besitzt, um mit einer Sache wie dieser fertigzuwerden. In diesem Augenblick führen wir zweiseitige, geheime Verhandlungen mit dem Präsidenten der

Vereinigten Staaten, mit einigen südamerikanischen Republiken und mehreren Ländern Afrikas. Ohne Zweifel sind unsere Bestrebungen egozentrisch, was sonst? Ich, oder vielmehr mein Land, muß zu Ihnen kommen, muß zu allen Nationen der Erde kommen, muß vor ihnen auf die Knie fallen und sie inständig bitten, uns zu helfen. Am Rande einer Katastrophe richtet das Volk meines Landes durch mich die Bitte an Sie, ihm auf irgendeine Weise das Leben zu retten."

Die Stimme des alten Mannes war beschwörend geworden. Es schien, als könnten seine Empfindungen jeden Augenblick die Schranken durchbrechen, die er sich gesetzt hatte. Vielleicht war er nahe daran, zu schreien, Tränen zu vergießen, tatsächlich auf die Knie zu fallen, die Beine des Premierministers zu umschlingen . . .

Aber er saß, die Knie geschlossen, die Hände auf den Knien, in seinem Fauteuil. Auf seinem Gesicht lag sogar etwas wie ein Lächeln. Aber seine Augen glühten noch ernsthafter und eindringlicher als bisher, in einem Feuer, das von der tragischen Inständigkeit seiner Bitte gespeist wurde.

Was für eine unvorstellbare Selbstdisziplin, dachte der Premierminister. Wie wenige Menschen brachten heutzutage noch eine solche Beherrschung auf! Die charakteristische Eigenschaft dieser Rasse – zumindest jener Menschen, zu denen der Premierminister persönliche Beziehungen unterhielt – war diese unglaubliche Selbstbeherrschung, die hinter dem berühmten „undurchdringlichen Lächeln" alle Empfindungen in Schach hielt. Konnte diese Eigenschaft nicht auch ein Nachteil sein im internationalen Umgang, dieser Widerwille gegen das Herausschreien einer verzweifelten Bitte? Diese Unterdrückung der Gefühle?

„Ich verstehe, Mr. Nozaki", sagte der Premierminister und legte seine breite behaarte Hand auf die schmale

Schulter des alten Mannes. „Wir werden alles tun, was in unseren Kräften steht. Das verspreche ich Ihnen. Ich werde auch mit den führenden Persönlichkeiten der anderen Commonwealth-Länder sprechen. Soweit die anderen Nationen des britischen Commonwealth sich beteiligen, werde ich die Verantwortung dafür übernehmen, daß Ihnen Unterstützung gewährt wird. Selbstverständlich wird Australien, als die größte dieser Nationen und als die Ihnen am nächsten gelegene, nicht nachlassen in seinen Bemühungen, Ihnen in jeder Weise behilflich zu sein."

„Ich danke Ihnen sehr, Sir", sagte der alte Mann und neigte den Kopf. In seinen Augen schienen Tränen zu schimmern. „Ich werde mich noch eine Zeitlang in unserer Botschaft aufhalten. Der Gedanke an die Großherzigkeit Eurer Exzellenz und an die Liebe zur Menschheit, die Sie vor aller Welt beweisen, wird mir immer ein Trost sein."

„Haben Sie schon Verhandlungen mit der Sowjetunion aufgenommen?" fragte der Minister. „Das Land ist doch sehr groß und beherrscht einen großen Teil Asiens."

„Ich glaube, Gespräche haben schon begonnen." Der alte Mann nickte; sein Gesicht zeigte nicht die geringste Gefühlsregung mehr. „Aber um es frei heraus zu sagen, viele Dinge, die diesem Land eigen sind, können wir nicht verstehen. Von historischer Warte gesehen, gibt aber sein Verhältnis zu den rassischen Minderheiten vielleicht Anlaß zur Hoffnung."

„Abgesehen vom Problem des Bevölkerungswachstums", meinte der Premierminister ungerührt, „nehme ich an, daß man von China mit seinen neunhundert Millionen Menschen nicht viel erwarten darf . . . Wenn man hingegen die historischen Bande berücksichtigt, die zwischen den Völkern Ihrer Länder bestehen, und wenn man daran denkt, was die Zukunft Ihnen vielleicht noch bringen mag . . .

„Ich habe Eurer Exzellenz ein Geschenk mitgebracht", sagte Nozaki und erhob sich. „Ein Geschenk unseres Premierministers. Bitte, betrachten Sie es als ein Geschenk unseres Landes."

Der alte Mann ging zu einem Tisch in der Ecke des Zimmers und brachte eine fünfzig Zentimeter hohe hölzerne Kiste herbei. Ruhig nahm er den Deckel ab.

„Das ist ja . . ." Der Premierminister, der in fernöstlicher Kunst bewandert war, fand keine Worte. Er holte seine Brille aus der Tasche. „Das ist ja außerordentlich. Etwa dreizehntes Jahrhundert, nicht wahr!"

„Richtig, Exzellenz. Anfang der Kamakura-Zeit. Diese Buddha-Statuette ist zu einem Teil des Nationalschatzes erklärt worden. Ihr genaues Alter können wir nicht angeben", sagte der alte Mann leise. „Sie wurde von einem ländlichen Tempel angekauft. Gegenstände dieser Art findet man in allen Gebieten Japans. Nehmen Sie die Statuette als Geschenk, wir würden uns freuen, wenn Sie sie als Erinnerungsstück verstehen wollten . . ."

„Es heißt, das Gebiet um den Fuji-san ist bereits vorgewarnt worden", sagte Kunieda mit bleichem Gesicht. „Der Rauch, der nach dem Erdrutsch in Ozawa aufsteigt, ist offenbar stärker geworden. Und unmittelbar unterhalb des Hoei-Kraters tritt jetzt ebenfalls Rauch aus. Die meteorologische Station auf dem Gipfel ist bis auf eine kleine Notbesatzung evakuiert worden."

„Ich bin gespannt, ob wir von hier aus eine Eruption sehen können", sagte der alte Mann mit einem Lächeln der Erwartung. „Wenn der Komaga-dake oder irgendein anderer Berg in Kakone ausbrechen würde, hätten wir, glaube ich, eine gute Sicht."

„Es stehen drei Wagen für Sie bereit, Herr Watari. Der Premierminister hat es angeordnet. Bitte, kehren Sie so schnell wie möglich nach Tokio zurück. Wenn etwas passieren sollte ..."

„Machen Sie sich keine Gedanken. Ich stehe mit dem Tod auf gutem Fuß", sagte der alte Mann. „Ich bin auf alles gefaßt. Wenn mir noch zwei oder drei Tage bleiben, ist es gut. Außerdem sollte unsere Angelegenheit heute abend zum Abschluß gebracht werden."

„Hat die Arbeit Fortschritte gemacht?" frage Kunieda; in seiner Stimme schwang Unsicherheit. „Ich hatte leider den Eindruck, daß die Herren den größten Teil des Tages damit verbracht haben, sich zu entspannen und spazierenzugehen."

„Ja. Und dabei haben sie nachgedacht", sagte der alte Mann mit einem durchbohrenden Blick zu Kunieda. „Sie haben dieser Sache ihre ungeteilte Aufmerksamkeit geschenkt. Drei Tage lang haben sie nicht geschlafen. Ich mache mir Gedanken über ihren Gesundheitszustand."

Watari und Kunieda sprachen von der Gruppe, die sich um Fukuhara geschart hatte, jenen Gelehrten, der von Kyoto in die Bergvilla gekommen war und sich seitdem hier aufhielt. Entsprechend einer Bitte Fukuharas waren noch zwei weitere Männer eingetroffen, beide ziemlich ungewöhnliche Erscheinungen. Der eine hatte ein glattes, bleiches Gesicht, das es schwer machte, sein Alter zu schätzen. Obwohl er einen gewöhnlichen Kimono trug, hatte er das Gebaren eines buddhistischen Mönchs. Der andere wirkte ältlich, er war weißhaarig. Dann waren noch drei weitere Mitarbeiter des Leitzentrums von Plan D hergeschickt worden, um die Berichte zu schreiben, das Material zu befördern und Verbindungen herzustellen.

Der Premierminister, obwohl überaus beschäftigt, hatte die ganze Nacht damit verbracht, mit den dreien zu verhandeln. Kunieda war im Nebenzimmer in Besprechungen vertieft gewesen, und nur manchmal, wenn ein

Mädchen mit Erfrischungen die Tür aufschob, hatte er beiläufig einen Blick in den anderen Raum geworfen. Jedesmal hatte die Gruppe – darunter Watari – von etwas Beiläufigem gesprochen, von Gartengewächsen, von Geräten für die Teezeremonie und ähnlichem, wobei sie unbeschwert, wie es schien, und bei angenehmer Unterhaltung an ihrem Tee nippten. Einer aus dem Trio erzählte zum Beispiel eine lustige Anekdote über seine Erlebnisse in Übersee, über die der alte Mann und der Premierminister dann laut lachten . . .

Eine junge Frau in rostfarbenem Kimono aus Yuki-Seidentaft tauchte am Ende des Korridors auf und ging zu dem alten Mann im Rollstuhl, der durch die Glastüren in den Garten hinausschaute. Sie kniete neben ihm nieder und flüsterte ihm etwas ins Ohr. Der alte Mann nickte unmerklich. Sie erhob sich und schob den Rollstuhl auf den Vorraum zu.

„Bitte, kommen Sie mit“, sagte Watari mit einer Kopfbewegung.

Vom Korridor bogen sie im rechten Winkel ab und folgten einem schmäleren Gang, der zu einem von hochgewachsenem Gebüsch verborgenen Seitenflügel führte. An seinem rückwärtigen Ende, hinter einem Vorzimmer, das etwa viereinhalb Meter groß war, lag ein zehn Matten großer Raum, daneben ein zweites Zimmer von etwa acht Matten. Die Schiebetüren zwischen beiden Räumen standen wenige Zentimeter weit offen.

In den Ecken des Zimmers stapelten sich Bücher und Dokumente. Zeitschriften lagen verstreut auf dem Boden, einige in europäischen Sprachen: auch chinesische Bücher in ihren charakteristischen Kassetten waren zu sehen. Jahrbücher und Wörterbücher fielen dem Besucher ins Auge, aber auch alle Arten von Landkarten – alles war wahllos verteilt. In einer freien Ecke saß ein Mann mittleren Alters, offensichtlich der Sekretär, mit von Müdigkeit gezeichnetem Gesicht. Zwei Männer saßen an einer Tischecke. Der eine, klein von Wuchs, in einem dunkelblauen Oshima-Kimono, hatte die Arme verschränkt und blickte hinaus auf die Landschaft. Der andere, der wie ein Mönch aussah und einen graublauen Baumwollkimono trug, hielt seine Hände über dem Bauch gefaltet, hockte auf einem Bein und hielt die Augen geschlossen. Auf dem Tisch vor ihnen lagen drei große stabile Umschläge, die allesamt in klarer und deutlicher Handschrift mit chinesischen Schriftzeichen gekennzeichnet waren.

Der Mann, der aus dem Fenster geschaut hatte, ließ die Arme sinken, verbeugte sich leicht und sagte mit leiser Stimme: „Was die grundlegenden Prinzipien betrifft, so sind sie zum größten Teil hier ..."

„Sie sind also fertig, meine Herren?" fragte der alte Mann und verneigte sich ebenfalls knapp. Mit Unterstützung der jungen Frau erhob er sich aus dem Rollstuhl und ließ sich auf der Fußmatte nieder. „Was ist mit der kaiserlichen Familie – ich vermute, die Schweiz?"

„Was das betrifft, Herr Watari", sagte der Kleine, „ein Mitglied der kaiserlichen Familie sollte nach Amerika, eines nach China und eines, wenn möglich, nach Afrika gehen ..."

Während er sprach, schaute der kleine Mann zum erstenmal in Kuniedas Richtung. Kunieda schluckte krampfhaft, als er sah, welche Qual sich in den Zügen des Mannes spiegelte. In weniger als einer Woche hatte sich das Gesicht Professor Fukuharas unglaublich verändert. Noch vor kurzem hatte auf seinem jungenhaften Gesicht das Feuer der Jugend geglüht, doch nun waren seine Wangen eingefallen, die Augen lagen tief in den Höhlen, seine Haut schimmerte grau und die Wangen waren von rauhen Bartstoppeln bedeckt. Das Gesicht schien einem Menschen im Endstadium der Krebskrankheit zu gehören. Nur die Augen leuchteten klug, aber ihr merkwürdiges Glitzern ähnelte den Funken, die man aus den glimmenden Scheiten eines ausgehenden Feuers schlägt.

„Die Hälfte des Volkes wird wahrscheinlich sterben", sagte Fukuhara leise und unbewegt, „und die Überlebenden werden viel zu erdulden haben."

„Sie haben eine Dreiteilung vorgenommen?" fragte der alte Mann und schaute zu den Umschlägen auf dem Tisch. „Wie sieht das aus?"

„Wir haben die Teilung nicht nach geographischen Gebieten vorgenommen, sondern nach kennzeichnenden Merkmalen", entgegnete Fukuhara, sich räuspernd. „Die erste Gruppe sind jene Japaner, die irgendwo einen neuen Staat aufbauen könnten. Die zweite umfaßt alle, die sich auf verschiedene Länder verteilt, assimilieren könnten. Die dritte Gruppe bilden jene, die in kein anderes Land gehen können."

„Das Beispiel des jüdischen Volkes ist auf uns nicht anwendbar", sagte der Mann, der ein Mönch zu sein schien, mit noch immer geschlossenen Augen. „Die Juden besitzen die Erfahrung eines sich über zwei Jahrtausende erstreckenden Exils, während sich unser Inselvolk im gleichen Zeitraum in der glücklichen Lage befand, sicher in seinem eigenen Land zu leben. Daher kann es nicht einfach die Rolle eines anderen Volkes übernehmen. Würden wir im Verlaufe weniger Jahre ebensoviel Weisheit aus unserer Diaspora gewinnen? Und würde das japanische Volk über einen ebenso langen Zeitraum hinweg das japanische Volk bleiben? In dem dritten Umschlag befindet sich noch ein weiterer Entwurf. Er enthält eine Ansicht, die dem Aufgeben gleichkommt", sagte der Mönch. „Tatsache ist, daß nicht ein einziger von uns dreien dieser Meinung völlig entgegensteht. Da jedoch die Schlußfolgerung, die sie bietet, nicht im Sinne des Auftrags ist, der uns gegeben wurde, bieten wir nichts weiter an als eine weitere Meinung.“

„Sie besagt im wesentlichen, daß es das Beste wäre, überhaupt nichts zu tun“, sagte Fukuhara. „Es wäre demnach am besten, gar nichts zu unternehmen.“

Gar nichts unternehmen? Kunieda schrie innerlich auf, und er erschauerte vor innerer Kälte. Es sollte also das Beste sein, 110 Millionen Japaner sterben zu lassen? War es das? Was waren diese Gelehrten für Menschen?

„Verstehe“, sagte der alte Watari. Er beugte leicht den Körper vor, die Hände im Schoß, und schaute hinab auf die Umschläge. „Also hat sich auch diese Meinung herausgebildet?“

„Die Ursache dafür liegt vielleicht darin, daß die Japaner sich grundlegend von anderen Völkern unterscheiden“, flüsterte der Priester mit halb geöffneten Augen, als spräche er nur zu sich selbst.

„Könnte es sein, meine Herren, daß Ihr Alter Ihre Überlegungen beeinflußt hat, als Sie diese Meinung formulierten?“ Der alte Mann sah sie scharf an, als er ihnen diese Frage stellte.

„Gewiß, Herr Watari“, murmelte Fukuhara, der wieder in den Garten hinaus schaute.

„Hanae, komm her“, sagte der alte Mann mit einer Handbewegung zu der jungen Frau, die in einer Ecke des Raums saß. „Sehen Sie sich dieses Mädchen einmal an, meine Herren. Es ist dreiundzwanzig, und es hat noch keinen Mann gehabt. Ein blühendes junges Mädchen, das sein Leben noch vor sich hat. Mädchen wie sie und auch Kinder, haben Sie auch an die gedacht?“

„Ja“, antwortete Fukuhara.

„Auf jeden Fall bedeutet diese Meinung ein Aufgeben“, sagte der Mönch, seine Augen waren wieder geschlossen. „Wären wir im Gedankenspiel nicht soweit gegangen, hätten wir unsere Pflicht vernachlässigt.“

„Unsere prinzipielle Auffassung war, daß das japanische Volk keine Ansprüche stellen und keinerlei Rechte bei anderen Ländern geltend machen kann", sagte Fukuhara leise und mit belegter Stimme. „Denn es gibt keine Möglichkeiten dieser Art. Die menschliche Gesellschaft ist noch nicht so weit, das Recht irgendeines Volks anzuerkennen, auf Grund und Boden zu leben, der außerhalb der nationalen Grenzen liegt. Wir müssen es als grundlegende Tatsache anerkennen, daß dieser Zustand noch eine geraume Zeit bestehen bleibt. Deshalb wird das japanische Volk, das sein Heimatland verloren hat, die Völker der Erde um ein Stück ihres Landes bitten müssen, auf dem es leben kann. Wenn wir das als ein Recht anmelden, werden wir gar nichts bekommen. Also können wir keinerlei Forderungen stellen."

„Und wenn unsere Rasse erhalten bleibt, werden unsere Nachkommen, wie es aussieht, schwere Zeiten vor sich haben", sagte Watari leise und nickte. „Ob wir nun Japaner bleiben, oder ob wir aufhören, es zu sein – von nun an müssen wir Japan aus unseren Überlegungen streichen. Die Probleme, die auf uns zukommen, werden von außerhalb liegenden Faktoren diktiert sein. Sobald unser Japan für immer verschwunden sein wird, sobald es den Japanern genommen sein wird, werden wir nur noch menschliche Wesen sein, aber auf einen so einfachen Nenner kann das Problem nicht gebracht werden. Denn wir haben unser *Karma* in der Kultur, der Sprache und in der Geschichte. Und dieses *Karma* wird sich erfüllen, wenn die Nation, die man Japan nennt, wenn Japans Kultur und seine Geschichte – wenn alles, das eine wie das andere, mit dem Land selbst hinweggespült wird. Aber das Volk Japans wird ein junges Volk bleiben, ein einzigartig begabtes Volk. Und dieses ander *Karma*, ein lebendiges *Karma*, wird weiterleben."

„Verzeihung . . ." Eine trockene Stimme kam aus der Ecke des Zimmers. Der Sekretär, der bis jetzt geschwiegen hatte, begann zu sprechen. „Es wäre sehr freundlich von Ihnen, Herr Watari, und es wäre wünschenswert, glaube ich, diesen Herren etwas Ruhe zu gönnen. Wie Sie wissen, haben sie weder Schlaf noch Pausen gehabt . . ."

„Kunieda, die Umschläge", sagte der alte Mann und gab der jungen Frau ein Zeichen. „Ich danke Ihnen, meine Herren, daß Sie sich so sehr bemüht haben. Bitte, ruhen Sie sich aus."

Die drei Männer rührten sich nicht von der Stelle, während Kunieda und das Mädchen dem alten Mann auf die Beine und in den Rollstuhl halfen.

„Werden Sie bald nach Tokio aufbrechen, Herr Watari?" fragte Kunieda, als er den Rollstuhl anschob. „Wenn es möglich ist, könnten diese Herren mit Ihnen fahren. Wir haben genügend Autos zur Verfügung, Sie wissen, es wird hier immer gefährlicher."

„Hanae", sagte der alte Mann, den Kopf wendend, mit überraschend kräftiger Stimme, „ruf doch bitte gleich den Doktor. Sorge dafür, daß die drei da drinnen untersucht werden."

Der alte Mann entschloß sich, eines der Autos zu nehmen und umgehend mit den Plänen nach Tokio zu fahren. Kunieda sollte ihn begleiten. Nachdem alle Vorbereitungen getroffen waren, schob Kunieda den Rollstuhl hinaus zum Wagen. Vom eisigen Himmel schwebten Schneeflocken herab. Gerade wollte er den Rollstuhl die Rampe des hierfür besonders ausgerüsteten Mercedes 600 hinaufschieben, als der graue Himmel von einem mächtigen Dröhnen erbebte, das wie Geschützdonner klang. Kunieda schaute sich um und sah aus dem Hang des Fuji-san, dicht unter dem Gipfel, eine weiße Rauchwolke hervorquellen.

„Anscheinend ist der Hoei-Krater nun doch ausgebrochen", sagte der alte Mann gelassen. „Wenn es nicht schlimmer wird, ist für den Augenblick alles in Ordnung, denke ich.“

Im selben Augenblick vernahm man das Geräusch aufgeregter Schritte, und Hanae kam mit verzerrter Miene auf sie zugerannt.

„Herr . . .“, rief sie und blieb neben dem Rollstuhl stehen. „Professor Fukuhara . . . er . . .“

„Was ist?“

Kunieda wandte sich rasch dem Haus zu und sah den Mönch langsam herankommen, den buddhistischen Rosenkranz am Handgelenk und die Handflächen aneinandergepreßt.

„Es ist gut“, sagte der alte Mann zu Kunieda und wies ihn an, den Rollstuhl in das Auto zu schieben. „Hanae – benachrichtige sofort die Familie des Professors. Herr Tatsuno, ich bitte Sie, sich um alles Notwendige zu kümmern.“

Der Mönch verneigte sich, die Hände noch immer aneinandergelegt. Wieder ertönte ein Krachen aus der Richtung des Fuji-san. Mit leisem Rascheln fiel Asche herab und verschmolz mit dem Schnee auf dem Dach des Mercedes.

Onodera war lange nicht mehr in Kansai gewesen. Verglichen mit dem erdbebenzernarbten Tokio, schien sich hier alles weitgehend normalisiert zu haben. Und doch, als Onoderas Flugzeug vor der Landung über Osaka kreiste, kam ihm dort unten irgend etwas ungewöhnlich vor. Was es war, erfuhr er erst später, als er sich mit seinem Bruder unterhielt, nachdem sie die Leiche ihrer Mutter zum Krematorium im Nada-Bezirk von Kobe geleitet hatten.

„Ich hab’ schon daran gedacht, mir eine andere Arbeit zu suchen“, erzählte ihm der Bruder während der Rückfahrt. „Hier in Westjapan sind die verschiedensten

Unternehmungen verschoben oder eingestellt worden, weißt du. Und auch auf meiner Arbeitsstelle geschieht so gut wie nichts mehr."

„Wie kommt das? Hat das etwas mit dem Beben in Tokio zu tun?"

„Du weißt nicht, warum? Weil sich der Boden Kansais in beunruhigendem Tempo senkt." Die Miene des Bruders hatte sich verfinstert. „Sinkendes Land ist in Westjapan nichts Neues, aber jetzt ist die Situation so, daß der Spaß allmählich aufhört – wirtschaftlich gesehen, verstehst du? Tatsache ist, daß der Boden an einigen Stellen mit einer durchschnittlichen Geschwindigkeit von zwei Zentimeter im Tag sinkt."

„Wahrhaftig . . .?" murmelte Onodera, der nicht anderes zu sagen wußte. Obwohl er im Leitzentrum von Plan D gearbeitet hatte, war er so von der Untersuchung des Japangrabens in Anspruch genommen gewesen, daß er keine Berichte über den allgemeinen Stand der Dinge gelesen hatte.

„Wahrhaftig. Es fing etwa vor einem Jahr an und hat sich langsam beschleunigt. Und zwar nicht nur an ein oder zwei Stellen. Die Flutmarken sind in ganz Westjapan gestiegen. Man errichtet Notdeiche am Meer, aber wenn die Geschwindigkeit des Sinkens in dem Maße wie bisher wächst, werden es in den nächsten sechs Monaten zehn Zentimeter im Tag sein, da hilft dann gar nichts mehr. Das wäre innerhalb von zehn Tagen ein Meter! Es heißt, das man irgend etwas unternehmen will, um damit fertigzuwerden, bevor es gefährlich wird. Aber ich frage micht, wie und wann sie es fertigbringen wollen, das aufzuhalten."

Onodera ballte die Fäuste.

„Bringen Sie uns zum Flughafen", rief sein Bruder dem Fahrer zu. „Unsere Firma hat einen Hubschrauber. Ich werde dir einen Eindruck von dem verschaffen, was da vorgeht."

„Aber, mein Lieber . . ." Onoderas Schwägerin, die vorn neben dem Fahrer saß, drehte sich um. „Du bist noch in Trauer, vergiß das nicht."

„Schon gut. Die eigentliche Trauerfeier ist erst morgen. Du kannst nach Hause fahren und alles regeln. Wir kommen gleich nach."

Onodera schaute bald darauf von oben hinunter auf das Küstengebiet um Osaka und konnte deutlich erkennen, wo das Meer bereits eingedrungen war. Abgesehen von den Stellen, wo die Deiche zuvor schon besonders hoch gewesen oder durch Hilfsmaßnahmen verstärkt worden waren, stand die Hälfte des Küstenbezirks von Osaka und der Streifen angelandeten Gebietes vor Kobe bereits unter Wasser. Die Arbeiten an der Landauffüllung im Hafen von Kobe, durch die der internationale Flughafen Kansais erweitert werden sollte, schienen eingestellt worden zu sein. Die Flut überspülte die Lehmhütten, und Ströme gelbbraunen Wassers drangen weit hinein in die japanische Inlandseen.

„Siehst du! Es ist keine Sache der Unmöglichkeit, aber es wird eine Menge Geld kosten. Und da sich das Kanto-Gebiet noch erholen muß, kann man nicht erwarten, daß für die nächste Zeit viel Hilfskraft zur Verfügung stehen wird. Nimm nur etwa meine Firma – die Einstellung der Arbeiten am neuen Flugplatz hat auch uns erledigt."

„Du hast doch etwas von Veränderung gesagt. Was hast du denn vor?" fragte Onodera und schaute düster auf die Landschaft unter ihnen.

„Da ich mir jetzt keine Gedanken mehr um Mutter zu machen brauche, habe ich daran gedacht, in Kanada zu arbeiten." In der Stimme des Bruders lag eine Spur von Trauer. „Auf den Ölfeldern von Manitoba sind neue Erschließungen im Gange. Ich will mit der Familie hinübergehen, aber meine Frau ist nicht begeistert davon."

„Aber das ist doch wunderbar!“ entfuhr es Onodera, und impulsiv legte er die Hand auf die seines Bruders. „Das ist doch eine großartige Idee. Wann soll es denn losgehen?“

„Ich soll so bald wie möglich dort anfangen. Aber erst sind noch verschiedene Dinge zu regeln, und das wird wahrscheinlich ein oder zwei Monate dauern. Ich denke, daß ich nächste Woche einmal hinüberfliege.“

„Je eher, desto besser.“ Onodera drückte fest die Hand des Bruders. „Mach dir über irgendwelche Vorbereitungen keine Gedanken. Was auch deine Frau sagt – nimm die ganze Familie und verschwinde.“

„Als wenn das so einfach wäre! Ich wechsle meinen Beruf mit vierzig, vergiß das nicht.“ Sein Bruder lachte, aber in sein Gesicht trat ein erstaunter Ausdruck. „Wieso hast du es denn so eilig, mich verschwinden zu sehen?“

„Eben deshalb ... Japan ist ...“ Onodera unterbrach sich. Er mußte schweigen, auch gegenüber seinem eigenen Bruder. Er schaute wieder hinunter, doch dann wandte er den Blick ab.

Viele Erinnerungen tauchten auf. Als ganz kleiner Junge war er einmal in einen Graben gefallen, und sein Bruder hatte ihn herausgeholt. Dann war da das Schreinfest auf dem Lande gewesen, nach dem er, heimkehrend, auf dem Rücken des Bruders eingeschlafen war. Das war etwa zur selben Zeit gewesen, als dem Bruder der Riemen einer Holzsandale gerissen war und er barfuß hatte nach Hause laufen müssen. Der Bruder hatte Käfer für ihn gesammelt und ihn zum Angeln und Baden mitgenommen. Er hatte ihn Spiele gelehrt und mit ihm Modellflugzeuge gebaut, und er hatte noch vieles andere für ihn getan. Sein Bruder war bereits aufs College gegangen, als er selber noch die Grundschule besuchte, und Onodera hatte mit Ehrfurcht die Wildwestbücher und die schwierigen Romane bewundert, die sein Bruder damals las ...

Solche Erinnerungen kamen ihm jetzt eine nach der anderen.

Nur ein Wort. Ein einziges Wort würde genügen – wäre das nicht recht und billig? *Zieh weg, Bruder – mit Japan ist es aus.* Die Worte steckten Onodera wie ein Klotz in der Kehle. Er blickte durch die Windschutzscheibe des Helikopters und räusperte sich mehrmals. Angenommen, er würde dem Bruder etwas zuflüstern, ein Wort nur ...

Sein entsetzter Bruder würde sofort alle Vorbereitungen zur Abreise treffen, ob es seiner Frau nun recht war oder nicht. Und sie würde sehr wahrscheinlich eine Erklärung verlangen. Wenn seine Geduld dann erschöpft war, würde der Bruder der Schwägerin etwas anvertrauen, als Geheimnis zwischen Mann und Frau. Oder beim Abschiedstrunk, kurz vor der Abreise, wenn das Gespräch sentimental wurde, könnte ihm ein Wort gegenüber einem guten Freund oder einem ehemaligen Arbeitskollegen entschlüpfen. Dann würde das „Geheimnis" rasch von Mund zu Mund gehen und bald überall verbreitet sein. *Na und? Was wäre schlimm daran?* dachte Onodera und ballte die Fäuste. Die Menschen würden aus eigenem Antrieb die Flucht ergreifen, viele von ihnen könnten sich retten ... Onodera knirschte mit den Zähnen, er preßte die Fäuste so fest zusammen, daß die Nägel das Blut heraustrieben und dachte: Nur weil ich der Leitzentrale von Plan D angehöre, muß ich die Geheimnisse hüten, die unter die Zuständigkeit dieser Führungsstelle fallen, muß ich glauben, daß ich mich, wenn ich schweige, wie ein Mann verhalte, aber gleichzeitig werde ich den Gedanken nicht los, daß dies die Flucht vor Gewissensqualen in die Denkweise einer organisierten Gruppe ist. *Bin ich ein Bürokrat geworden*? fragte er sich plötzlich. Aber schnell verwarf er den Gedanken wieder. Ein echter Bürokrat, der sich in seiner Tugend sonnte, würde nicht auf diese Art sich selbst quälen. Er spürte, wie ihm der Mund trocken wurde, als er darüber nachdachte, daß es unter den tausend oder mehr Menschen, die mit dem Plan D zu tun hatten, noch andere geben mußte, die wie er beunruhigt waren und gegen ihre Gefühle ankämpften, wenn sie insgeheim mit sich rangen, ob sie das Geheimnis preisgeben sollten oder nicht. Nakata hatte offenbar recht, wenn er die Meinung vertrat, es werde die Zeit kommen, da man das Geheimnis nicht länger hüten könne. Wahrscheinlich hatte bereits eine ganze Reihe von ihnen die Last nicht mehr ertragen, sondern es ihrer Familie mitgeteilt und Vorbereitungen zur Flucht getroffen.

Der Hubschrauber vermied die von den Flugzeugen benutzten Luftstraßen und näherte sich dem Flugplatz von Nordosten her, wobei er stetig an Höhe verlor. Onodera wich noch immer dem Blick seines Bruder aus und schaute nach unten. Er erblickte die roten, blauen und grauen Dächer der dicht beieinander stehenden Häuser. Er sah eine Schar von Grundschülern mit gelben Mützen und in dicke Winterkleidung gehüllt. Frauen, offensichtlich Mütter, begleiteten sie und führten sie über die Kreuzungen. Es war ein klarer, heller Nachmittag, weiß leuchteten Steppdecken und Wäschestücke aus den offenen Fenstern. Hausfrauen in Schürzen und mit Kopftüchern gingen einkaufen. Als der Helikopter noch tiefer ging, zeigte eine junge Mutter hinauf und sagte etwas zu dem Kleinkind, das sie trug . . . Solche Bilder glitten unter ihm vorbei, ein durch den Flug in die Länge gezogenes Panorama. Ihm wurde immer schwerer ums Herz. *Ich glaube, ich habe die wahre Bedeutung solcher Begriffe wie Familie oder Leben nie richtig begriffen*, dachte er. Jetzt wurde ihm im Hinblick auf seinen Bruder, dessen Frau und die zwei Kinder der Sinn solcher Wörter schmerzhaft klar. Da war seine lebhafte Frau, die langsam vollschlank wurde und die Zähne zusammenbiß, wenn sie ihre Schönheitsgymnastik betrieb ... sein Sohn, im ersten Jahr der Mittelschule . . . die Tochter, in der vierten Klasse. In die Tochter war sein Bruder, der Kinder überhaupt sehr mochte, so vernarrt, daß sie in seinen Augen überhaupt keinen Fehler machen konnte. Das Mädchen hatte bei einem Talentwettbewerb der gesamten Präfektur den zweiten Preis erhalten, wie ihm der Bruder einmal erzählte, und daraufhin hatte er ihr anstelle des Klaviers, das sie besaßen, einen Flügel gekauft, obwohl seine praktisch veranlagte Frau dagegen gewesen war ... Aus solchen Dingen bestand die schöne Last von *Familie* und *Heim*.

Und so lebten mehr als zwanzig Millionen Familien ihr Leben auf diesen vom Untergang bedrohten Inseln.

Diese menschlichen Leben, dieses Fleisch und Blut in seiner besonderen Würde – diese zwanzig Millionen Familien – mußten gerettet werden. Konnte die große, die ungeheure Aufgabe der Umsiedlung in ein fremdes Land, in dem eine ungewisse Zukunft sie erwartete, überhaupt bewältigt werden?

„Na, was grübelst du noch herum? Wir wollen aussteigen," sagte der Bruder, tippte Onodera an die Schulter und öffente den Sicherheitsgurt. „Es ist noch früh, aber wir sollten erst einmal etwas essen. Magst du Kugelfisch?"

Nach dem Essen gingen Onodera und sein Bruder in eine Bar. Der Bruder wollte, daß Onodera bei ihm übernachte, aber Onodera meinte, er müsse so bald wie möglich nach Tokio zurück. Er wohnte im Hotel am Flughafen und hatte sich für den ersten Flug am nächsten Morgen einen Platz reservieren lassen.

„Sei mir bitte nicht böse, daß ich morgen nicht an Mutters Begräbnis teilnehmen kann", sagte er zu seinem Bruder. „Es tut mir schrecklich leid, und ich glaube, die

Verwandtschaft wird über mich zu reden haben ..."

„Da mach dir keine Gedanken. Überlaß das nur mir", sagte der Bruder, legte das Geld für die Zeche hin und stand auf. „Also dann. Ich nehme an, du wirst eine ganze Weile nicht wieder hierherkommen?"

„Nein", entgegnete Onodera unbestimmt, bedrückt von dem Gedanken, daß er morgen wieder die merkwürdige Arbeit aufnehmen sollte, die kein Ende zu haben schien. „Ich glaube nicht. Aber ich werde dich auf dem laufenden halten."

Am Ausgang der Bar blieb sein Bruder stehen. Er nahm ein langes schmales Päckchen aus der Brusttasche und übergab es Onodera. „Ich sollte dir jetzt das hier geben", sagte er. „Es ist eine Erinnerung an Mutter."

Onodera nahm das Päckchen und statt es in die Tasche zu stecken, behielt er es in der Hand. Irgend etwas stieg in ihm auf, aber als er dann sprach, kam etwas ganz anderes heraus, als er gedacht hatte.

„Geh nach Kanada, Bruder. Es ist das beste", sagte er noch einmal, und seine Stimme bebte. „Glaub mir bitte, es ist wirklich das beste."

„Was bist du für ein komischer Bursche!" sagte der Bruder und grinste breit. Er wandte sich um, und im Weggehen sagte er noch über die Schulter: „Statt dich um die Angelegenheit anderer zu kümmern – wir wäre es denn mit den eigenen? Wird es nicht langsam Zeit, daß du dir eine Familie zulegst? Dreißig und noch ledig – du wirst noch zum Ladenhüter."

Sie trennten sich vor der Gaststätte, der Bruder ging die Shinchihon-Straße hinab in Richtung Midosuchi, während Onodera die entgegengesetzte Richtung nach Sakurabashi einschlug. In der Ferne glitten an der Fläche irgendeines Gebäudes als grelles Lichterband die neuesten Meldungen entlang, und die Schriftzeichen verkündeten: *Hoei-Krater am Fuji-san ausgebrochen.*

Die eisige Kälte der letzten Februartage herrschte in den Straßen, es fiel auch etwas Schnee, aber das schillernde Nachtleben in der Shinchihon-Straße war an diesem Abend genauso atemberaubend, wie er es aus der Zeit vor zwei oder drei Jahren in Erinnerung hatte. Da der März nahte, der Monat, in dem die Steuern zu zahlen waren, wurden Spesenkonten verjubelt und Festessen gegeben, und es waren so viele Autos unterwegs, daß sie kaum vorwärts kamen. Eine Gesellschaft flanierte zu Fuß; die Männer grölten angetrunken alte Kriegslieder und die jungen Hostessen in ihrer Begleitung, die trotz aller Winterhüllen ihre nackten Schultern zeigten, stießen von Zeit zu Zeit Protestschreie aus über die unanständigen Witze aus Soldatentagen. Ein Mann in einem teuren Pelz torkelte allein vor sich hin. Eine Serviererin, die mehrere Kimonos übereinander anhatte, wie man an den Ärmelrändern sah, begann zu laufen, um sich warm zu machen. Ein junges Mädchen mit einem Schal um den Kopf verkaufte an einer Ecke Blumen. Straßensänger produzierten sich, Akkordeons und Gitarren um die Schulter gehängt. Sushi- und Tintenfischstände reihten sich auf dem Gehweg aneinander, und zu einem davon führten die Hostessen ihre betrunkenen Herren. Durch die Türvorhänge eines chinesischen Restaurants quoll der Dampf kochender Fadennudeln. Als Onodera so dahintrottete, fiel im plötzlich ein, daß im Nigatsu-Tempel von Nara bald das Omizutori, das Ritual zum Frühlingsanfang, stattfinden mußte. Ein Schauer überrieselte ihn, der nicht von der Kälte herrührte. Hatten diese seit Menschengedenken alljährlich wiederkehrenden Zeremonien und Feste nun ein Ende?

Er spürte, daß seine Konzentrationsfähigkeit nachließ, wobei seine Ängste und seine Erregung wuchsen. All der noch vor kurzem getrunkene Sake hatte bisher nicht gewirkt, aber jetzt schlug der Dämmerungszustand über ihm zusammen. Was hatte er getan? War er nicht vorhin inmitten der Menge gestanden – und hatte laut geschrien? Im Rausch die Beherrschung verloren und Passanten angeschrien? Schlimmer noch – einen Mann aus der Menge an den Schulter gepackt und gebrüllt: „Beeil dich! Hau ab!" Hatte er all das getan?

Trunken, enthemmt und zugleich besorgt, daß er in diesem Zustand etwas Unverantwortliches getan haben könnte, fühlte sich Onodera sehr niedergeschlagen. Als er mit hängendem Kopf weiterging, rempelte er jemanden an. Er wich zur Seite und stieß nun erst recht frontal mit jemanden zusammen. Bei seinem Versuch, das Gleichgewicht wiederzufinden, glitt etwas wie eine Geldbörse aus der Hand der anderen Person, der Verschluß ging auf, der Inhalt ergoß sich auf die Straße.

„Ah!" Onodera, mit seinem verquollenen Gesicht, schüttelte den schweren Kopf. „Entschuldigen Sie, bitte", sagte er.

Er bückte sich und versuchte, Puderdose, Taschentuch, Lippenstift und alles andere aufzuheben, stolperte dabei nach vorn und wäre fast aufs Gesicht gefallen, fing sich jedoch und schlug nun beinahe hintenüber. Schließlich hockte er sich auf die Straße; da hörte er über sich jemanden sagen: „Herr Onodera . . ."

„Ja?"

Irgendwo unter sich nahm Onodera mit hängendem Kopf ein Paar glänzender schwarzer Frauenschuhe wahr. Als er langsam den Blick hob, sah er weiter oben enganliegende schwarze Samthosen. Und dann berührte ihn eine Hand sanft an der Schulter.

„Wie ich Sie gesucht habe!" sagte eine Stimme, die zu der Hand gehörte, voller Mitgefühl. „Ich möchte mit Ihnen sprechen."

Mit dem Gefühl, daß ihm gleich der Schädel zerspringen werde, hob Onodera den Blick noch weiter und öffnete mühsam die geschwollenen Lider zur Gänze.

Er blickte in das ausdrucksvolle, lächelnde Gesicht einer Frau. Ihre Haut hatte einen dunklen Ton, ihr Haar war mit einem Band zusammengeschlungen.

Es war Reiko Abe.

„Der Druck von der Küste des Japanischen Meeres nimmt erschreckend zu", murmelte Nakata, auf das dreidimensionale Lichtbild des japanischen Archipels auf dem Schirm blickend, das von einer Vielzahl farbiger Punkte und Linien umgeben war. „Er ist jetzt schon stärker, als wir erwartet hatten."

„Und die Anhebung der Yamato-Schwelle ebenso wie die Strahlungsintensität der Erdwärme an dieser Stelle betrugen in der vergangenen Woche das Dreifache", sagte ein junger Mann vom Wetterdienst leise. „Vielleicht wird es wieder Eruptionen geben."

„Unter der Halbinsel Noto hat sich eine beträchtliche Energiemenge angesammelt", sagte Mashita, ein Universitätsprofessor am Institut für Erdbebenforschung, während er den Schirm mit Hilfe eines Polarisationsapparates studierte. „Der Abschnitt nördlich der Strecke Hakui-Manso bewegt sich nach Osten. Dort könnte sich bald ein Erdbeben ereignen."

„Das ist noch nicht alles. Wie steht es denn um die Energie, die sich an der Bruchlinie Itoigawa-Shizuoka gesammelt hat?" fragte ein Mann vom Staatlichen Institut für Geologie mit heiserer Stimme und zeigte auf den Schirm. „Nach unseren Berechnungen ist das Limit der Erdkrustenflexibilität bereits überschritten, und noch immer wächst der Energiestau, ja, er übersteigt bereits den theoretischen Grenzwert."

„Was meinen Sie, Herr Nakata", sagte Mashita. „Ich habe den Eindruck, als müßten wir, wie auch immer, davon ausgehen, daß unter dem japanischen Archipel etwas uns bislang Unbekanntes vor sich geht. Tatsächlich ist es so, als ob ein Teil der Abwärtsströmung des Erdmantels unter dem Archipel hindurchflöße. Sie beginnt nun auf der Seite des Japanischen Meeres heraufzudringen."

„Ja, es hat den Anschein. Heute nacht werden wir eine Simulation vornehmen und sehen, was wir ihr entnehmen können."

Fünf Männer, Yukinaga inbegriffen, waren ununterbrochen im Sichtgerätezimmer an der Arbeit. Über den Computer des Verteidigungsministeriums, der die schwierigen Berechnungen durchführte, konnten sie tagsüber nicht verfügen, so stand ihnen also wieder eine schlaflose Nacht bevor.

Der Abend wurde für die Vorbereitungen genutzt. Sieben Kathodenstrahlgeräte wurden an den Computer angeschlossen. Yukinaga hatte die Aufgabe, sowohl einen der Leuchtschirme als auch die Kameras für das Bildaufzeichnungsgerät zu bedienen, die den leuchtenden Block von verschiedenen Seiten aus fotografierten. Endlich, kurz nach zwei Uhr morgens, stand Nakata vor dem riesigen Plastikblock und gab das Startzeichen.

Noch nicht zwei Minuten waren verstrichen, als er einen Schreckensschrei ausstieß: „Halt! Kommen Sie bitte und schauen Sie sich das an."

Yukinaga drückte die Knöpfe an der Schalttafel, um sein Gerät abzuschalten, und kam zum Schirm herübergelaufen, die anderen folgten. Alle schauten in den Plastikblock. Yukinaga hielt den Atem an. Das dreidimensionale Bild des japanischen Archipels, das sich mit phosphoreszierenden, blaß leuchtenden Linien abzeichnete, war in der Mitte auseinandergebrochen und nach einer Seite abgekippt. Die Leuchtschicht, welche die Energieverteilung anzeigte und ständig zwischen orange und rot wechselte, umrandete die abgekippte Landmasse des Archipels und pulsierte unheimlich, einmal schwach, einmal stark.

„Ist Japan denn schon abgesunken?“ fragte Yukinaga mit bebender Stimme.

„Völlig abgesunken“, murmelte Nakata düster. „Außerdem wird es vor dem gänzlichen Versinken in zwei Teile zerbrechen.“

„Geht das nicht denn doch zu schnell?“ fragte Mashita kreidebleich und schaute auf die Uhr. „Könnte sich nicht beim Zeitmeßstab ein Fehler eingeschlichen haben?“

„Keinesfalls“, sagte der junge Mann vom Wetterdienst mit einem Blick auf sein Bildschirmgerät. „Der Maßstab war wie üblich eingestellt: $3{,}6 \times 10^4 = 36\,000$ Sekunden. Eine Sekunde entspricht etwa 100 Stunden.“

„Sagen Sie mir die Zeiten an bis zum hier gezeigten Punkt.“

„120,23 Sekunden“, sagte der junge Mann. „Das sind 11 232 Stunden.“

„11 200 Stunden“, murmelte Yukinaga. „Also, das sind . . .“

„Ein Jahr und drei Monate, glaube ich“, sagte Nakata und trommelte mit den Fingern auf den Block. „Das müssen wir uns noch einmal genauer ansehen, von Anfang an. Wie wollen diesmal den Zeitmaßstab auf ein Viertel des bisherigen verringern: $0{,}9 \times 10^4$, das heißt, eine Sekunde entspricht fünfundzwanzig Stunden.“

Jeder eilte an seinen Platz zurück. Das phosphoreszierende Bild erlosch langsam auf dem Block, und sie begannen die Simulation noch einmal.

Der Zeiger auf der Leuchtuhr fing an zu kreisen, der helle Ton bei jeder Sekunde trieb eisige Schauer durch das Zimmer. Dann ertönte das Klappern der Tastatur an den Kathodenstrahlgeräten und der Lärm elektronischer Meßwertdrucker. Endlich begann sich, langsamer als zuvor, das dreidimensionale Bild zu formen. Wie im Zeitlupentempo entfaltete es sich lässig, vereinzelte rote, orange und gelbe Lichtpunkte leuchteten auf und verloschen wieder wie Irrlichter. In der Mitte dieser hellen Punkte nahm eine pulsierende vielfarbige Leuchtfläche Form an. Anfänglich noch verschwommen, verband sie sich mit dem länglichen, bogenförmigen Leuchtbild und zog sich dann eng darüber zusammen. In seiner unheilverkündenden Schönheit ähnelte es einem riesigen leuchtenden Teufelsfisch, im Angriff auf die blasse, glimmende Gestalt des japanischen Archipels.

Die ersten Bewegungen des Lichtbilds waren kaum wahrnehmbar. Als die Intervalle zwischen dem Aufblitzen kürzer wurden, setzten sich die Punkte zu Linien zusammen. Die gelben und orangen Spuren wurden weniger, die roten vermehrten sich langsam und leuchteten immer stärker.

„Halt!" rief Nakata wieder.

„Wieviel Zeit bis jetzt?"

„302 Sekunden, genau."

„Yukinaga, von jetzt an machen Sie, unabhängig vom Videorecorder, von jedem Quadranten ein Foto – und zwar alle zwei Sekunden. Und den Zeitmaßstab setzen wir um die Hälfte herab."

„Wäre es nicht günstiger, ihn auf ein Viertel zurückzunehmen?" fragte jemand.

„Wenn wir ihn noch weiter senken, wären die Details, glaube ich, nicht mehr deutlich genug. Fertig also, einschalten!"

Yukinaga betätigte die Schalter, und der Sekundenzeiger der Leuchtuhr begann erneut zu kreisen. Die Spannung im Raum steigerte sich. Träge blinkten nun die Lichtpunkte, und das Schwanken der Leuchtwand wirkte lähmend und traumhaft. Nur das geschäftigte Surren der sechs Kameraverschlüsse war zu vernehmen. Das Leuchten der roten Lichter wurde stärker, die Punkte verschmolzen miteinander. Sie ähnelten roten Juwelenbändern, die an der Küste Japans und zu beiden Seiten der Izu- und Ogasawara-Inseln lagen. Längs der Pazifikküste bildete sich parallel zum Japangraben eine zweischichtige Ansammlung glühenden Lichtes aus, die obere Schicht grün, die untere von lebhaftem Scharlachrot, beide Schichten wurden immer heller.

„Was ist das?“ fragte ein Geologe flüsternd. „Das habe ich vorhin nicht bemerkt.“

„Das Grün zeigt den Masseverlust an, ein Integral zur Gravitationsschwankung“, sagte Yukinaga.

„Aufpassen“, sagte Nakata mit gesenkter Stimme. „Sehen Sie! Hier unter dem Archipel!“

Zweihundert Kilometer unter der Erdoberfläche schien sich eine Schicht aus rotem Licht in Gestalt fließender rosa Streifen unter dem Archipel hindurch zu bewegen. Als diese Streifen die Küstenlinie des Japanischen Meeres erreichten, wurde ihre Intensität stärker und sie formten sich zu leuchtenden Flecken aus.

„ Was sind das für Streifen?“ fragte Mashita flüsternd. „Was können sie bedeuten? Kann sich Energie in solcher Tiefe derart schnell bewegen – über die gesamte Küste des Japanischen Meeres hinaus?

„Genau kann ich mir das nicht vorstellen“, sagte Nakata kopfschüttelnd. „Aber es entspricht dem Bild, das von den Computerdaten bestimmt wird.“

„Es hat angefangen“, sagte der Mann vom Wetterdienst mit Schärfe in der Stimme. „Unser Archipel ist im Begriff, auseinanderzubrechen.“

Auf der zentralen Landmasse des japanischen Archipels zog sich von einem Punkt östlich der Toyama-Bucht eine strahlend rote Linie von Nord nach Süd. Zur selben Zeit erschienen unzählige feine rote Linien auf der ganzen leuchtenden Gestalt des Archipels und verzerrten sie.

Die grün aufleuchtende Masse auf der pazifischen Seite dehnte sich nach Osten aus und begann sich gleichzeitig zu senken, wobei sich die Seitenbewegung der Streifen darunter verstärkte. Die rosa leuchtende Masse auf der Seite des Japanischen Meeres wurde immer größer und begann wie ein lebendes Wesen zu pulsieren. Der östliche Teil des Archipels verschob sich langsam nach Osten und der westliche nach Süden, während die gesamte Masse sich zu neigen begann. Und während das hallende Klingen der Sekunden und das geschäftige Surren der Kameraverschlüsse sich fortsetzte, glitt das blasse Bild des Archipels, der noch immer geneigt war, mit einer Bewegung, die einem Seufzen glich, innerhalb des Plastikblocks abwärts und kam langsam zum Stillstand.

Das Rosa auf der Seite des Japanischen Meeres und das Grün auf der pazifischen Seite verblaßten und vergingen. Die Lichtpunkte, aus denen sich die roten Linien zusammensetzten, verglommen rasch und die noch verbleibenden wurden flackernd, erst orange, dann gelb und schließlich immer schwächer.

„Die Zeit?"

„Zweiundsechzig Sekunden seit dem zweiten Einschalten."

„Umgerechnet in Tage, ergibt das etwa zweiunddreißig."

„Eine Veränderung dieses Ausmaßes soll innerhalb eines Monats stattfinden?" Mashita stöhnte.

„Was ist mit der Bewegung des Archipels?" fragte Yukinaga.

„Seitenbewegung maximal vierundvierzig Kilometer. Die Vertikalbewegung beträgt minus zwei Kilometer. Der östliche Abschnitt bewegt sich nach Ostsüdost auf einer Linie, die einen spitzen Winkel von fast dreizehn Grad zur geodätischen Linie bildet, während der Westabschnitt in einem Winkel von sechs Grad nach Süden abrutscht. Und was Kyushu betrifft – die ganze Insel dreht sich nach links und gleitet mit ihrer Südseite nach Osten."

„Die Vertikalbewegung beträgt minus zwei Kilometer", murmelte der Geologe aus dem Institut. „Das heißt also, daß die Gebirge über Wasser bleiben."

„Selbst wenn dem so wäre, hätte das nicht viel zu bedeuten", sagte Nakata. „Vergessen Sie nicht die Erdrutsche und die Vulkanausbrüche. Und das ist auch noch keineswegs das Ende. Das Sinken wird sich fortsetzen."

„Das stimmt", sagte der junge Mann vom Wetterdienst, der gerade die Zahlenwerte auf dem Leuchtschirm der Braunschen Röhre studierte. „Auch nachdem die Hauptbewegung vorüber ist, setzen sich Sinkvorgang und Seitenbewegung in einer durchschnittlichen Größenordnung von mehreren Zentimentern pro Tag fort."

„Und wann wird das der Fall sein?" fragte Yukinage.

„Wie unser Modell zeigt, in der 302. Sekunde", sagte der Meteorologe. „In Tage umgerechnet also 312,54."

„Also in weniger als einem Jahr", sagte der Geologe. „In zehn Monaten – etwa . . ."

Wie betäubt stand die Gruppe um den Plastikblock. Nur noch zehn Monate blieben ihnen also.

Aus Yukinaga schien alles Blut gewichen zu sein. Er hatte das Gefühl. sich übergeben zu müssen. Es war, als ob der Fußboden sich unter seinen Füßen auflöste. In nicht mehr als zehn Monaten würde das alles beginnen. Was konnte man in einer so kurzen Zeitspanne denn noch tun?

Nakata starrte auf das Anschlagbrett und stand, regungslos wie eine Statue, mit untergeschlagenen Armen da. Dann faßte er einen Entschluß und griff zum Telefonhörer.

„Rufen Sie den Generalsekretär an?" frage Yukinaga.

„Nein, den Premierminister“, sagte Nakata und wählte das Amtszeichen.

„Wann werden Sie uns Ihr Evakuierungsprogramm bekanntgeben?“ fragte der Führer einer der unabhängigen Parteien. „Sie müssen es doch inzwischen fertiggestellt haben. Wenn es in zwei Wochen veröffentlicht werden soll, müssen Sie zumindest einen Entwurf vorlegen können. Andernfalls wird es einen Aufruhr geben, meinen Sie nicht?“

„Da es notwendig gewesen wäre, ein überparteiliches Komitee zu schaffen, das sich mit dieser Krise befaßt“, sagte der Führer der größten Oppositionspartei mit gerunzelter Stirn, „werden Sie mir verzeihen, wenn ich über so eine Antwort ungehalten bin. Die Führung der Regierungspartei informiert seit einiger Zeit heimlich die Geschäftswelt, und wir erfahren nichts. Es ist schon so weit, daß ganze Industrien die Reise nach Übersee antreten, ohne daß jemand davon weiß. Die Regierung hat die Pflicht, allen die gleichen Rechte zu gewähren, aber ihr Verhalten gegenüber dem Kapital und der Industrie ist nichts anderes als die übelste Form der Ungleichheit. Ich sehe darin nur ein weiteres Beispiel für den korrupten Stil der Regierungspartei. Und was die Evakuierungspläne betrifft, so möchte ich gerne wissen: Steht die Rettung des Lebens jedes einzelnen japanischen Bürgers an erster Stelle oder nicht? Herr Premierminister, bevor ein Komitee sich mit der Angelegenheit befaßt, würde ich gern hören, was Sie zu diesem Punkt zu sagen haben.“

„Lassen Sie mich das eine klar sagen: Unsere vorrangige Absicht ist es, das Leben des gesamten japanischen Volkes zu retten, und zwar ohne Ausnahme“, sagte der Premierminister. „Um das zu erreichen, nutzen wir jede Möglichkeit, die sich bietet. Was aber soll *nach* der

Katastrophe geschehen? Wie sollen dann unsere 110 Millionen Menschen leben? Die Regierung muß auch diesem Problem ins Auge sehen."

„Schön und gut", sagte ein anderer Parteiführer. „Aber wenn man davon ausgeht, wie sich Ihre Partei verhält, dann scheint es mir, daß Sie, meine Herren, während Sie nach außen hin den Wert menschlichen Lebens predigen, tatsächlich viel intensiver damit beschäftigt waren, Pläne für die Erhaltung der finanziellen und industriellen Macht dieser Nation zu schmieden und, was Ihnen noch viel wichtiger ist, für die Erhaltung der bestehenden Gesellschaftsordnung. Die gesellschaftliche Struktur ist für Sie viel wichtiger als das Volk, als der einzelne Mensch. Das ist der Ausdruck einer bürokratischen Denkweise, die bis in die Vorkriegszeit zurückreicht, und es scheint so, als ob sie sich bei uns niemals ausmerzen ließe. Es ist jener Geist, dem es in der Vergangenheit nichts bedeutet hat, fünfzigtausend oder hunderttausend Menschenleben zu opfern, damit das Prestige der Nation und die gesellschaftliche Struktur, die hinter diesem Prestige steht, erhalten bleiben. Aber wie dem auch sei, ich möchte wissen: Wenn wir die Zukunft einmal dahingestellt sein und wenn wir Prestige, Formalitäten und scheinheiliges bürokratisches Getue über gleiches Recht und all dieses Zeug beiseite lassen; ist es Ihre Absicht, Herr Premierminister, oder ist sie es nicht, sich mit Ihrer ganzen Person der Aufgabe zu widmen, das japanische Volk zu retten und sich den Teufel um gesellschaftliche Strukturen zu scheren?"

„Ogata ..." Unvermittelt ergriff der Führer der drittstärksten Oppositionspartei das Wort, mit kräftiger, tiefer Stimme, einer Stimme von schlagender Kraft, in wilden Debatten und Reden einer langen politischen Laufbahn geschult: „Sie sagten vorhin, Politik sei eine Angelegenheit, die sich hinter der Bühne abspielt. Diese Auffassung, daß alle politischen Angelegenheiten hinter den Kulissen geregelt werden können, ist es, durch die Ihre Partei mit ihrer bürokratischen Art zu regieren seit dem Krieg am weitesten vom rechten Wege abgekommen ist. Und ich glaube, daß darin auch der Grund zu suchen ist, warum die meisten Japaner die Politik als ein hinterhältiges, unheilvolles Geschäft ansehen. Gewiß, in der Politik muß es auch Aktivitäten geben, die nicht an die Öffentlichkeit dringen. Aber ebenso ist es notwendig, an die Rampe zu treten. Zumal in dieser Krise, die uns an den Rand der nationalen Katastrophe führt. Ich habe das Gefühl, daß alles verloren ist, wenn nicht ein Retter der Nation auftaucht – ein Mann von eiserner Entschlossenheit, ein Mann, der einem angstbesessenen Volk den Weg weist, ein Mann, der unsere Entschlossenheit stärkt, ein Mann, der Macht hat, zu handeln, zu entscheiden und die Nation vor dem Untergang zu bewahren . . . Nun, Ogata . . . gibt es jemanden in Ihrer Partei, Sie eingeschlossen, der geeignet wäre, diese lebenswichtige Rolle *an der Rampe* zu spielen? Glauben Sie, daß Sie genug Kraft und öffentliches Ansehen besitzen, sich selbst in den Teufel Ashura zu verwandeln, der das Volk mitreißt und ihm den Weg durch die Gefahr freischlägt? Ich appelliere an eine Freundschaft, die bis in unsere gemeinsame Schulzeit zurückreicht, und bitte Sie um die Erlaubnis, freimütig sprechen zu dürfen. Ihr politisches Auftreten ist ein Muster bürokratischer Besonnenheit, aber – verzeihen Sie, daß ich es sage – ich vermag nicht zu bejahen, daß Sie jene Entschlossenheit besitzen, die notwendig wäre, um das Land durch diese Krise zu führen."

„Mit anderen Worten: Es ist also eine Rolle, die Sie selbst übernehmen müssen?" sagte der Premierminister mit der recht gezwungenen Andeutung eines Lächelns. „Herr Atsumi, ich kann heute noch nicht wissen, ob Sie eines Tages zum Chef einer Koalitionsregierung ernannt werden oder nicht. Was mich jedoch betrifft: Ich bin nicht unbedingt davon überzeugt, daß ich die Fähigkeit besitze, die nötig wäre, um diese Krise durchzustehen. Ehe aber irgendein Retter der Nation auf den Plan tritt, bleibt mir nichts anderes übrig, als jedes Gramm Energie einzusetzen, um, wie auch immer, die mir jetzt und hier übertragenen Pflichten zu erfüllen. Und außerdem – im heutigen Japan sind die Erinnerungen an den Krieg noch immer lebendig. Ich habe das Gefühl, daß es sehr viele Japaner gibt, die von ‚Rettern der Nation' genug haben. Sie spüren es am eigenen Leibe. Wissen Sie, daß die Helden und der Heldenkult für Japan und das japanische Volk katastrophale Folgen gezeitigt haben."

„Na schön", unterbrach ihn der Führer der größten Oppositionspartei, „auf jeden Fall würden wir es gern sehen, wenn Sie unseren Abgeordneten so schnell wie möglich eine umfassende Erläuterung des Plans D und des Evakuierungsprogramms geben könnten, soweit beides bis heute vorliegt. Wir können wohl nicht noch zwei Wochen bis zur nächsten Parlamentssitzung warten."

„Selbstverständlich. Die Vorarbeiten sind in vollem Gange", sagte der Generalsekretär. „Sobald Sie Ihre Sekretärstagung durchgeführt und Ihre Delegierten gewählt haben, werden wir jederzeit bereit sein, Ihren Forderungen zu entsprechen."

„Ihre Tagung findet, glaube ich, in zwei Tagen statt", sagte der Premierminister. „Wir waren auf zwei Wochen eingestellt, aber die Lage ist so, daß die Fakten jederzeit an die Öffentlichkeit dringen können, von welcher Seite auch immer. Unsere Auslandskontakte stellen dabei ein besonderes Risiko dar. Im Falle eines Falles müssen wir allesamt sofort eine öffentliche Erklärung abgeben. Meine Herren, ich verlasse mich völlig auf Ihren guten Willen . . ."

„Es sieht so aus, als ob die Finanz Europas Wind bekommen hätte", sagte der Leiter des Internationalen Währungsbüros im japanischen Finanzministerium. „Heute setzte bereits frühmorgens ein umfangreicher Verkauf japanischer Aktien ein. Wir stützen die Kurse durch Aufkäufe über Strohmänner, aber wenn diese Verkaufswelle anhält, muß sich das auf unsere Kaufkraft auswirken."

„Ich denke, wir sind am besten beraten, wenn wir die Dinge erst einmal laufen lassen", sagte der Präsident einer privaten Devisenbank. „Wenn es ein wenig abwärts geht, steigen kleine Investoren aus, und das wäre nicht das Schlechteste . . ."

„Wie hoch ist die Rücklaufquote zur Zeit?" fragte der Finanzminister.

„Bald werden es fünfzig Prozent sein."

„Vielleicht wäre es günstig, die Quote für eine gewisse Zeit bei fünfundfünfzig Prozent zu halten", murmelte der Minister. „Danach müssen wir sie dann sinken lassen, wie es eben kommt."

„Ich habe mich schon gefragt, ob irgend jemand bemerkt hat, daß wir unser Kapital anlegen", sagte der Präsident der Bank von Japan mit gedämpfter Stimme.

„Das ist schwer zu sagen", entgegnete der Leiter des Währungsbüros. „Wir gedenken, behutsam vorzugehen und den Markt nicht zu stimulieren, aber die Rate erhöht sich ständig."

„Wenn man berücksichtigt, wie die europäischen und amerikanischen Finanzkreise zu spekulieren pflegen, scheint diese Einlösung von Wertpapieren darauf hinzudeuten, daß wir töricht genug sind, uns ausnützen zu lassen", murmelte der Präsident der Devisenbank. „Wir sollten unser gutes Geld nicht faulem Geld nachwerfen. Ich denke, es ist jetzt an der Zeit, die Amerikaner und Europäer ein bißchen dafür bluten zu lassen."

„Nicht schlecht, wenn die Umstände etwas anders lägen, als sie liegen", sagte der Präsident der Bank von Japan. „Auch wenn ausgekochte Finanzleute uns für dumm halten, müssen wir das Unabwendbare im Auge behalten. Es geht darum, daß das japanische Volk sein Mutterland verliert und damit vom guten Willen der übrigen Welt abhängig wird. Wir können weder private Investoren noch große Kapitalgruppierungen darüber hinweg täuschen und ihnen den Verlust zuschieben. Wir können uns Feinde nicht leisten. Wir wollen uns aber auch nicht zu Bettlern degradieren. Vielmehr sollten wir uns fest an das halten, was uns gehört, und wir sollten die ganze Sache, so schwer es uns auch fallen mag, so durchstehen, daß keinem anderen Land daraus Schaden erwächst, wenn Japan versinkt. Wenn wir so verfahren, werden wir in nicht allzu ferner Zukunft große Vorteile daraus ziehen, so bitter die Pille auch ist, die wir jetzt schlucken müssen. In der Meiji-Zeit haben unsere Vorfahren mit leeren Händen angefangen und sich so verhalten, daß sie die Achtung der ganzen Welt gewonnen haben."

„Aber ich fürchte, die Frage ist doch, in welchem Maße eine derartige Lauterkeit bei den anderen Völkern der Erde Anerkennung findet", wandte der Leiter des Internationalen Währungsbüros ein.

„Sie wird Anerkennung finden", sagte der Präsident der Bank von Japan mit Nachdruck. „Und mehr als das: Über die Politik als solche hinaus kann eine internationale Industriegesellschaft ohne Treu und Glauben und ohne gegenseitiges Vertrauen der Beteiligten überhaupt nicht bestehen. Auf die Dauer zumindest."

„Jetzt . . . komm . . ." Reikos Flüstern drang an sein Ohr, und er erinnerte sich der Nacht in Hayama, die bereits einer fernen Vergangenheit anzugehören schien. Anstelle der Musik aus jenem Transistorgerät in ihrem Armreif, die ihn damals abgelenkt hatte, als sie beisammenlagen, erfüllte jetzt Tonbandmusik das kleine Zimmer im Flughafenhotel. Onodera schien es, als hätte Reikos bernsteinfarbene Haut den Geruch des Sandes, des noch von den sengenden Strahlen der Sonne erwärmten Sandes bewahrt. Am Tiefpunkt seines Rausches flammte die Begierde auf, und verzweifelt packte er sie, liebkoste rauh ihre Brüste, preßte seinen Mund auf den ihren und ließ sie nicht eher frei, als bis er ihr lange, leidenschaftliche Schreie entlockt hatte.

„Ich möchte dich heiraten", sagte Reiko, die heftig atmend, schweißnaß in seiner Umarmung lag. „Ich habe überall nach dir gesucht – danach. Ich wollte mit dir reden."

„Warum?" flüsterte er, und preßte seine Wange an ihre Brust, die im Gegensatz zu dem von der Sonne des letzten Sommers noch gebräunten übrigen Körper weiß war. „Warum mich? Du hast doch so viele nette Freunde. Warum mich, dem du nur einmal begegnet bist . . ."

„Und den ich in der Nacht, in der ich ihm begegnet bin, gleich am Strand verführt habe, nicht wahr?" Reiko lächelte. „Ich war betrunken, ja, aber trotzdem . . . Ich frage mich, warum. Warum dieser Mann, der gerade erst angekommen war? Und warum spürte ich plötzlich, daß ich dich begehrte? Die Leute, die an jenem Abend zu Gast waren – ich kannte die meisten von ihnen schon sehr lange, aber niemals hatte ich einem von ihnen erlaubt, mit mir zu schlafen."

„Gut – du warst also betrunken", sagte Onodera lächelnd.

Reiko drückte ihm die Fingernägel in den Rücken. „Es war mir nachher sehr peinlich, weißt du. Ich dachte, du würdest mich für so etwas wie eine Nymphomanin halten, für eine, die mit jedem ins Bett geht. Aber dann habe ich etwas begriffen: Gerade weil ich mit dir geschlafen hatte, wußte ich, daß du nicht zu den Männern gehören konntest, die so über mich denken."

Aber warum, warum hatte sie gerade ihn gewählt? Onodera blieb hartnäckig.

„Ich weiß es nicht, aber ... in jener Nacht ... Wie war es denn?"

Sie hätte das Gefühl gehabt, aufs Meer schauen zu wollen, flüsterte Reiko. Sie war eine leidenschaftliche Sporttaucherin. Wenn sie kopfüber ganz allein hinabsank, hinab in die dämmerige Tiefe, die sich über ihr, unter ihr und nach allen Seiten hin ausbreitete, genoß sie das Gefühl der Abgeschlossenheit, das sie von dem Augenblick an ausfüllte, in dem das kühle Wasser sie umfing.

„Ich fühle mich dann allein, fühle mich so einsam, daß ich weinen möchte, aber ich empfinde auch Glück dabei. Ich komme mir vor wie das Teilchen einer Sternschnuppe, das durch den leeren Raum stürzt, aber ich bin dabei glücklich. Das kalte Wasser umarmt mich. Und obwohl ich ganz allein bin mit dem blauschwarzen Wasser, dem wogenden Seegras, den Silberwolken von Fischen ... ist mir, als gehörte ich zu all dem dazu. Und dann ergreift mich ein Gefühl von Verlorenheit, Einsamkeit und Glück, das mich zum Weinen bringt ... Warte! Jetzt weiß ich's. Es war dasselbe Gefühl, weißt du – als du mich zum erstenmal in den Armen hieltest. Warum – das weiß ich nicht, aber das Gefühl war eben dasselbe. Obwohl ich damals noch nicht wußte, daß du ein Tiefsee-Tauchboot steuerst, habe ich das Meer tief drinnen in dir gespürt. Das ist es! Es war, als hätte das riesige, grenzenlose Meer, das mich immer in den Armen gehalten hat, die Tränen hinter meiner Atemmaske gesehen und die Gestalt eines jungen Mannes angenommen und mich in die Arme geschlossen."

Reiko nahm seinen Kopf in beide Hände, hob ihn ein wenig und schaute Onodera tief in die Augen. Ihr Gesichtsausdruck glich dem eines kleinen Mädchens.

„Wirst du mich heiraten?"

Statt jeder Antwort packte Onodera sie mit rauher Gewalt, saugte sich an ihren Lippen fest und drang kraftvoll in ihren noch immer erregten Körper ein. Es war, als ob er in das warme Gewässer eines tropischen Meeres hinabtauchte, immer tiefer hinab stoßend, sich windend, den Atem anhaltend, bis es nicht mehr ging. Dann, als die Lungen fast zu bersten drohten, griff er in der Tintenschwärze des Meeresbodens nach den Sternen, die in der Tiefe golden, blutrot und blau aufblitzten. Und diese Sterne zerbarsten in strahlende Stücke und breiteten sich über den ganzen Himmel aus. Stumm, die Augen geschlossen, heftig atmend auf Reikos heißem, schweißbedecktem Körper, tauchte Onodera schließlich auf aus der Tiefe und empfand die Beglückung, regungslos auf den Wellen zu treiben. Den Kopf gesenkt, allmählich flacher atmend, genoß er den Frieden, den Reikos Körper ihm geschenkt hatte.

Ihm fiel ein, daß er seit mehr als einem Jahr keine Frau gehabt hatte. Reiko war die letzte gewesen. Seit damals, seit eineinhalb Jahren war er Tag für Tag in die Stahlkugel eingeschlossen gewesen, hatte Instrumente bedient, ständig den Standort gewechselt, hatte dem Wind und den Wellen getrotzt und immer nur mit Männern gearbeitet, deren Augen von Müdigkeit und Angst glänzend und starr waren.

„Du bist müde?" fragte Reiko plötzlich. Ihre schönen Lippen teilten sich, und mit ihrer warmen Zunge leckte sie eine Träne ab, die ihm unbemerkt die Wange hinabgerollt war. Als er sie von neuem in die Arme nahm, diesmal sanft und in liebevoller Zärtlichkeit, sagte er sich:

Ich muß mich ausruhen. Ich muß mich bei dieser Frau ausruhen. Was ich für Müdigkeit gehalten habe, war mein Kummer angesichts der unvorstellbaren Katastrophe, daß Japan versinkt . . . war meine Angst, meine Verzweiflung.

Nur wenige Tage nach dem Beschluß der Regierung, innerhalb von zwei Wochen eine öffentliche Erklärung abzugeben, verbreitete sich ein besorgniserregendes Gerücht im ganzen Land. Ein schreckliches Erdbeben und Vulkanausbrüche von noch größerer, zerstörerischer Gewalt als die bisherigen, würden sich in Japan ereignen. Diesmal würde Tokio dem Erdboden gleich werden, die Küstengebiete Chibas und der Sagami-Bucht würden auf den Meeresgrund sinken. Es bliebe nichts anderes übrig, als vorübergehend ins Ausland zu fliehen. Obwohl die Zeitungen noch kein Wort darüber hatten verlauten lassen, verbreitete sich das Gerücht schnell. Mit angstvollen Gesichtern flüsterten es sich die Menschen in den Büros, zu Hause und auf der Straße zu. Alle Luftlinien wurden von Ticketbestellungen für ganze Familien blockiert. Die Flugzeuge aller internationalen Linien, die Japan anflogen, starteten Tag für Tag, von Reisenden überfüllt, und obwohl Sonderflüge eingeschoben wurden, häuften sich die Vorbestellungen für drei Monate im voraus. Die Passagierlisten der Schiffahrtslinien waren jetzt ebenfalls restlos ausgebucht.

Infolge der Gerüchte wurde die Regierung von allen Seiten mit Fragen bestürmt. Die Gesichter der Zeitungsleute veränderten sich in diesen Tagen, sie alle hatten blutunterlaufene Augen. In den Pressebüros aller Ministerien hallte es wider von zornigen telefonierenden Stimmen. Obwohl die Sondersitzung erst in einigen Tagen stattfinden sollte, hielten Parlamentsabgeordnete gut besuchte Versammlungen ab, belästigten Ministerialbeamte mit Fragen und forderten, daß man ihnen mitteilte, was denn eigentlich los sei. In der Öffentlichkeit, besonders in Tokio, nahm die Flut wilder Gerüchte zu. Büroangestellte ließen ihre Schreibtischarbeit unberührt und standen gruppenweise in den Ecken ihrer Büros beisammen, als brauchten sie den Kontakt miteinander ... *Ich frage mich, was geschehen wird. Was sollen wir denn anfangen? Wird die Regierung etwas für uns tun, oder wird sie es nicht?*

Taxifahrer begrüßten ihre Fahrgäste mit den Worten: „Glauben Sie, daß es stimmt – daß Tokio versinken wird?“ In Buchhandlungen war alles vergriffen, was mit Erdbeben und Geologie zu tun hatte. Jedermann war davon überzeugt, daß etwas Ungeheures unmittelbar bevorstehe.

Am 11. März gab eine Gruppe amerikanischer Geodäten eine Erklärung ab. Sie traf die ganze Welt wie ein elektrischer Schlag. Auf dem Kontinentalschelf Ostasien finde eine massive Verschiebung der Erdkruste statt, in deren Mittelpunkt sich der japanische Archipel befinde. Diese Verlautbarung erfolgte drei Tage vor der von der Regierung beabsichtigten Erklärung.

Die amerikanische Meldung wurde gegen zwei Uhr nachmittags östlicher Normalzeit durchgegeben. Sie hatte die Form eines eiligen Meinungsaustausches zwischen Dr. Eugene Cox, dem Leiter der geodätischen Gruppe, und dem Direktor einer Satellitenforschungsgruppe. Die Ausdrucksweise in diesem Gespräch war durchaus zurückhaltend, aber sie bekam durch die Informationen Gewicht, die in den vergangenen Monaten von Satelliten und Vermessungsschiffen gesammelt worden waren und die auf eine Veränderung der Erdkruste in einem bisher nicht dagewesenen, ungeheuren Ausmaß hindeuteten. Und diese Veränderung sollte sich spätestens innerhalb eines Jahres vollziehen. Als einer der Reporter fragte, ob das in Frage stehende Katastrophengebiet denn tatsächlich ganz Japan umfasse, war die Antwort von Dr. Cox unmißverständlich. Der japanische Archipel liege im Brennpunkt der Katastrophe.

Nach Einzelheiten befragt, wich Dr. Cox einer klaren Antwort aus, er sagte nur: „Es ist eine Sache, die an die Legende von Atlantis erinnert." Das reichte aus, um die Reporter in Bewegung zu setzen. Drei Stunden nach der amerikanischen Verlautbarung schickte AFP, Paris, vorrangig und unter dem Hinweis auf eine „zuverlässige Quelle" die sensationelle Schlagzeile hinaus: *Japans Untergang steht unmittelbar bevor.*

In Japan hatten eineinviertel Stunden vor Beginn der Parlamentssitzung bereits sämtliche Abgeordneten ihre Plätze eingenommen. Um dreizehn Uhr erklärte der Parlamentspräsident die Sitzung für eröffnet, und der Premierminister trat mit ernster Miene an das Rednerpult. Blitzlichter flammten auf, Fernsehkameras richteten sich auf ihn. Er nahm das Manuskript seiner Rede in die Hand, hüstelte und begann mit gedämpfter Stimme vorzulesen.

„Meine Damen und Herren Abgeordneten. Als der Mann, der für unsere Nation die Hauptverantwortung trägt, habe ich die Pflicht, Sie davon in Kenntnis zu setzen, daß Japan einer nie dagewesenen Gefahr gegenübersteht, einem Ereignis, das man mit Fug und Recht als eine nationale Katastrophe bezeichnen kann."

Zur gleichen Zeit, als der Premierminister seine Rede begann, erschien Onodera mit einem Handkoffer in der Tür des Zimmers D-1 im Leitzentrum von Plan D.

Obwohl um diese Zeit die Nachmittagsarbeit in vollem Gange war, hatten sich die meisten Männer im Sitzungszimmer versammelt, um dem Premierminister am Fernsehschirm zuzuhören. Das Büro neben dem Sichtgerätezimmer war fast leer. In einer Ecke standen Yukinaga und Nakata mit erschöpfter Miene, rauchten und hörten die Rede aus dem Kofferradio.

Yukinaga hob die Hand, als er Onodera erblickte. „Sie fliegen heute?"

„Ja. Um fünfzehn Uhr dreißig. Von Narita." Onodera lächelte verzerrt, aber seine Miene war traurig und unruhig. Seine Arbeit war zwar abgeschlossen. Er hatte seine Aufgabe erfüllt, und doch ...

„Gut, daß Sie es tun. Nach dieser Rede wird es schwierig sein, sowohl an Tickets wie an ausländische Währungen heranzukommen."

„Jetzt sagt er es." Onodera wies mit einer Kopfbewegung auf das Radiogerät.

„Wie einige von Ihnen den Auslandsnachrichten von heute morgen entnommen haben", vernahm man die Stimme des Premierministers, „wird sich in naher Zukunft eine ungeheure Veränderung der Erdkruste vollziehen, eine Veränderung, deren Mittelpunkt der japanische Archipel bildet. Japanische Wissenschaftler und von der Regierung eingesetzte Forschungsgruppen haben mich davon unterrichtet, daß dies einem unausweichlichen, vernichtenden Schlag für unser Heimatland gleichkommen wird ..."

„Ich nehme an, es ist das erstemal, daß der Premierminister Japans von den Rundfunk- und Fernsehteilnehmern der ganzen Welt gesehen und gehört wird", sagte Nakata ironisch und lachte lautlos.

„... die verschiedenen Aspekte dieser Veränderung und der Zeitpunkt ihres Eintretens wurden erst vor kurzem deutlich. Nach den Vorhersagen unserer Forschungsgruppen wird sich die Veränderung innerhalb eines Jahres vollziehen. Sie wird nicht nur unübersehbare Zerstörungen in allen Landesteilen mit sich bringen, es steht vielmehr fest, daß Japan nahezu vollständig im Ozean versinken wird . . .“

Ein Telefon läutete. Nakata nahm den Hörer ab und hängte nach kurzem Wortwechsel wieder auf.

„Der Fuji-san zeigt immer deutlichere Symptome eines Ausbruchs. Aus drei oder vier Stellen im Hoei-Krater steigt Rauch auf. In Hakone, genauer gesagt: in Kamiyama und im Owaku-Tal, hat es Rauchentwicklungen und kleinere Explosionen gegeben.“

„Der Fuji-san?“ murmelte Onodera. Der Schatten einer bösen Vorahnung zog über sein Gesicht.

„Gestern begann in diesem Gebiet die Evakuierung. Der Boden hat sich in Tanzawa etwa um drei Zentimeter und nördlich von Ashitakayama um fünf Zentimeter pro Tag gehoben.“

„Also dann. Auf Wiedersehn, meine Herren“, sagte Onodera. „Ich hoffe, wir sehen uns irgendwo in dieser Welt wieder.“

In diesem Augenblick begannen die Gläser und die Tintenfässer auf den Schreibtischen zu klappern. Ein Bleistift rollte davon und fiel zu Boden, es gab einen leisen Knacks, als die Mine darin zerbrach.

„Es geht los“, flüsterte Nakata und drehte sich zu dem Fenster in seinem Rücken um.

„Es sieht ganz so aus.“ Yukinaga erhob sich und stellte sich neben ihn.

Das Fenster lag nicht genau in der Richtung zum Fuji-san, aber eine riesige, graue, pilzförmige Wolke erhob sich schnell und breitete sich über den klaren hellblauen Märzhimmel aus. Die Scheiben erzitterten unter Stoßwellen.

„Das wird ein starkes Beben“, sagte Nakata.

„Wollen wir einen Blick vom Dach wagen?"

Wieder klingelte das Telefon. Diesmal ging Yukinaga an den Apparat. Er mußte schreien. Offensichtlich war die Verbindung schlecht. Sein Gesichtsausdruck veränderte sich plötzlich, als habe er jetzt erst begriffen, wer am Apparat war; er hielt Onodera den Hörer hin.

„Es ist für Sie – eine Frau."

Onodera griff hastig nach dem Hörer.

„Hallo . . ." Laute Störgeräusche dröhnten ihm ins Ohr. „Hallo . . .", rief jemand am anderen Ende der Leitung. Die ferne Stimme gehörte Reiko.

„Wo bist du?" rief Onodera in den Hörer und hielt sich das freie Ohr zu.

„. . . irgendwo . . . Nähe der Manazuru-Fernstraße . . . Der Verkehr ist blockiert."

„Manazuru-Fernstraße?" Onoderas Stimme wurde vor Aufregung noch lauter. „Was machst du denn dort? Wir müssen vor fünfzehn Uhr dreißig in Narita sein!"

„Gestern . . . unerwartet ergeben . . . Halbinsel Izu . . ." Die Störungen und das Geschrei im Hintergrund wurden so laut, daß Onodera nur wenig von dem verstand, was Reiko sagte. „. . . mit dem Zug, aber . . . heute früh . . . bin mit dem Auto losgefahren, aber . . ."

Schweiß lief ihm den Körper hinab. „Ich kann dich nicht verstehen!"

„Ich bin nur bis hierher gekommen . . . Ausbruch. Steine . . . Straße blockiert . . ." Ein donnerndes Dröhnen im Hintergrund, dann das Geräusch hart auftreffender Gegenstände, wie kräftiger Hagelschlag auf einem Dach. Onodera hörte die langgezogenen Schreie von Frauen und das Kreischen von Kindern. Er hörte Holz bersten und Glas zersplittern.

„Heiße Asche fällt herab. Alles ist weiß draußen. Glühende Steine fliegen durch die Luft . . ." Plötzlich war Reikos Stimme völlig klar. „Toshio – wir wollten gemeinsam gehen. Geh du voran in die Schweiz. Geh voraus! Ich werde dich wiedersehen, was auch geschieht."

„Reiko, nein ..." Onodera schrie in den Hörer, den er mit schweißnasser Hand umklammert hielt. „Rede nicht so dummes Zeug."

Ein gewaltiges Krachen traf sein Ohr. Er hörte Schreie, das Getöse der stöhnenden Erde, einen Fall. Reikos Stimme klang schrill vor Verzweiflung, aber er konnte nur noch ein einziges Wort verstehen: „... Genf ..."

Dann folgte ein fürchterlicher Knall, und die Leitung war tot: ein schwaches Summen noch, nichts weiter.

Onodera stand wie gelähmt. Alles Blut schien aus seinem Körper gewichen zu sein. Schweißüberströmt wandte er sich zum Fenster um, starrte mit weit aufgerissenen, irren Augen hinaus und spürte, wie Tränen sein Gesicht näßten.

„Was ist geschehen?" fragte Nakata. „Onodera! Wo gehen Sie hin?"

Onoderas schlanke Gestalt war jedoch bereits durch die Tür verschwunden.

„... Unter diesen Umständen möchte ich deshalb die ganze Nation aufrufen, Ruhe zu bewahren." Noch immer tönte die Stimme des Premierministers aus dem Rundfunkgerät. Er appellierte jetzt an das japanische Volk. „Ich bitte Sie alle um Ihre Mitarbeit bei der Aufrechterhaltung von Ruhe und Ordnung. Welchen Verlauf die Ereignisse auch nehmen werden, diese Regierung, diese gesetzgebende Körperschaft wird sich voll und ganz der Aufgabe widmen, angesichts der bevorstehenden Zerstörung Japans das Leben jedes einzelnen Japaners zu retten ..."

Einige Minuten nach dem Beginn des Ausbruchs war nun die erste Schallwelle da, die etwa fünfzig Meilen zurückgelegt hatte. Es war, als wenn ein Donnerschlag den Himmel sprengen wollte. Wieder erzitterte der Raum. Yukinaga stand noch immer in der Tür und schaute zum großen Fenster hinüber. Über dem westlichen Horizont lag eine Rauchwolke.

Der große Ausbruch des Fuji-san begann am 12. März um 13.21 Uhr, gerade als der Premierminister zum Volk sprach. Der Ausbruch begann mit einer Explosion an der Südostseite des Berges, etwa 1000 Meter unterhalb des Gipfels. Dann bildeten sich nacheinander auf dem darunterliegenden Abhang etwa zwanzig Krater unterschiedlicher Größe, die Gas und glühendes Gestein auswarfen. Beinahe zur selben Zeit brachen mehrere Gipfel südöstlich davon aus. Glühende Asche und Felsbrocken gingen auf das umliegende Gebiet nieder und blockierten die Autobahn Tokio – Nagoya, die Tokaido-Straße und die Superexpreß-Strecke.

Die erste Eruption dauerte etwa zwei Stunden. Dann, nach einer kurzen Ruhepause, erfolgte gegen 15.45 Uhr eine neuerliche ungeheure Explosion, die den Gipfel des Berges wegsprengte. Zur selben Zeit öffnete sich ein riesiger Krater am Nordhang, eine Lavaflut ergoß sich zum erstenmal seit 900 Jahren den Hang hinab und verwandelte die Wälder in ein Flammenmeer. Die Lava verschlang ein ganzes Dorf mit einer Gruppe von Ferienhotels, floß in den Sai-See und den Motosu-See am Fuße des Fuji-san. Diese gewaltigen Eruptionen, die jedoch nicht mehr als ein Vorspiel waren, zogen sich fast sechs Stunden lang hin, dann trat für etwa vier Stunden Beruhigung ein. Während all dieser Zeit fiel schwerer, schlammiger Regen, untermischt mit vulkanischer Asche. Schließlich, am 14. März, um 1.25 Uhr, setzte in dem Gebiet das weiter südwestlich lag, ein Beben ein. Drei Minuten später schleuderte eine mächtige Eruption die ganze obere Hälfte des Fuji-san in die Luft und riß den Berg in nordwestlich-südöstlicher Richtung auseinander. Mehr als 20 000 Jahre lang gestaute Energie, gefangen in einem Vulkan, von dem niemand annahm, daß er jemals wieder ausbrechen würde, zerriß den Fuji-san, und der Stein- und Aschenregen, die Lavaströme, die Stoßwellen töteten mehr als 10 000 Menschen. Der Fuji-san wurde um nahezu 700 Meter niedriger, und das gesamte Gebiet ringsum sank etwa einen Meter tiefer. Der wunderschöne kegelförmige Berg, seit den Zeiten der Munyoshu-Dichtungen als Symbol Japans gefeiert, hatte sich in einen zernarbten Krater verwandelt, in einen Höllenkessel von mehreren Meilen Durchmesser – in einen Kessel, der so weit aufgerissen war, daß es nicht einer, sondern zwei Berge zu sein schienen. Die vulkanische Asche, die vom Himmel fiel, erreichte in der Gegend von Odaware eine Höhe von fast zwei Metern, in Kofu einen Meter und selbst in Tokio an manchen Stellen zehn bis zwanzig Zentimeter. Eine dünne Schicht bedeckte die Rollbahnen des Flughafens von Narita, der fast dreißig Meilen entfernt war.

Am 22. März erreichte den Politischen Ausschuß eine Nachricht der Plan-D-Regionalgruppe in Mitteljapan, derzufolge Ostjapan und Westjapan, durch die *Fossa Magna* getrennt, sich mit beträchtlicher Geschwindigkeit voneinander zu entfernen begannen. Gegenwärtig lag diese Geschwindigkeit bei mehreren Millimetern täglich, aber sie vergrößerte sich ständig. Um die Mitte des Monats April, so hieß es in dem Bericht, würde sie wahrscheinlich bei mehreren Zentimetern täglich liegen.

Der japanische Archipel würde innerhalb eines Jahres sinken. Diese Erklärung der Regierung versetzte die Welt in Schrecken. In Japan reagierte man merkwürdig gefaßt, genauer gesagt: die Nachricht hatte fast alle Japaner in ein kraftloses, unheilvolles Schweigen versetzt. Nur einige wenige rannten schreiend auf die Straße. Die Gesichter der Menschen, die der Rede des Premierministers gelauscht hatten, wurden hart und leer, und als die Sendung beendet war, bestand die einzige Gefühlsäußerung der meisten in einem schwachen Seufzer. Vielleicht war die Nachricht so unbegreiflich, daß das Volk im Augenblick überhaupt keiner Reaktion fähig war. In Fabriken und Büros starrten die Mitarbeiter immer noch auf den Bildschirm und hörten wie hypnotisiert den nachfolgenden Kommentaren und Erläuterungen zu. Nicht wenige allerdings stahlen sich still davon. Und eine Minute, nachdem der Premierminister seine Rede beendet hatte, läuteten in ganze Japan die Telefone: *Hast du ferngesehen? ... Hast du die Rede gehört? ... Japan versinkt – hältst du das für möglich? ... Hallo, ich bins. Hast du es schon gehört? ... Ja, ich komm sofort nach Hause ... Hol die Kinder aus der Schule ...*

Merkwürdig war auch, daß es in den Fabriken und in den Büros keine Diskussionen gab. Die Menschen wichen einander aus. Während die einen zum Telefon eilten, saßen die anderen da, dachten nach, starrten beklommen ins Leere und trommelten mit den Fingern auf die Schreibtische.

Die Menschen gingen schnell, getrieben von der Angst, daß ihnen glühende Asche oder Gesteinsbrocken auf den Kopf fallen könnten, Taxis rasten im Wahnsinnstempo vorüber, als wollten sie niemanden mitnehmen. Die Fahrer hörten Radio – und dabei wurden sie aus Menschen, die umsichtig ihrem Beruf nachgingen, zu angsterfüllten Wesen, die nur noch den einen Gedanken hatten, so schnell wie möglich nach Hause, zu ihren Familien zu kommen.

Nach Hause! Es war, als vereinten sich alle Menschen

in der großen Stadt zu diesem Aufschrei, während sie durch den graubraunen Ascheregen eilten. Nach Hause – und was dann? Was konnte man tun? Obwohl dieser Gedanke sich unklar in jedem einzelnen regte, wollte ihm keiner ins Auge sehen. Erst einmal zurück zur Familie, dann konnte man überlegen, was zu tun war.

Der japanische Archipel wand sich in krampfhaften Zuckungen. In allen Landesteilen, von Hokkaido bis Kyushu, wurden Erdbeben der Stärke vier registriert. Der Aso-zan im Süden und der Tokachi-dake im Norden brachen fast gleichzeitig aus. Der Tunnel, der Nord-Honshu mit Hokkaido verband, war bereits einen Monat zuvor durch Wassereinbrüche unbenützbar geworden, und jetzt, Anfang April, wurden die Eisenbahn- und Autotunnel zwischen Kyushu und Honshu von den Nachwirkungen eines Erdbebens der Stärke sieben, das Westjapan erschüttert hatte, zerstört. Die Brücke über die Meerenge von Shimonoseki war nach dem Beben so verformt, daß sie nur noch von leichten Fahrzeugen benutzt werden durfte. Weitere Eruptionen folgten in Kyushu, und die pazifischen Küstengebiete der Insel begannen mit der erschreckenden Geschwindigkeit von etwa 30 Zentimeter pro Tag zu sinken. Auch im westlichen Honshu ereigneten sich weitere Eruptionen.

Trotz dieser Ereignisse blieb die Bevölkerung ruhig und wartete gehorsam ab, was die Regierung anordnen würde, aber der Bekanntgabe des allgemeinen Evakuierungsplanes waren noch keinerlei detaillierte Bestimmungen gefolgt. So vergingen die Tage, und die Leute, die in der Nähe internationaler Flughäfen wohnten, fanden sich zusammen, um den eiligen Abflügen der großen Düsenmaschinen zuzusehen, die bevorzugte Personen ausflogen. Obwohl die Gesichter der Menschen ausdruckslos blieben, spiegelte sich in ihren Augen in wachsendem Maße Angst und Mißtrauen. *Wer sind diese Menschen,* so fragten sie sich, *von denen jetzt die Flugzeuge überfüllt sind, obgleich doch die Regierung alles leitet? Die Reichen? Die Familien der Staatsbeamten? Parteibonzen? Und was ist mit uns? Sollen wir die letzten sein und zurückbleiben, wenn es zu gefährlich wird?* Noch gaben die Leute ihrer Unzufriedenheit nicht lauten Ausdruck, aber der Unmut wurde mit jedem Düsenflugzeug, das sich in die Luft erhob, größer.

Immerhin hatten die Leute noch ihren Glauben an Japan, ihren Glauben an die Regierung, ja, sie bemühten sich sogar, diesen Glauben noch zu stärken. Die Regierung würde etwas unternehmen. Die Regierung würde sie nicht einfach aufgeben. Politiker und Beamte waren trotz allem Japaner wie sie selbst – mit einem in der Geschichte wurzelnden Gefühl der Gemeinsamkeit, das in jedem von ihnen lebte. *Der Kaiser hatte nur ein Wort gesprochen – und der Krieg war zu Ende gewesen.* Und in der gegenwärtigen Krise wartete das Volk ergeben, was die Regierung verkünden würde, es räumte ihr allen Kredit ein. Es war das die Grundhaltung des Japaners, so kritisch, entrüstet oder tadelnd er gelegentlich seinem Land auch gegenüber stehen mochte.

Jetzt aber wurde diese Haltung einer harten Prüfung unterzogen. Die Möglichkeit einer Panik war nicht mehr auszuschließen. Die Menschen begannen, sich angstvoll umzusehen, als suchten sie einen Ausweg. Anfangs wich man einem solchen Blick noch aus, aber nach einer Weile suchte der eine den Blick des anderen, als wollten sie das Gefühl, in einer Falle zu stecken, gemeinsam tragen. Und alle schauten mit düsterem, bleichem Gesicht zu, wie kleinere Erdbeben einander ablösten, wie vulkanische Asche ohne Unterlaß vom Himmel fiel.

„Aus China ist Antwort gekommen", teilte Kunieda in der Zentrale des Evakuierungskommitees Nakata mit. „Die Chinesen möchten, daß die Sache vertraulich behandelt wird, sind aber bereit, sofort zwei Millionen und später noch sieben Millionen Menschen aufzunehmen. Nach entsprechenden Verhandlungen vielleicht sogar noch mehr."

„Das ist ja unglaublich", sagte Nakata. „Unabhängig von der Größe Chinas, ist doch das Pro-Kopf-Einkommen dort viel zu niedrig. Wie steht es mit der Versorgung mit Nahrungsmitteln?"

„Nun ja, sie wollen vor allem Bauern haben . . . aber auch Facharbeiter."

Die Vereinten Nationen hatten eine Kommission eingesetzt, welche die Hilfsmaßnahmen für Japan koordinieren sollte. Zu diesen Maßnahmen gehörte auch die Ausarbeitung eines Plans zur Aufteilung der Flüchtlinge, für deren Abtransport die Flotten aller Länder der Erde eingesetzt werden sollten.

Verhandlungsthema der ersten Kommissionssitzung, die unter Ausschluß der Öffentlichkeit stattfand, war das schwierige Problem der Ansiedlung. Der kanadische Vertreter schlug vor, sie entsprechend dem Anteil des jeweiligen Landes an der Weltbevölkerung durchzuführen. Der Delegierte eines der kleineren Länder erhob Einspruch. Diese Verfahrensweise sei viel zu mechanistisch. Er bestand darauf, daß eine Vielzahl anderer Faktoren berücksichtigt werde, wie die Wirtschaft, die politische Situation und der Entwicklungsstand des jeweiligen Landes.

„Das wäre zweifellos das beste", sagte der Vorsitzende, „aber es liegt wohl auf der Hand, daß dafür keine Zeit mehr bleibt. Japan führt bereits seit längerer Zeit bilaterale Verhandlungen, und trotzdem ist bis jetzt die Umsiedlung von drei Viertel der Bevölkerung nicht gesichert. Womit wir uns hier befassen müssen, meine Herren, ist Soforthilfe, das heißt: einstweilige Zuflucht, nicht endgültige Unterbringung. Wenn die Flüchtlinge erst einmal in Sicherheit sind, bleibt Zeit genug für detaillierte Verhandlungen."

„Es ist gut und schön, über Unterbringung auf Zeit zu reden", wandte der jordanische Delegierte ein, „aber das kann lange dauern und kann sich in beträchtlichem Maße auf das Gastland auswirken. Schmutzige Flüchtlingslager, Epidemien, Streitigkeiten, Zusammenstöße mit den Behörden – die verschiedensten Unannehmlichkeiten können entstehen."

An dieser Stelle hob ein Admiral der Vereinigten Staaten als Sonderdelegierter die Hand. „Wenn hier ein Einwurf gestattet ist. . . Nach dem Krieg hatte ich mit der Repatriierung der Japaner aus China zu tun. Und ich war sehr beeindruckt davon, wie ruhig und ordentlich sie sich unter den gegebenen Umständen verhielten. Es gab nicht die geringsten Schwierigkeiten."

„Natürlich", warf der sowjetische Delegierte ein, „sind die Japaner in Gruppen sehr gehorsam, und leicht zu führen – solange sie nicht bewaffnet sind."

„Alle, die ich aus der Zeit der Besatzung kenne", fuhr der Admiral unbewegt fort, „haben meinen positiven Eindruck bestätigt."

„Wir alle wissen aber nur zu gut aus dem Zweiten Weltkrieg, daß die Japaner nicht immer so friedlich sind", sagte der Vertreter Indonesiens. „Was soll denn eigentlich aus den japanischen Streitkräften werden, wenn sie evakuiert sind?"

„Ein Vorschlag geht dahin, sie als UN-Spezialtruppe einzusetzen. Zur Zeit haben sie die Aufgabe, während der Evakuierung für Ordnung zu sorgen", antwortete der griechische Leiter der Evakuierung.

„Wie dem auch sei, meine Herren", sagte der Vorsitzende, „wir haben jetzt keinen Anlaß, Japan zu fürchten. Unsere Aufgabe besteht vielmehr darin, das japanische Volk zu retten. Ich bitte Sie, den Ernst der Situation zu begreifen und böse Erinnerungen beiseitezuschieben. Die Tragödie, die in nächster Zeit über Japan hereinbrechen wird, ist einzigartig in der Geschichte der Menschheit. Was jetzt auf dem Spiel steht, ist nicht allein Japan, es ist unser aller Menschlichkeit." Der Idealismus dieser Worte war charakteristisch für den Vorsitzenden, der aus Tansania stammte. „Bitte, betrachten Sie das alles nicht so, meine Herren, als beträfe es nur ein Land im Fernen Osten allein. Es geht uns alle an, es verlangt von uns ein Höchstmaß an Humanität und Moral."

Dem Vorsitzenden wurde eine Nachricht zugeschoben. Er überflog sie kurz und reichte sie seinem Nachbarn weiter.

„Ich habe eine Mitteilung zu machen", sagte der Vorsitzende. „Die Mongolische Volksrepublik informiert uns, daß sie 500000 japanische Flüchtlinge sofort aufnehmen will, und später noch mehr."

Es gab gedämpften Beifall.

Der Russe lächelte schwach. „Dabei zahlen sie bestimmt nicht drauf, wenn sie ausgebildete Japaner bekommen. Bei all dem Land und der geringen Bevölkerungszahl!"

Während die Sonderkommission der Vereinigten Nationen diese Diskussionen führte, lief die politische Aktivität hinter den Kulissen auf Hochtouren. In Washington, Moskau, London, Paris und Peking war der heiße Draht ständig in Aktion, und die Leitungen schwirrten von den verschiedensten Sprachen, die simultan übersetzt wurden. Diplomaten der zweiten Garnitur, die herumreisen konnten, ohne allzu großes

Aufsehen zu erregen, waren ständig unterwegs zu Konferenzen in allen Teilen der Welt. Der Gegenstand dieser Verhandlungen entging der Aufmerksamkeit der Journalisten nicht: Wie würde das Verschwinden Japans den Fernen Osten beeinflussen und damit selbstverständlich die ganze Welt? Von höchster Bedeutung war die Auswirkung auf das militärische Gleichgewicht. Historisch gesehen, war Japan, militärisch ebenso wie ökonomisch, im Fernen Osten von gewaltigem Einfluß. Was würde geschehen, wenn es einmal nicht mehr vorhanden war? Über all das wollten sich die Diplomaten Gewißheit verschaffen, indem sie sich eiligst nach neuen Möglichkeiten umschauten und herauszufinden suchten, was in den Köpfen ihrer Gegenspieler vorging.

Die japanische Regierung, das Verteidigungsministerium und das Leitzentrum des Plans D wurden von Anfragen überschwemmt. In der Zentrale des Plans D, wo auf Grund der überwältigenden Arbeitsfülle ein Chaos herrschte, kamen Forschungsberichte abhanden. Leitende Mitarbeiter wurden gebeten, sich mit wichtigen Ausländern zu treffen. Ausländische Journalisten trieben sich in der Zentrale herum. Zwei Mitarbeiter verschwanden ganz einfach, mit ihnen wichtige Papiere.

„Für uns geht es hier um Leben und Tod, aber diese Ausländer scheren sich einen Dreck darum", rief Yukinage müde und enttäuscht, als Kataoka ihm die Nachricht brachte, daß die beiden verschwundenen Männer schließlich in Übersee aufgetaucht waren. „Wie konnten die beiden nur so etwas tun? Ihre Arbeit war für uns doch wichtig."

„Es hat keinen Zweck, sich darüber aufzuregen", sagte Nakata. „Außerdem gibt es nichts von Bedeutung, was wir der Internationalen Geophysikergesellschaft nicht schon längst mitgeteilt hätten. Die Leute interessieren sich vor allem für die Auswirkung auf angrenzende

Gebiete, und damit haben wir uns bisher aus Zeitgründen nur wenig befaßt. Wenn die beiden das für andere Staaten untersuchen wollen, sollen sie es tun – gut, daß wir sie los sind."

Während die Erdbeben und Vulkanausbrüche weitergingen, die pazifischen Küstengebiete sich senkten und das seitliche Abgleiten des Archipels offensichtlich wurde, ließ die Aktivität des japanischen Volkes allmählich nach. Die Menschen bekamen tägliche Nahrungsrationen zugeteilt, und die Angst steigerte sich zu einem gefährlichen Ausmaß. Das Volk wartete darauf, daß die örtlichen Verwaltungen endlich den Sammelplatz und die Evakuierungsbefehle bekanntgaben.

Und all die Zeit über ging in den internationalen politischen Kreisen ein unauffälliger Machtkampf vor sich. Der amerikanische Präsident kündigte an, daß Teile der Atlantischen Flotte und die gesamte Pazifikflotte Japans Evakuierung unterstützen würden, aber es wurde auch angedeutet, daß die Amerikaner neben humanitären Motiven daran interessiert seien, sowjetischen Maßnahmen im Fernen Osten zu begegnen. Wenn Japan nicht mehr existierte, gab es in Südostasien kein starkes antikommunistisches Land mehr, das Südkorea stützen konnte. Und mit Japan würden selbstverständlich auch die amerikanischen Flottenstützpunkte von Sasebo und Yokosuka verschwinden. Außerdem würden die Beziehungen Japans zu Südkorea durch die Ankunft vieler japanischer Flüchtlinge belastet werden, die mit jeder Art von Fahrzeug, die sich ihnen bot, über die Meerenge kommen würden. Südkorea, bereits besorgt über den Schaden, den die kommende Katastrophe anrichten würde, behandelte diese Flüchtlinge jetzt schon unfreundlich und drohte, in Hinkunft jedes abgefangene Boot zu versenken. Rückwirkungen des „japanischen Problems" wanderten um die ganze Welt und reichten bis Südafrika.

Bei den Vereinten Nationen tagte die Sonderkommission acht Stunden täglich.

„Es sieht aus, als ob es langsam unangenehm würde", meinte ein Minister von der sambischen Delegation, der mit dem Vorsitzenden in einer Ecke des Delegiertenfoyers saß. Während er sprach, warf er einen Blick durch den Raum und verzog sein schwarzes Gesicht. „Es gibt einen unbestätigten Bericht, demzufolge Südafrika etliche Armee-Einheiten nach Namibia geschickt hätte."

„Glauben Sie, daß man dort etwas über den Plan herausgefunden hat?" fragte der Vorsitzende.

„Das wäre nicht gut möglich. Wir haben ihn ja noch nicht einmal den namibischen Delegierten mitgeteilt. Aber wahrscheinlich sehen sie es als eine Möglichkeit an."

Namibia, früher Deutsch-Südwestafrika, hatte unter der Rechtshoheit Südafrikas gestanden. Der Plan, den nun der Vorsitzende insgeheim ausgearbeitet hatte, sah vor, daß eine große Zahl japanischer Flüchtlinge sich in Namibia ansiedeln dürfe und daß ihnen eine Sicherheitstruppe beigegeben werde. Dieser Plan hatte eine Reihe von Vorteilen. Namibia würde von der Aufnahme fachlich gebildeter Japaner profitieren, außerdem konnte die Einwanderung von Ostasiaten in Afrika dazu beitragen, das in Ostafrika herrschende Vorurteil gegenüber den dort einheimischen Asiaten, den Indern, zu mildern.

„Also, wenn Südafrika so etwas angefangen hat", sagte der Vorsitzende und erhob sich, „sollten wir unseren Vorschlag lieber gleich den Delegierten vorlegen. Auf jeden Fall werde ich mit dem Generalsekretär sprechen ..."

In diesem Augenblick entstand im Foyer Unruhe. Alle Anwesenden erhoben sich und bewegten sich unter erregten Gesprächen zum Ausgang.

„Was ist los?" fragte der Vorsitzende einen Angestellten.

„Im Fernsehen soll gerade eine Sondersendung laufen, Sir", antwortete dieser, sich umwendend. „Ed Hawkins von der CBS berichtet über Satellit aus Japan. Es geht um das Versinken Japans. Es hat tatsächlich angefangen, in Shikoku oder an irgend so einem Ort." Der Angestellte eilte hinaus.

„Sehen wir uns das an."

„Warten Sie", der Vorsitzende legte seine große Hand auf die Schulter des sambischen Delegierten. „Sehen Sie, dort." Mit einer Kopfbewegung wies er in eine Ecke des Raums, wo unbewegt ein kleiner grauhaariger Orientale stand und dem Strom hinauseilender Menschen keine Beachtung schenkte. Er hielt den Blick auf den roten Sonnenuntergang gerichtet, vor dem sich die Silhouette New Yorks abzeichnete. Er hatte die Brille abgenommen, und sogar aus der Entfernung sah man, daß die Hand, in der er sie hielt, zitterte. Auf dem zerfurchte Gesicht des alten Mannes lag das Licht der Abendsonne. Er trocknete die Augen mit einem Taschentuch. Es war Shintaro Nozaki, das japanische Mitglied der Sonderkommission.

JAPAN VERSINKT

Am Morgen des 30. Aprils, zehn Minuten nach fünf Uhr, brach die erste Verheerung über das Gebiet Osaka-Kyoto herein. Nie zuvor war ein Erdbeben solchen Ausmaßes registriert worden. Nie zuvor war ein so riesiges Gebiet von einem so ungeheuerlichen Beben erfaßt worden.

Von den insgesamt 30 Millionen Bewohnern der vier Präfekturen dieses Bezirkes hatte man vor dem Beben innerhalb von dreißig Tagen bisher 3,5 Millionen auf dem See- und dem Luftwege evakuiert. Der neue Flughafen von Osaka war von den steigenden Wassern überflutet worden, es blieb keine andere Wahl, als auf den alten Flughafen Itami auszuweichen. In fieberhafter Tag- und Nachtarbeit wurden die durch das frühere Erdbeben beschädigten Rollbahnen so weit wiederhergestellt, daß Itami mit Tagesanbruch des 1. März auch die großen Düsenpassagierflugzeuge aufnehmen konnte. Das gesamte Bodenpersonal und die Hilfskräfte der nun außer Betrieb befindlichen Inlandfluglinien wurden hier eingesetzt. Schon bald starteten und landeten im Laufe von 24 Stunden etwa 500 Maschinen. Mit Unterstützung der Luftstreitkräfte der Vereinigten Staaten wurden in diesem Zeitraum fast 500000 Menschen aus Japan ausgeflogen, eine bisher noch nie erreichte Zahl in der Geschichte der Luftfahrt.

Während dieses Zeitraums wurde das Absinken der Pazifikküste und das Ansteigen der Küste des Japanischen Meeres deutlicher, die Hafenanlagen, vor allem in Kobe und Osaka, nahmen ungeheuren Schaden. Infolgedessen mußte das Einschiffen der Flüchtlinge mit Hilfe von Frachtschiffen, die vor der Küste oder in Flüssen festmachten, vonstatten gehen. Jedes noch so kleine Fahrzeug, vom Landungsboot bis zum herkömmlichen Fischerboot, wurde zwangsverpflichtet und mußte die Flüchtenden zu den Schiffen bringen. Allen Hindernissen zum Trotz wurden in diesem Monat über 3,2 Millionen Menschen evakuiert. Die Evakuierungszentrale des Gebiets war jedoch entschlossen, keine Anstrengung zu scheuen, um auf 5 Millionen im Monat zu kommen. Die Regenzeit im Juni würde den Transport auf dem Luftwege etwas verlangsamen, und im August und September würde noch die stets gegenwärtige Gefahr der Taifune hinzukommen.

Am Tag des Erdbebens, am frühen Morgen des 30. April, hatten sich während der ganzen vorangegangenen Nacht die Flüchtlinge, die an der Reihe waren, in Massen auf dem Flugplatz und am Hafen eingefunden. Wer noch nicht zu den Glücklichen zählte, hatte sich resigniert hingelegt und schlief unruhig in seinem Haus, während pausenlos leichte Beben einander ablösten. Die Reisetaschen waren gepackt, das persönliche Hab und Gut zusammengestellt für den Fall, daß man aufgerufen würde oder daß eine unerwartete Evakuierung stattfände.

Ununterbrochen kamen Busse und Lastwagen am Flughafen an, und gepäckbeladene schweigende Flüchtlingsscharen strömten in das Abfertigungsgebäude. Vor dem Gebäude waren Zelte errichtet, an deren Pfosten die Flugnummern angeschlagen waren. Polizei und Flughafenpersonal sorgten für Ordnung in den langen Schlangen der Wartenden. Die Erwachsenen waren bleich und stumm. Da es so früh war, schliefen die Kinder noch auf dem Rücken ihrer Mütter, nur die größeren liefen aufgeregt herum, als ginge es auf einen Ausflug.

An der überfluteten Küste der Osaka-Bucht, bei Kobe, Ashiya, Sakai und nahe den anderen Häfen, aber auch entlang den Ufern des Yodo-gawa und des Anji-gawa spielten sich ähnliche Szenen ab. Die Osaka-Bucht wimmelte von Schiffen aller Nationen, ein großer Teil davon bestand aus Frachtern oder gar Erzfrachtschiffen, die eilig umgerüstet worden waren, um Passagiere aufnehmen zu können. Ein Schiff nach dem anderen lief mit dumpfem Sirenenton aus. Wasser brauste hinter dem Heck, der Bug richtete sich auf die Meerenge von Kii und auf die offene See. Die kreischenden, ohrenbetäubenden Signale der Schlepper, die sie hinauslotsten, hallten unter dem bleiernen Himmel.

Früh um 5 Uhr 10 näherte sich von Südosten eine Boeing 707 der Sabena und landete auf der Landebahn B von Itami. Die im Flughafengebäude wartenden Flüchtlinge starrten auf die Düsenmaschine, als sie an ihnen vorbeirollte, das Dröhnen der Bremsaggregate erfüllte die Luft. In diesem Augenblick sahen die an den Aussichtsfenstern Stehenden, wie ein weißer Blitz den bedeckten Himmel erhellte.

Die Menschen auf den Schiffen unten in den Häfen sahen den Blitz deutlicher. Wie ein strahlender Vorhang aus Weiß schoß er von Ost nach West den südlichen Horizont entlang und ließ die Umrisse der umliegenden Berge bis zur Halbinsel Kii, bis Awaji-shima und Shikoku grell aufleuchten. Dreimal raste er von Ost nach West und wieder zurück, hier und dort hoben sich von dem Weiß purpurfarbene und grüne Flecken ab. Ein Schreckensschauer packte die Menschenmassen.

Der Kapitän der *Okuma Maru*, eines 26000-Tonnen-Frachters, der an einem der noch benutzbaren Piers im Hafen von Ashiya Passagiere aufnahm, war gerade auf die Brücke getreten, rieb sich noch den Schlaf aus den Augen und gähnte, als er einen Matrosen etwas schreien hörte. Der Kapitän wandte sich um, warf einen Blick auf den südlichen Himmel und preßte im nächsten Augenblick den Finger auf den Alarmknopf.

„Maschinen volle Kraft!" schrie er dem Wachoffizier zu. „Fertigmachen zum Ablegen – Alarmstart."

Der Wachoffizier riß den Mund auf, gab aber dann den Befehl an den Maschinenraum weiter.

„Wie viele Passagiere sind noch nicht an Bord?" rief der Kapitän gellend und packte den Zahlmeister, der beim Ertönen der Schiffssirene die Brücke heraufgerannt war.

„Etwa zweihundert. Sie kommen jetzt herauf."

„Beeilt euch. Setzt mehr Männer ein. Die Gangway wird in wenigen Minuten eingeholt. Wir müssen hier so schnell wie möglich fort. Holen Sie den Funker. Er soll die Schiffahrtsbehörde verständigen, daß wir sofort ablegen. Geben Sie Signal an die anderen Schiffe. Wir müssen hier hinaus, aufs offene Meer."

„Was ist los?" fragte der erschrockene Zahlmeister.

„Sie Idiot! Höchstwahrscheinlich kommt eine gigantische Flutwelle über uns."

Beim Ertönen der Alarmsirene waren die Passagiere wie angewurzelt stehengeblieben, die Besatzungsmitglieder liefen jetzt mit ihren Megaphonen über den Kai und trieben sie zur Eile an. Da kam auch schon der erste Stoß. Ein Schreckensschrei erhob sich aus der Menge auf dem zur Hälfte überspülten Pier, drei Menschen verloren den Halt und stürzten ins Wasser.

„Fertigmachen zum Auslaufen", sagte der Kapitän zum Wachoffizier. „Wir nehmen die Dieselmotoren. Für die Turbinen bleibt keine Zeit mehr."

Der Sirenenton der *Okuma Maru* schlug wie die unheimliche Klage einer monströsen Bestie gegen den düsteren Himmel. Der Kapitän griff zum Sprechrohr und rief hinunter zum Kai: „Holt die Leute da aus dem Wasser. Noch ist Zeit. Es kommt noch ein weiteres Beben. Aber Vorsicht beim Einschiffen. Nicht nervös werden."

Dann wandte er sich an die Deckmannschaft: „Leinen

los! Weitergeben zum Achterschiff. An alle: Klar zum Ablegen."

Auf einer Startbahn des Flughafens von Osaka hatte der Flugkapitän eines Jumbo-Jets 747 der PanAm mit 490 Passagieren soeben seinen vier Triebwerken Vollgas gegeben und das 350 Tonnen schwere, vibrierende Flugzeug auf der Startbahn anrollen lassen, als schon der erste Stoß kam.

Von einem Tisch im Kontrollraum flogen Tassen herunter, die Stoßwelle war so heftig, daß einige Leuchtröhren zerbarsten.

„Ein Erdbeben!" schrie jemand. „Stoppt Flug 107. Laßt ihn nicht starten."

Vom Turm aus war jedoch klar zu erkennen, daß das Flugzeug inzwischen eine Geschwindigkeit von über 160 Stundenkilometer erreicht hatte. Die Flugkontrollore beobachteten durch das klirrende Fenster des Turms, wie der riesige Rumpf der Maschine bei der ersten Stoßwelle zu schwanken begann und wie ihre Räder auf und ab hüpften. Der Chefkontrollor wurde aschfahl und griff zum Mikrophon.

„Wollen Sie ihn nicht anhalten? Was tun Sie denn? Machen Sie doch schnell!" rief ein anderer aufgeregt und versuchte, ihm das Mikrophon zu entreißen, aber der Chefkontrollor stieß ihn beiseite. Er war im Turm des Tokioter Flughafens Haneda gewesen, als ein Passagierflugzeug in dem gleichen Augenblick gelandet war, in dem ein Erdbeben einsetzte. Er wußte, wie ein Beben verläuft, und traf danach seine Entscheidung. Das Epizentrum dieses Bebens mußte sehr nahe liegen, und auch wenn die Startbahn lang genug gewesen wäre, um die PanAm-Maschine darauf wieder anhalten zu können – bevor sie zum Stehen kam, mußte die zweite Stoßwelle eine Katastrophe herbeiführen.

Flug 107 erreichte eine Geschwindigkeit von 180 Kilometer, dann von 220. Der riesige Körper der Maschine holperte auf und ab, das Fahrwerk schien den Boden zu verlassen und wieder zu berühren. *Gott, steh ihnen bei!* schrie der Chefkontrollor in diesem Augenblick trotz seines zur Schau getragenen Unglaubens innerlich auf. Er stellte sich vor, wie der Flugkapitän und sein Kopilot sich in der Kanzel über die Instrumente beugten, die Augen auf das Ende der Startbahn gerichtet, auf das die Maschine mit Vollgas zuraste. Da die noch verbleibende Strecke rasch zusammenschmolz, mußte der Kapitän sich entscheiden, der Punkt, an dem es kein Zurück mehr gab, raste ihm entgegen.

Take off! schrie ihm der Chefkontrollor in Gedanken zu. Sein Körper war in Schweiß gebadet. *Brems jetzt nicht! Gib alles drauf, was du hast! Zieh hoch! Laß dich nicht kriegen!*

„Er hat's geschafft", schrie jemand.

Der Chefkontrollor wischte sich den Schweiß von der Stirn und sah, wie sich das Bugrad des riesigen Flugzeuges hob, gefolgt von den sechzehn Rädern des Hauptfahrwerkes, nur ein Bruchteil der riesigen Rollbahn war noch übrig.

„An alle Maschinen – hier spricht der Turm", sagte der Chefkontrollor ins Mikrophon. „Notfall! Triebwerke ausschalten. Ein Erdbeben steht bevor." In diesem Augenblick folgte ein Krachen wie ein Donnerschlag, und er wurde vom Stuhl geschleudert.

„Übernehmen Sie", sagte er mit heiserer Stimme zu einem Kollegen, der ihm zu Hilfe kommen wollte. „Leiten Sie die auf die Landeerlaubnis wartenden Flugzeuge auf Warteposition. Und verschwinden Sie von hier. Diesmal kommt es ganz dick."

Die erste Stoßwelle ging vorüber. Aber kaum war sie abgeebbt, als aus der Tiefe der Erde ein unheimliches Stöhnen heraufdrang. Der Kontrollturm wurde von einer schrecklichen Kraft gepackt und drehte sich um sich selbst. Der zweite Kontrollor schrie verzweifelt hinauf, aber seine Stimme ging im Krachen und in dem entsetzlichen Grollen des Erdbebens unter.

Zur gleichen Zeit zog der amerikanische Satellit *Manned Orbiting Laboratory 3*, der den bereits sonnenhellen Himmel über dem Nordpazifik passiert hatte, in einer Höhe von siebzig Meilen durch die Dämmerung, die Japan noch einhüllte. Der Kommandant bediente zahlreiche Kameras und andere Instrumente, die das Geschehen unter ihm registrierten. Zwei Mitglieder der Mannschaft schliefen, der vierte blickte aus dem Beobachtungsfenster; er betrachtete durch ein Teleskop den vulkanischen Rauch, der noch immer aus dem geborstenen Fuji-san emporstieg, und die flackernden Feuer der aktiv gewordenen Vulkane, die sich auf den zentralen Gebirgszügen aneinanderreihten. Da Dämmerung herrschte, war die Sicht nicht sehr günstig, deshalb schaltete er den Nachtsichtschirm ein.

„He, sieh mal!“ rief er und packte den Kommandanten an der Schulter. „Da geschieht etwas in Westjapan.“

Das von dem Schirm erfaßte Gebiet war die Ise-Bucht und die südlich von Osaka gelegene Halbinsel Kii. Der Kommandant wandte sich um, um dem Mann über die Schulter zu schauen, dann schaltete er auf Weitwinkel und Bildübertragung um.

„Was ist los?“ sagte ein dritter Mann der Besatzung verschlafen und kletterte aus seiner Koje.

„Ich weiß es nicht. Weck Pat auf. Wir werden ihn brauchen. Seht, dort! Die Farbe des Wassers verändert sich.“

Unweit der japanischen Küste bildeten sich auf der fast schwarzen Meeresoberfläche blaugrüne Flecken und bewegten sich mit großer Geschwindigkeit in östliche und westliche Richtung. Gleichzeitig dehnten sie sich in den Pazifik aus, verflossen miteinander und bildeten eine sich verlängernde blaugrüne Linie, hinter der neue Flekken von hellblauer Farbe erschienen.

„Laß die Kameras laufen, Jimmy. Schau aus dem anderen Fenster.“

Auch der vierte Mann der Besatzung wurde jetzt lebendig. Er schaltete am Steuerpult und schaute konzentriert auf die zitternden Nadeln, von denen einige wild auszuschlagen begannen.

„Verdammt! Da ist tatsächlich etwas“, sagte er und korrigierte die Einstellung.

„Gravitation und Erdmagnetismus sind völlig durcheinander. Bill, haben wir die Frequenz irgendeines Schiffes aus diesem Gebiet auf dem Empfänger?“

„Ja. Die *La Fayette* müßte genau unter uns sein. Soll ich denen sagen, daß sie der Küste nicht zu nahe kommen sollen?“

„Mein Gott!“ schrie der Mann am Teleskop. „Seht doch nur, was da unten vorgeht. Japan bricht auseinander!“

Vor den entsetzten Augen der vier Amerikaner schienen der Umriß von Shikoku und der südliche Teil der Halbinsel Kii seltsam zu verschwimmen, als zitterten sie. Die jetzt blaue Meeresoberfläche füllte sich mit kleinen hellen Punkten, die nach Osten und Westen ausschwärmten und eine einzige Linie bildeten. Ein Erdbebenstoß erzeugte eine Sturzwoge auf dem Ozean, die, sich ausbreitend, die hellen Punkte zusammentrieb und sich mit schrecklicher Langsamkeit auszudehnen begann, ein schwarzer, alles mitreißender Bogen.

„Eine Flutwelle“, rief der Mann mit dem Teleskop. Die dunkle Wellenlinie zog sich quer über die blaue Oberfläche des Ozeans unter ihnen. Sie rollte auf die

Inseln des östlichen Asiens zu und weiter auf die Küste von Chile.

„He, die Südküste Japans verändert sich“, sagte der Mann an der Filmkamera.

„Pat! Nimm Verbindung mit Houston auf“, rief der Kommandant auf den Bildschirm starrend. „Sag ihnen, daß Japan untergeht.“

Der südliche Teil Shikokus und die Halbinsel Kii kippten, von ununterbrochenen Erdbeben geschüttelt, an der Verwerfungslinie längs der Flüsse Yoshino-gawa in südöstlicher Richtung langsam in den Pazifik. Der übrige Teil des westlichen Archipels bewegte sich ebenfalls, jedoch mit geringerer Geschwindigkeit. Das Meer drang in den Bruch ein, der Yoshino-gawa und der Kiino-gawa wurden immer breiter. Als die abgebrochene Landmasse den Rand des Kontinentalschelfs erreicht hatte, begann sie mit der unglaublichen Geschwindigkeit von mehreren Metern in der Stunde über eine Länge von mehreren hundert Kilometern zu versinken. Einige Stunden nach dem ersten Beben waren die meisten Städte an den Küsten im Süden Shikokus und der Halbinsel Kii verschwunden, das Meer drang bis fast an den Fuß des Nachi-Falles auf Kii vor.

Die Verschiebung zwischen Norden und Süden, entlang der Verwerfungslinie, dehnte sich allmählich nach Osten aus. Als das Erdbeben in der Morgendämmerung in Westjapan ausgebrochen war, hatte ein Beben geringerer Stärke auch die Mittelregion erschüttert. Danach hatte die Erde immer noch unheimlich gegrollt. Jetzt, um 10 Uhr 47, trat in Mitteljapan ein Beben gleicher Stärke auf, und ein neuer Bruch entstand auf der Linie, die sich von der Mündung der Ise-Bucht zum Fuji-kawa am Fuße des Fuji-san hinzog. Eine Flutwelle von fast zehn Meter

Höhe wälzte sich in die Sagami-Bucht und verwüstete die Küstenstädte. Auf ihrem alles vernichtenden Weg drangen die Wasser des Ozeans über das durch die große Eruption abgesunkene Gebiet und wälzten sich dem Fujinomiya zu.

Ungeheure Mengen Meerwasser ergossen sich in den noch aktiven Vulkan des Ashitaka-yama südwestlich der zerklüfteten Abhänge des Fuji-san. Der Ashitaka-yama erbebte den ganzen Tag lang in kleineren Eruptionen, doch dann, um 14 Uhr, zerstörte eine donnernde Explosion ihn völlig. Die einander feindlichen Elemente stießen von neuem zusammen. Feuersturm und Wasserfluten verwüsteten die Hauptinsel Honshu.

Der mit einem Fernsehmonitor ausgerüstete Hubschrauber, mit dem sich Kataoka auf einem Inspektionsflug für Plan D befand, flog, der Bruchlinie folgend, von der Halbinsel Kii nach Shikoku hinüber. Der durch die Erdbebenstöße verursachte heftige Regen hatte nach anderthalb Stunden nachgelassen, die Gebirge Shikokus wurden durch die Wolken hindurch wieder sichtbar. Der Hubschrauberpilot flog so niedrig, wie es die unberechenbaren Luftströmungen erlaubten. Kataoka schaute hinab und erblickte duch die Risse in den Wolken Spuren der Verheerungen auf der Erde. Flüchtig sah er den verwüsteten Boden und das trübe, bleierne Glitzern der überfluteten Felder. Außerdem konnte er eine Reihe von Spalten erkennen, die sich von Nordwesten nach Südosten quer durch die Berge zogen. Die grünen Berghänge waren geborsten und ließen die Struktur der Erde erkennen, rote, braune und schwarze Narben. An anderen Stellen gähnten schwarze Abgründe von unvorstellbarer Tiefe. Kataoka sah, wie sich Erdrutsche vollzogen und wie Dampf aus den entstandenen Spalten aufstieg.

Ein Kollege an seiner Seite berührte seine Schulter und zeigte nach unten. Inmitten eines Reisfelds lag ein Passagierschiff auf der Seite. Von dieser Höhe aus war es natürlich nicht möglich, Menschen zu erkennen, aber als Kataoka auf den roten Rumpf des gestrandeten Fahrzeugs blickte, fielen ihm die vielen Menschen ein, die sich an diesem Morgen auf den Kais und den Ufern eingefunden hatten – wohl in Angst vor dem, was sie erwartete, doch voller Erleichterung, daß der Zeitpunkt ihrer Abreise endlich gekommen war, und tiefe Niedergeschlagenheit ergriff ihn. Seine eigene Familie war in einem Bruchteil von Sekunden durch die Flutwelle ausgelöscht worden, die dem Beben von Tokio folgte, und nun war ihm, als hörte er die Schreie seines jüngeren Bruders und seiner Schwester aus den überfluteten Feldern unter ihm aufsteigen. Er hielt sich mit beiden Händen die Ohren zu.

„Was ist?“

„Übernehmen Sie“, stöhnte Kataoka und erhob sich. „Ich muß mich übergeben“

In der Zentrale von Plan D starrten Yukinaga und Nakata düster auf den Fernsehschirm und betrachteten die Übertragung von einem andern Helikopter, der über der schwer heimgesuchten Stadt Osaka kreiste.

Die drei tiefgelegenen Bezirke nahe dem Hafen waren fast völlig überflutet. Das Wasser war tintenschwarz, wahrscheinlich weil der Schlick am Grunde der Bucht von der Flutwelle aufgewühlt worden war. Es strömte durch die Stadt und drang kreiselnd und wirbelnd weiter ins Land vor. Die vielen Fabriken und Petroleumtanks an den Mündungen der Flüsse, die Osaka durchquerten, hatten unter dem Erdbeben und den Flutwellen am stärksten gelitten. Einige waren dem Erdboden gleichgemacht, andere lagen in Trümmern. Und noch während Yukinaga und Nakata zuschauten, stürzte von den erhalten gebliebenen Ruinen eine nach der anderen in das trübe Wasser, das alles umspülte. Ein Schwimmdock, in dem sich noch das reparaturbedürftige Schiff befand, lag auf dem Benten-Pier wie ein auf Grund gelaufenes Schiff. Nur ein Teil der Überdachung der riesigen Pieranlage befand sich noch über Wasser. Ein gekenterter Ozeanriese hatte die Gebäude einer zerstörten Straße gerammt, sein roter Rumpf war gekentert. Das schwarze Öl, das wie eine Decke über der Bucht lag und auch in die Stadt hineintrieb, hatte da und dort Feuer gefangen. In den von Hafenanlagen entfernteren Stadtteilen hatte das Wasser bereits das dritte und vierte Geschoß der Gebäude erreicht.

Die Hochstraßen waren vernichtet. Die Tragpfeiler des Abschnitts, der durch den Stadtbezirk Nakanoshima im Stadtzentrum führte, waren weggerissen worden, die Hochstraße lag daneben im dunklen Wasser. In diesem Gebiet waren nur noch die Spitzen der Bäume und der Gebäude zu sehen. Das Vorderteil eines flachen Flußboots steckte in einer Häuserwand fest.

Das schwarze Wasser, das eine so grauenhafte Verwandlung Osakas bewirkt hatte, machte sich nun an den höher gelegenen Teil der Innenstadt heran, wo die Burg und die Regierungsgebäude lagen, und es drang in Richtung der im Nordosten entlang den Ufern des Yodogawa gelegenen Randgebiete vor. Von Süden her vereinigten sich die angestauten und zurückgedrängten Fluten des Yamato-gawa mit denen, die im Norden über die Deiche hinweg eingedrungen waren, und wälzten sich unaufhaltsam auf die östlich der Stadt gelegene Ikoma-Höhe zu.

Der Legende nach hatte in jener Zeit, als der Kaiser Nintoku hier seine Hauptstadt gründete, das Wasser der

Bucht den größten Teil des Gebietes bedeckt, auf dem sich später das moderne Osaka erstrecken sollte. Jetzt, nach Erdbeben und Flutwelle, lag am Fuße des Takatsu-Schreins, wo in uralten Zeiten Schiffe angelegt hatten, ein gekentertes, überdachtes Austernboot, den Bug in die Stufen des Schreins gebohrt.

Die Dächer der Apartmenthäuser waren voller Flüchtlinge, die mit ängstlichen Gesichtern emporschauten und dem über sie hinweg fliegenden Hubschrauber zuwinkten und zuriefen. In den trüben, die Gebäude umspülenden Fluten trieben zwischen Trümmern aller Art viele Leichen. Die Strömung war so stark, daß an manchen Stellen Autos, zu einem Blechhaufen zusammengepreßt, die Straße blockierten – dort verwandelte sich das schwarze Wasser in weißen Schaum und raste über die Hindernisse hinweg.

„Es sieht so aus, als ob wir auf Senriyama als Sammelplatz zurückgreifen müßten", murmelte Nakata, auf den Bildschirm blickend. „Nehmen Sie Verbindung mit D-3 auf", sagte er zum Funker. „Erkundigen Sie, wie man dort darüber denkt. Das Gelände der Expo 70 ist groß genug für Helikopter und STOL-Flugzeuge. Und stellen Sie fest, wie groß die Schäden bei denen dort sind."

Der Funker gab sich Mühe, zu den Bodentruppen in Itami durchzukommen, wo die Gruppe D-3 stationiert war. Als sich Itami endlich meldete, war der Empfang schlecht, und es war schwer, die Meldung zu verstehen. Offenbar hatten die durch das Beben verursachten Schäden den gesamten Straßenverkehr zum Erliegen gebracht. Die großen Teiche in diesem Gebiet waren über die Ufer getreten und hatten ausgedehnte Überschwemmungen verursacht. Infolgedessen belagerten Flüchtlinge, einige fast von Sinnen vor Verzweiflung, das Hauptquartier der Truppe. Ein vom Marinestützpunkt in Maizuru herangeholter Hubschrauber war von der Menge zerstört worden.

Ein junger Offizier hatte den Kopf verloren und geschossen.

„Geschossen? In die Menge?“ rief Nakata, sprang auf und streckte die Hand nach dem Funker aus.

„Nein, in die Luft, glaube ich“, antwortete der verwirrte Funker und versuchte fieberhaft, die Verbindung aufrecht zu erhalten. „Die Menge hat sich danach auf die Soldaten gestürzt. Zwei von ihnen wurden schwer verletzt . . . nein . . . ein Mann wurde getötet.“

„Was ist denn mit dem Militär da unten los?“ rief Nakata und hieb wütend mit der Faust auf den Tisch. „Sagen Sie dem Kommandanten, daß die Offiziere ein Beispiel zu geben haben. Sie haben kühles Blut zu bewahren!“

„Regen Sie sich doch nicht so auf“, sagte Yukinaga. „Die wissen schon, was sie tun.“

Plötzlich wurden die verschiedenen Signallaute, welche die Funkzentrale erfüllten, durch das Notsignal übertönt. Einst hatte es eine Zeit gegeben, in der dieses Geräusch jeden in höchste Erregung versetzte, jetzt aber vernahmen sie es nur noch mit müder Resignation.

Auf der Leuchtkarte an der Wand flammten im Norden der Zentralregion zuerst zwei, dann drei rote Lämpchen auf.

„Matsumoto meldet . . . der Norikura-dake ist ausgebrochen; der Yake-dake und der Fudo-yama stehen kurz vor der Eruption“, meldete ein Techniker. „Das war um sieben Uhr dreißig, und unmittelbar danach, laut Meldung am Nagano . . . in Richtung des Takazuma-yama . . . Eruptionen auf dem gesamten Westhang . . . um acht Uhr drei.“

„Der Takazuma-yama?“ flüsterte Yukinaga überrascht.

„Das ist früher, als wir dachten“, sagte Nakata und blickte auf die Anzeigetafel. „Wir wußten zwar, daß es dort früher oder später losgehen würde . . . Na ja, auf jeden Fall geschieht es jetzt auf beiden Seiten der *Fossa Magna* bei Itoigawa. Die Seitenbewegung beträgt mehr als zwei Meter. Von der Küste dort müßten jetzt alle weggeschafft worden sein."

„Ich hoffe es, aber . . .", murmelte Yukinaga mit tonloser Stimme, während sein Blick gedankenlos über die aufblitzenden roten Lämpchen der Karte glitt.

Wieder ertönte der Summer. Zwei rote Lampen leuchteten im äußersten Nordosten auf.

„Aus Morioka . . . die Eruption des Iwate-yama und des Komaga-dake beginnt", ertönte die unbewegte Stimme des Technikers.

Yukinaga stand vor der Tafel und schien nicht zuzuhören. Die leuchtende Karte Japans verschwamm vor seinem Blick und nahm die Form eines Drachen an. Das Rückgrat des Drachen, die zentralen Gebirgszüge, war von orangenen Flecken bedeckt, die wie häßliche Geschwüre glühten. Der vertraute Umriß des Archipels veränderte sich immer mehr durch das Blau, das sich zunehmend über alle Küsten ausdehnte. Kreuz und quer zogen sich zahllose waagerechte, senkrechte und schräge Linien darüber hin, von denen jeder scharlachrote Strich einen Bruch in der Erdkruste anzeigte. Der letzte rote Strich war an diesem Morgen aufgeflammt, ein Riß, der von der Halbinsel Kii bis hinüber nach Shikoku verlief. Die roten Punkte, die Eruptionen anzeigten, verteilten sich von einem Ende der Hauptinsel Honshu bis zum andern und sie leuchteten wie Blutflecken. In einiger Entfernung von der Küste des Kanto-Gebietes markierten neue rote Punkte vulkanische Feuer, die immer noch aus dem Meeresboden ausbrachen, obgleich bereits alle Izu-Inseln vom Meer verschlungen worden waren.

Der Drache war wundgeschlagen.

Eine tödliche Krankheit verzehrte ihn, zerstörte sein

Rückgrat. Vom Fieber geschüttelt, wurde sein riesiger Rumpf mit blutenden Wunden bedeckt. Er schlug um sich, setzte sich vergeblich gegen das Schicksal zur Wehr. Das um sich greifende Blau, das über ihn hinwegglitt, sah aus wie der Schatten des Todes.

Yukinaga war in Gedanken versunken. Sein leerer Blick war nun auf den Norden der Zentralregion gerichtet, wo ununterbrochen ganze Gruppen von roten Lampen aufblitzten.

An diesem Morgen, als der Takazuma-yama ausbrach, befand sich Onodera in einem kleinen Hubschrauber der Streitkräfte auf einem Beobachtungsflug über dem Norden der Zentralregion. Da man annehmen konnte, daß die gesamte Bevölkerung dieses Gebiets evakuiert worden war, erschraken er und der Pilot, als sie vor einer Bergschutzhütte eine Ansammlung von Menschen erblickten, die ihnen zuwinkten. Sie landeten, Onodera kletterte aus dem Helikopter und fand drei Gruppen von Bergsteigern vor, Studenten, junge Büroangestellte, insgesamt vierzehn Personen. Sie hatten sich trotz der Evakuierungsbefehle hierher begeben und waren von den Naturkatastrophen und dem schlechtem Wetter überrascht worden. Zwei von ihnen waren bereits durch Verletzungen und Wetterunbilden ums Leben gekommen. Ein Mädchen hatte Lungenentzündung, ein junger Mann lag schwer verwundet.

Onodera kochte vor Empörung. „Was, zum Teufel, haben Sie sich eigentlich bei diesem Abenteuer gedacht? Wissen Sie denn nicht, was in der Welt los ist?"

„Doch, das schon", sagte erschöpft ein Jugendlicher mit hohen Wangenknochen. „Unsere Eltern und alle anderen haben versucht, es uns auszureden. Aber wir lieben eben das Bergsteigen. Darin liegt für uns der Sinn des Lebens. Da diese schönen japanischen Berge vom Angesicht der Erde verschwinden sollten, wollten wir ihnen ein letztes Lebewohl sagen. Was ist denn daran so schlimm? Wir sind mit dem Bewußtsein hergekommen, wahrscheinlich hier sterben zu müssen. Na, und wenn schon, was soll's?"

„Ich verstehe", sagte Onodera, wandte sich um und machte sich auf den Rückweg zum Hubschrauber. „Wenn Sie so darüber denken, ist die Sache für uns umso einfacher."

Onodera war in düsterer Stimmung. *Was ist nur mit mir geschehen?* dachte er, als er zum Hubschrauber ging. Die Erinnerung an Reiko tauchte auf, eine Erinnerung, die er mit Gewalt unterdrücken mußte. An dem Tag, an dem er wie blind aus der Plan-D-Zentrale gestürzt war, war vulkanische Asche auf Tokio niedergefallen und die Eisenbahn hatte den Verkehr eingestellt. Er war nur von dem einen Gedanken besessen gewesen, auf irgendeine Weise von Tokio zur Halbinsel Izu zu kommen, zu der Stelle, von der aus Reiko angerufen hatte. Er stürmte zum Hubschrauberstützpunkt der Streitkräfte im nahegelegenen Ichigaya und forderte, daß man ihn hinfliege. Nachdem ein Offizier das abgelehnt hatte, wurde Onodera gewalttätig und mußte vom Stützpunkt entfernt werden. Später jedoch gelang es ihm, von einem Panzerwagen mitgenommen zu werden. In Odawara, auf dem Weg zur Halbinsel, hielten jedoch Asche und Felsbrocken das Fahrzeug auf. Onodera sprang ab und sank fast einen Meter tief in die graue Wüstenei ein. Er schrie laut auf vor hilfloser Verzweiflung. Nach seiner Rückkehr ging er in Tokio zur Evakuierungszentrale und verlangte, ohne auf die dringlichen Bitten Yukinagas und Nakatas zu hören, bei den gefährlichsten Rettungsaktionen eingesetzt zu werden . . . Und so war es in den vergangenen Wochen weitergegangen: Er aß und schlief weniger als seine schwer mitgenommenen Kameraden, er wurde immer hagerer und niedergeschlagener und machte sich durch seine kühnen, heldenhaften Einsätze einen Namen. *Was tue ich hier eigentlich?* fragte er sich manchmal. *Ich bin ja schon so gut wie tot.*

„Sergeant Tomita?" rief er jetzt über den Lärm des Motors hinweg dem Piloten zu. „Wie viele können wir aufnehmen?"

„Zwei. Normalerweise sechs, aber wir haben die ganze Ausrüstung mit und keine Zeit, sie abzumontieren."

„Machen Sie vier daraus. Einer ist krank, zwei andere verwundet."

„Geht nicht", sagte der Pilot und zeigte nach hinten. „Wie Sie es auch drehen, der Platz reicht nicht für vier."

„Ich bleibe hier. Dann können Sie einen an Ihre Seite nehmen und zwei hinten zwischen den Ausrüstungen unterbringen. Das geht doch, oder? Und die anderen Idioten hier – glauben Sie, daß Sie einen Hubschrauber von der Staffel in Matsumoto hierher beordern können?"

„Nein. Ich sehe keine Möglichkeit – aber warten Sie. Auf dem Flugplatz von Matsumoto steht ein UH-1B. Er hatte gestern Motorschaden und mußte auf die Reparatur warten. Wenn er klar ist, kann ich ihn vielleicht herschikken lassen. Er könnte alle aufnehmen . . . wenn es mit dem Treibstoff . . ."

„Gut." Onodera schaute auf die Uhr. „Sehen Sie zu, was sich tun läßt. Wir haben nicht viel Zeit." Er wandte sich ab und ging zu den Jugendlichen zurück, von denen mehrere mit besorgten Gesichtern in geringer Entfernung herumstanden. Einer von ihnen, ein junger Mann mit langem Haar und Brille, sprach Onodera an: „Sie hatten das doch nicht im Ernst vor, nicht wahr? Vorhin, meine ich. Sie würden doch nicht einfach wegfliegen und uns zurücklassen?"

„Wir können drei mitnehmen. Bringen Sie das kranke

Mädchen und die beiden Verletzten an Bord. Aber sofort."

„Da ist noch ein Mädchen, das nicht in guter Verfassung ist. Kann es auch mit?" fragte ein stämmiger junger Mann.

„Nein, nur drei. Ich selbst muß dafür hier zurückbleiben. Also, nun los!"

Onodera betrat mit den jungen Männern die schwach beleuchtete Hütte, und während die kranken und verletzten Bergsteiger hinausgetragen wurden, bemerkte er ein junges Mädchen, das wie benommen an der Hüttenwand lehnte und das Gesicht gegen die Wand preßte.

„Lassen Sie sie lieber in Ruhe", sagte einer der Jugendlichen mit gerunzelten Brauen. „Vor kurzem hätte sie beinahe durchgedreht. Sie hat einen Schock erlitten."

Onodera beachtete seine Worte nicht, trat an das Mädchen heran, legte ihr eine Hand auf die magere Schulter und schüttelte sie. Ihre Wangen und Kleider waren naß von Tränen. Dem auffallend modischen Zuschnitt und der Farbe ihrer Kleidung konnte man entnehmen, daß das Bergsteigen nicht zu ihren Gewohnheiten zählte. Ihr Gesicht war krampfhaft verzerrt, und ihr Körper bebte von Zeit zu Zeit, als ob sie schluchzte.

„Lassen Sie mich in Ruhe!" Sie schüttelte seine Hand ab, ihre Stimme klang schrill, und sie wich vor ihm zurück. „Ich kann nicht weiter . . . Mutter! Hilf mir!"

Onodera packte das Mädchen und schlug ihr zweimal leicht ins Gesicht.

„Reißen Sie sich zusammen. Bald kommt ein zweiter Hubschrauber und nimmt uns auf. Helfen Sie jetzt, diese Leute an Bord zu bringen."

Fassungslos und überrascht starrte das Mädchen ihn mit vom Weinen verschwollenen Augen an. Onodera glaubte in dem trüben Licht der Hütte zu bemerken, daß ein plötzliches Erkennen über ihr Gesicht glitt, aber er hatte keine Zeit, darüber nachzudenken. Er wandte sich um und lief hinaus ins Freie.

„Wenn Sie sie abliefern, Sergeant, sagen Sie niemandem, was hier wirklich geschehen ist."

„Verstanden. Es sind Flüchtlinge, die von Erdrutschen eingeschlossen wurden. Sobald ich festgestellt habe, was mit dem Hubschrauber los ist, nehme ich Verbindung mit Ihnen auf."

Onodera klopfte dem Piloten auf die Schulter und schob die Tür zu. Als er sich umwandte, sah er eine schlanke Gestalt in hellem Bergsteigeranzug unsicher auf sich zukommen.

„Herr Onoda!"

Onodera war überrascht. Dann regte sich schwach etwas in seiner Erinnerung.

„Sie sind doch Herr Onoda, nicht wahr?"

„Onodera", sagte er und starrte das Mädchen an.

„Ach . . . daß ich Sie hier treffe."

Es war Mako. Die kleine Hosteß, die er auf der Ginza kennengelernt hatte – Jahre schien das schon her zu sein. Sie warf sich an seine Brust und schluchzte wie ein Kind, während er da stand und gegen den Wind und den Luftdruck, den der Rotor verursachte, ankämpfte.

„Ich habe Angst, Herr Onodera! Ich bin müde. Ich kann nicht mehr laufen. Ich friere. Bitte, lassen Sie mich auch in diesen Hubschrauber."

„Nein", sagte er sanft und führte sie von dem Helikopter fort. „Zuerst die Kranken und die Verletzten. Machen Sie sich keine Sorgen. Bald kommt ein größerer Helikopter und nimmt uns alle mit."

Er winkte dem Piloten zu, der Hubschrauber hob ab und der Luftdruck wurde stärker.

„Kennt jemand dieses Mädchen?" fragte er, als der Hubschrauber verschwunden war.

„Von uns keiner", antwortete jemand. „Ich war in

ihrer Gruppe, ein anderer, mein Freund, ist im Hubschrauber und der vierte Mann ist gestorben. Er war ihr Freund. Mein Freund und ich haben die beiden vorher nie gesehen.

„In Ordnung.“ Onodera packte Mako am Arm und stützte sie. „Gehen wir zurück in die Hütte.“

„Was sollen wir jetzt tun“, fragte einer der Jugendlichen.

„Warten“, sagte Onodera und warf einen Blick auf die Uhr. Es war 7 Uhr 35.

„Wie lange, glauben Sie?“

„Ich weiß es nicht. Heute wurde das Kansai-Gebiet von einem starken Beben und einer Flutwelle getroffen. Hunderttausende Menschen wurden getötet. Unsere Chance, daß sie noch in der Lage sein werden, uns einen Hubschrauber zu schicken, steht etwa 50 zu 50.“

„Und wenn nicht?“ Mehrere Gesichter wandten sich ihm angstvoll zu.

Sie waren an der Tür der Hütte angelangt. Onodera blieb stehen, bevor er eintrat, und schaute zurück auf den windgepeitschten Höhenzug. „Also, drei Mann sind auf jeden Fall gerettet. Wir anderen werden jetzt Gelegenheit haben, einander kennenzulernen.“ Er überhörte die unterschiedlichen Reaktionen und half Mako, sich in die Schlafkoje zu legen, dann wandte er seine Aufmerksamkeit dem Funkgerät zu, das er aus dem Hubschrauber mitgenommen hatte.

„Lassen Sie uns einen Blick auf Ihre Karte werfen. Wenn das Schlimmste eintritt, müssen wir versuchen, zu Fuß zu entkommen.

Da meldete sich das Gerät. Es war die Stimme Sergeant Tomitas, aber sie war kaum zu verstehen. Onodera preßte den Hörer ans Ohr und sprach ins Mikrophon, das Gerät auf den Knien balancierend.

„Hier ist Shirama. Onodera spricht. Sergeant Tomita,

hören Sie mich?" Onodera wiederholte die Frage mehrmals. Endlich hellte sich sein Gesicht auf. „Nur Mut, meine Herren", sagte er, nachdem er das Gerät zur Seite gelegt hatte. „Ein Helikopter startet in ungefähr einer halben Stunde von Matsumoto."

Obwohl sie alle ziemlich entkräftet waren, stießen die Jugendlichen heisere Beifallsrufe aus.

Onodera hob warnend die Hand. „Er kommt nicht auf direktem Wege hierher, sondern fliegt über Nagano. Das bedeutet eine Wartezeit von gut anderthalb Stunden."

Onodera hatte noch nicht zu Ende gesprochen, als die Erde zu grollen begann und die Hütte knirschend schwankte. Ein dumpfer Knall hallte durch das Gebirge. Onodera bückte sich rasch, um das Funkgerät an sich zu nehmen, das er auf den Fußboden gestellt hatte, und als er es aufhob, erschütterte ein zweiter Erdstoß die Hütte. Onodera taumelte gegen einen der jungen Männer, der ihm im Fallen das Gerät aus der Hand schlug. Vorher aber noch drang eine heftig gestörte Meldung durch: „Achtung ... dringende Warnung ... der Norikura-dake steht unmittelbar vor dem Ausbruch."

Dann ertönten Explosionen wie bei einem Feuerwerk und es folgte etwas wie Geschützdonner.

„Eine Eruption!" rief jemand schrill.

„Es geht los. Wir kommen nicht mehr weg von hier!"

„Ruhe", befahl Onodera. „Der Norikura-dake liegt ein ganzes Stück weiter südlich."

„Nein, der ist hier. Es gibt einen zweiten Norikura-dake, und der ist hier, direkt über uns."

Onodera schaute auf die Uhr. Es war 7 Uhr 45. Draußen dröhnte es, als ob die Erdachse geschüttelt würde. Ein Bursche rannte hinaus.

„Es ist Wasser", rief er, und das donnernde Rauschen wurde lauter. „Den Hang kommt Wasser herunter."

„Das kommt vom Shirama-See", meinte ein großer

junger Mann mit bleichem Gesicht.

„Wir werden hier weggespült!“ rief jemand. „Besser, wir laufen los.“

„Warten Sie“, befahl Onodera. Er rief dem Jungen draußen zu: „Wohin fließt es?“

„Alles in Ordnung“, antwortete der Junge. „Es fließt in Richtung Ume-Teich.“

Onodera ging zur Tür und schaute hinaus. Das schmutzige, mit Schnee vermischte Wasser rauschte unmittelbar neben der Hütte mit der Gewalt eines Wasserfalls den Abhang hinunter; Gischt aus Schnee und Schlammflut sprühte auf. Hin und wieder traf die Kaskade auf einen Felsvorsprung, und eine Fontäne schmutziges Wasser schoß in die Höhe. Von den Bergen ringsum hallte vielfach das tiefe Grollen wider, und die Täler unten, aus denen jetzt Nebel aufstieg, schienen zu zittern. Ein Teil des Stroms wölbte sich mächtig und stürzte in einen Spalt, der sich gerade erst geöffnet hatte. Allmählich ebbte das Grollen ab, aber die unheimlichen Explosionen und das Donnern, das vom gegenüberliegenden Teil der Gebirgskette herüberdrang, ließen nicht nach. Plötzlich warf Onodera seine halbgerauchte Zigarette fort und sog die Luft ein. Es roch nach Schwefel.

„Wir gehen. Wir werden uns nördlich von Akakura halten und nach Otari hinuntersteigen. Das ist unsere einzige Chance, eigentlich müßte es uns gelingen.“

Er lief aus der Hütte und zeichnete mit dem Fuß einen Pfeil in den Schnee. Daneben schrieb er: NACH OTARI. Der Wind würde es wahrscheinlich verwehen, bevor der Hubschrauber kam, aber bei diesem Sturm konnte wohl sowieso kein Hubschrauber kommen. Er blickte auf und sah Makos helle Jacke in der Gruppe, die nun die Hütte verlassen hatte und im Wind stand. Er ging hinüber und faßte Mako am Arm.

„Ich kann nicht laufen“, sagte sie schluchzend. „Ich

erfriere . . . lassen Sie mich sterben. Der Hubschrauber wird nicht kommen, nicht wahr?"

„Vorwärts jetzt. Reißen Sie sich zusammen, und gehen Sie. Wenn Sie fallen, heb' ich Sie auf."

Gegen das Schneetreiben ankämpfend, schlugen sie den Weg über eine ungeschützte Wiese ein und begannen dann den Abstieg durch eine Schlucht am Osthang. Der Schwefelgeruch nahm zu.

Dichter Nebel stieg aus der Itoigawa-Schlucht vor ihnen auf und verhüllte die Togakushi-Kette auf der anderen Seite. Onodera begann zu frösteln.

„Sehen Sie doch", rief eine schrille Stimme hinter ihm. „Hinter dem Nebel da drüben brennt es."

Rote Flammen färbten den schmutziggrauen Nebel, der den Himmel verdeckte. Das unaufhörliche Grollen der Erde wurde lauter. Unter der ersten Flammenschicht erhob sich eine zweite, und ein Vorhang aus tintenschwarzem Raum begann die schwache Helligkeit, die der Himmel noch ausstrahlte, zu verdunkeln. Um sie her fielen nun nicht mehr kleine Felsbrocken in die Schlucht hinab, sondern ein gleichmäßiger Regen aus heißem vulkanischem Material ging nieder.

Onodera blieb stehen und starrte auf die rote Hölle, die unter dem Nebel tobte. Der Schwefelgeruch war vor ihnen gewesen, nicht hinter ihnen. Er war vom Togakushi-yama gekommen.

„Was sollen wir tun, Herr?" schrie ein Junge neben ihm, als heiße Asche sich über sie ergoß.

Am 30. April um 8 Uhr 03 vormittags brach der Takazuma-yama in der Togakushi-Kette mit einer Explosion aus, die den Gipfel absprengte. Unmittelbar darauf folgte eine Reihe von Eruptionen, durch die an den Westhängen der Togakushi-Kette zwölf einzelne Krater entstanden.

EPILOG

Der Tod des Drachen

An der Ostseite der eurasischen Landmasse, von der die Hälfte der nördlichen Halbkugel bedeckt ist, lag ein Drache im Sterben. Er warf seinen riesigen Körper hin und her, schlug mit dem Schuppenschweif um sich, und überall drangen Rauch und Feuer aus seinem Leib. Er zuckte und wand sich in Krämpfen. Sein einstmals kraftvoller Rücken, bedeckt mit hochaufragenden, von grünen Wäldern umgebenen Spitzen, war nun zerstückelt. Aus seinen Wunden ergoß sich stoßweise heißes, kochendes Blut. Und in den Tiefen des Meeres, das mit dem Kuroshio, dem Japanischen Golfstrom, seit uralter Zeit seinen Leib sanft umspült hatte, öffneten sich nun die eiskalten Krallen des Todes, wie ein Schwarm tobsüchtiger Haie war die Vernichtung über den Drachen gekommen und entriß ihm ein Stück Fleisch nach dem anderen, zerrte es hinab in den unendlich großen Magen, der den größten Teil des Erdballs bedeckt.

Kyushu, Shikoku, die südliche Hälfte der Halbinsel Kii waren bereits vom Leibe Japans getrennt. Die Spitze der Halbinsel Boso, die den einen Teil der Tokio-Bucht gebildet hatte, lag bereits mehr als fünfzehn Meter unter Wasser. Im nordöstlichen Honshu war die Küste achtzehn Meter tief in den Pazifik geglitten. Die Wasser stürzten sich auf Hokkaido, von dem Teile abgebrochen waren. Von den Inseln im Südwesten Japans, wo sich Veränderungen schon eineinhalb Jahre früher angekündigt hatten, waren viele inzwischen völlig verschwunden.

Ein unsichtbarer Riese stand neben dem Drachen und stemmte sich gegen ihn. Es war derselbe Riese, der vierhundert Millionen Jahre zuvor bei der Entwicklung des jungen Drachen mitgeholfen hatte, indem er ihn von dem Kontinent, der ihn geboren hatte, wegschob. Doch nun hatte sich die wohlwollende Kraft des Riesen in eine bösartige verwandelt. Diese Kraft hatte das Rückgrat des Drachen zerschmettert, seinen Körper auseinander gerissen und Teile davon ins Meer hinabgestoßen.

In dem kurzen Zeitraum von drei Jahren war Japan fast dreißig Meilen nach Südosten abgedrängt worden. Der Druck auf die Hauptinsel Honshu war besonders gewaltig. Die aus dem Erdinnern dringende Hitze war so groß, daß die Regenzeit bereits im Mai einsetzte, und während der sanfte Regen auf Japan niederfiel, schmolzen die Küsten dahin und die Ebenen verwandelten sich in flache Seen. See verband sich mit Meer, Hochseeschiffe konnten dorthin fahren, wo einst die kleinen und großen Binnenstädte gestanden waren.

Der schmerzgepeinigte Drache wehrte sich gegen die brutalen Kräfte, die ihn vom Kontinent weg und ins Meer hinabstießen. Anfang Juni ragten noch vier Fünftel seines Körpers aus dem Wasser und er versuchte, die eiskalte Hand des Todes abzuwehren, die aus der Tiefe nach ihm griff. Und während der Drache sich wand und brüllte, während Rauch und Feuer aus jeder seiner klaffenden Wunden strömten, ging eine unglaubliche Anzahl der winzigen Wesen, die auf ihm lebten, zugrunde. Die übrigen flüchteten über das andrängende Meer und ließen hinter sich den todwunden Körper zurück, der sie viele, viele Jahrhunderte lang erhalten und ernährt hatte. *Noch* lebte der Drache, aber sein Tod stand unmittelbar bevor. Und die Augen der ganzen Welt waren auf seinen Todeskampf gerichtet.

Mit Kameras ausgerüstete Flugzeuge flogen über den

versinkenden Archipel, quer durch Feuer und Rauch. Jede größere Fernsehstation der Welt hatte ihre Aufnahmeteams in dieses Gebiet entsandt.

Die Völker beklagten das Geschehen als eine große Tragödie der Menschheit, aber es war für sie zugleich auch ein Schauspiel von ungeheurer Faszination. Was dort im Ozean versank, war kein schattenhaftes, legendäres Atlantis, sondern ein moderner, mächtiger Industriestaat, eine Nation, die außerdem unglaublich reich war an Geschichte und Kultur. Ein großes Inselreich, das vor dem Ansturm einer gewaltigen Kraft tief im Inneren unseres Planeten auseinanderbrach, von Eruptionen zerrissen wurde, in Stücke zerfiel und schließlich hinabsank in die Tiefe des Meeres. Für Wissenschaftler lag die Ursache dieser Faszination natürlich tiefer. Niemals zuvor hatten sie Gelegenheit gehabt, ein solches Ereignis mit anzusehen, und sie würden sie auch nie wieder haben. Was hatte dieses Phänomen für eine Bedeutung? Hatte die Erde eine neue Periode ihrer Existenz erreicht?

Die Empfindungen der Welt waren nicht eindeutig: es gab Anteilnahme, Neugier, Hilfsbereitschaft, aber auch ein Gefühl der Erleichterung darüber, daß nicht das eigene Land betroffen war, Befürchtungen über die Folgen des unabsehbaren Flüchtlingsstroms . . .

Die einzigen, die sich der Tragödie einfach und unmittelbar stellten, die sich mit allen Mitteln in den Kampf stürzten, waren die Japaner selbst. Bald steigerte sich die Zahl der Rettungseinheiten so aufsehenerregend, daß man überall auf der Welt begann, vom „Japanischen Wunder" zu sprechen. Die Mannschaften arbeiteten ohne Schlaf und ohne Ruhepause, und als das Ende näher rückte, stieg die Zahl ihrer Verluste ins Unermeßliche. Unter den ausländischen Rettungstrupps waren die amerikanischen Marinetruppen am zahlreichsten und sie waren die Gruppe, die am engsten und wirksamsten mit den Japanern zusammenarbeitete. Sie verloren über 200 Mann.

In einem Fernsehinterview zeigte sich der Befehlshaber der Mariner, Brigadegeneral Grant, überaus beeindruckt: „Die japanischen Hilfsorganisationen – Regierungsvertreter, Soldaten und Zivilisten – haben ausnahmslos einen unvorstellbaren Mut an den Tag gelegt. Ich habe Situationen erlebt, in denen langgediente Marinesoldaten, die im Kampf doch einiges mitgemacht hatten, zurückgeschreckt wären, aber die Japaner stürmten bedenkenlos vorwärts. Natürlich waren es ihre eigenen Landsleute, die sie retten wollten, aber wie verzweifelt die Lage auch war, sie mißachteten die Gefahr in einer Weise, daß wir uns manchmal im Gespräch fragten, ob die Tragödie sie nicht schon halb wahnsinnig gemacht habe."

Bis zu dieser Stelle lief die Sendung, aber General Grant sagte außerdem noch: „Ich glaube, daß dieses Volk einen angeborenen Sinn für Kamikaze hat. Oder man könnte auch sagen, daß sie alle ihrem Wesen nach Soldaten sind. Auch die angeblich verweichlichte Jugend stand da nicht zurück . . ."

Das Ende kam näher, aber das Japanische Wunder ging weiter, eine verzweifelte Kampfsansage an den Tod. Trotz Erdbeben, Eruptionen und Flut wurden 65 Millionen Menschen, in der unglaublichen Anzahl von etwa 16 Millionen monatlich, auf irgendeine Weise evakuiert. Als die Verwüstung und der Prozeß des Absinkens jedoch einen kritischen Punkt erreicht hatten, ließ das Tempo der Evakuierung infolge des weitgehenden Ausfalls der Kommunikations- und Transportmöglichkeiten nach. Es wurde schwierig, die Flüchtenden in größeren Mengen zusammenzuführen, und es gab bald keine andere Möglichkeit mehr, als kleinere, über das Land verstreute Gruppen aufzulesen.

Zu Beginn des Monats Juli diente nur noch ein internationaler Flughafen in Chitose auf Hokkaido als Operationsbasis, und es war eine Frage der Zeit, wann auch er verschwinden würde. Einige kleinere Flugplätze im Norden Japans und mehrere Militärflugplätze gab es noch, und sie wurden bis an die Grenzen ihrer Kapazität ausgenutzt. Abgesehen davon, mußten die Transportflugzeuge auf weitem, offenem Wiesenland starten und landen, auf Flächen, die noch außerhalb der Reichweite des Meeres lagen.

Von Linienflugzeugen und Schiffen war die Hauptlast der Rettungsaktionen auf Hubschrauber, STOL- und andere Militärmaschinen übergegangen. Die riesigen sowjetischen Transportmaschinen erwiesen sich dabei als besonders wertvoll, weil sie in der Lage waren, schwere Lasten zu befördern und auch auf ungünstigem Terrain zu operieren.

Um die Mitte des Monats Juli waren nach verzweifelten Anstrengungen mehr als 70 Millionen Menschen evakuiert worden. Die Zahl der Opfer, inbegriffen jene, die beim Erdbeben von Tokio umgekommen waren, überstieg 12 Millionen. Unter diesen Toten waren auch viele, die sich bereits gerettet geglaubt hatten und dann doch bei Flugzeugabstürzen oder Schiffskatastrophen umgekommen waren. Die Rettungsmannschaften hatten über 5000 Opfer zu beklagen. Und 30 Millionen Japaner hielten sich noch auf dem verwüsteten, sinkenden Archipel auf – verängstigte Gruppen, über das gesamte Land verstreut, auf abgeschnittenen Inlandsgebieten oder auf hochgelegenen Stellen in Küstennähe. Die Rettungstrupps stürzten sich mit beinahe wahnwitzigem Eifer in die Aufgabe, jeden einzelnen dieser Verzweifelten zu retten. Sie wußten kaum noch, ob es Tag war oder Nacht, verausgabten sich ohne Pause und Schlaf, ja unter Einsatz des eigenen Lebens bei ihrer verzweifelten Mission.

Im August wurden die Rettungsaktionen immer

schwieriger. Die Katastrophe forderte mehr und mehr Opfer, und die Todesfälle bei den Rettungsmannschaften nahmen sprunghaft zu. Während die Mannschaften unablässig unter dem bösartigen, von Rauchwolken überzogenen Himmel arbeiteten, den Gestank des Schwefels in der Nase, den Geschmack von Asche im Mund, und während unter ihnen das Grollen der nicht mehr zur Ruhe kommenden Erde zunahm, brachen viele dieser Männer vor Erschöpfung zusammen. Und all das zehrte auch an ihrer Kampfmoral. Mit jedem Tag wurden sie müder, wuchs ihre Verzweiflung. Wie konnten sie noch hoffen, die Schlacht gegen die grausame, übermächtige Naturgewalt zu gewinnen? Ihr Schicksal war besiegelt, und was sie auch taten – nichts vermochte die Dinge noch zu ändern. Zusammen mit den verstreuten, übriggebliebenen Landsleuten würden sie unter der erstickenden Asche zugrunde gehen oder von dem allzeit gefräßigen, dunklen Meer verschlungen werden.

Mitte August bildete sich im Südpazifik der erste Taifun und bewegte sich auf Japan zu. Neben den anderen Folterqualen mußte das Land nun auch noch die Plage eines wütenden Sturmwinds über sich ergehen lassen. Die Flotte der Rettungsschiffe trachtete, die relative Sicherheit der offenen See zu erreichen, und viele fuhren in Richtung Heimat davon. Während der Monate Juni und Juli waren noch 4,5 Millionen Menschen außer Landes gebracht worden, was eine Gesamtzahl von etwa 70 Millionen ergab. In diesen beiden Monaten hatte sich aber auch die Zahl der Toten und Verschollenen um über drei Millionen erhöht, und darunter waren viele, die von Verzweiflung übermannt, oder durch den Schrecken wahnsinnig geworden, Selbstmord begangen hatten. Von den 20 Millionen, die noch übrigblieben, gab eine beträchtliche Anzahl ihren Platz in den Rettungsschiffen an andere ab und stahl sich lautlos davon. Die Mehrheit dieser Resignierenden bestand aus Leuten über 70. Sie ließen eine Nachricht für ihre Familie zurück und verschwanden, meist mitten in der Nacht, von den Sammelpunkten. Die Zukunft sollte in die Hände von Jüngeren gelegt werden. Sie selbst hatten lange genug gelebt. Und welches Glück konnte es fern von ihrem für immer verlorenen Heimatland für sie noch geben?

Der älteste von ihnen war zweifellos jener Mann, der nun in einem Zimmer seiner Luxusvilla in Fuchu am Rande Tokios lag. Die Stadt war mit einer dicken Schicht rötlich-brauner Asche bedeckt. Da das Haus aus Stahlbeton errichtet worden war, hatte es den wiederholten Beben relativ unbeschädigt widerstanden, aber nichts konnte die feine Asche abhalten, durch jeden Spalt zu dringen. Sie bedeckte nicht nur den Schlafkimono des alten Mannes, sondern auch sein Gesicht, das nun wie ein Totenschädel aussah. Der feine Staub legte sich darauf wie die Schminke, mit der man Leichen bemalt.

„Gut so", murmelte der alte Mann. „Alles ist geregelt. Seine Majestät und die kaiserliche Familie befinden sich in der Schweiz. Und die Regierung?"

„Die Pariser Vereinbarung scheint sich auszuwirken, Herr", entgegnete ein hochgewachsener junger Mann mit kurzem Haarschnitt, der steif aufgerichtet auf der Matte neben dem Lager des alten Mannes saß. „Und die Zentrale des Evakuierungskomitees befindet sich jetzt in Honolulu."

„Und Yukinaga und Nakata?"

„Sind an Bord der *Haruna*, Herr, zusammen mit den anderen Mitarbeitern von Plan D."

„Sehr gut. Fliegen Sie selbst mit dem Hubschrauber?"

„Nein, Herr. Die Gefahr, daß die Asche die Motoren verstopfen könnte, ist zu groß. Ein Jeep holt uns ab . . . Wir werden dann zu einem Amphibienfahrzeug gebracht.“

„In Ordnung, Yoshimura . . . dann machen Sie sich besser davon. Was macht Hanae?“

„Ich glaube, sie ist zur Abfahrt bereit, Herr.“

„Bringen Sie sie zu mir.“

Der hochgewachsene Mann, Yoshimura, stand auf und eilte aus dem Zimmer, die Matten quietschten unter seinen Füßen. Er war kaum draußen, als das junge Mädchen in der Tür erschien, als hätte es sich im Korridor versteckt gehalten.

„Hanae!“ sagte der alte Mann und hob die Augen. „Willst du in diesem Aufzug in einem Jeep fahren?“

Das Mädchen trug einen dunklen, purpurroten Akashi-Kimono, der von einem Seiden-Obi mit altmodischem Purpurwindenmuster gehalten wurde. Sie stand da und sah den alten Mann mit einem leidenschaftlichen Blick an, dann ging sie auf ihn zu. Ihre Füße in den Tabi bewegten sich mit unvergleichlicher Grazie. Sie kniete neben dem Alten nieder und ließ Kopf und Schultern sinken.

„Ich . . . fahre nicht mit“, sagte sie und bedeckte das Gesicht mit den Händen. Ihre Stimme zitterte. „Ich möchte bleiben, wie jetzt und immer . . . an Ihrer Seite.“

„Nein“, sagte der alte Mann ruhig. „Du bist noch jung. Du bist nicht dazu geschaffen, gemeinsam mit einem so alten Mann wie ich zu sterben.“

„Nein! Nein! Ich kann Sie nicht verlassen.“

„Hanae, was ist das für ein Benehmen!“ sagte der alte Mann erschöpft. „Ich hätte nie gedacht, daß ein Mädchen deiner Herkunft solchen Unsinn daherreden könnte. Du mußt gehen. Du mußt leben. Darauf kommt es an.“

Das Mädchen warf sich zu Boden, die Ärmel des

Kimonos breiteten sich auf dem Fußboden aus. Ihre schmalen Schultern bebten.

Der alte Mann blickte auf, sah Yoshimura unschlüssig durch die Tür spähen und hob die Stimme. „Bring ihr Kleider. Etwas, das sie im Jeep tragen kann.“ Er hüstelte. „Warum bereitest du mir Ärger, Mädchen?“

Ein furchtbares Grollen stieg aus der Erde empor, und der Raum bebte. Yoshimura wankte, als sich die Schiebetür löste und zu Boden fiel. Eine Wolke pulvriger Asche füllte das Zimmer. In der Luft hallte das Krachen eines Felssturzes, und die Stahlträger des Hauses knirschten unheilverheißend. Dann hörte man von draußen das Donnern rutschender Erdmassen.

„Beeilt euch“, sagte der alte Mann. „Sonst sind die Straßen blockiert.“

Yoshimura wandte sich um und lief in den Korridor.

„Hanae . . .“

Das Mädchen hob das tränenüberströmte Gesicht.

„Würdest du mir zeigen . . .?“

Das Mädchen atmete kurz auf. Dann erhob sie sich und löste ihr Obi. Mit einem leichten Knistern des Stoffes glitt der Kimono von ihren Schultern. Nach dieser einzigen, anmutvollen Bewegung stand sie nackt inmitten des verwüsteten Zimmers. Das feste, glatte Fleisch ihres Körpers leuchtete in dem trüben Licht wie Schnee.

Nur einen Augenblick lang sah der alte Mann sie an, dann schloß er die Augen.

„Eine Tochter Japans“, flüsterte er. „Hanae . . . du mußt Kinder haben . . .“

„Wie bitte, Herr?“

„Du mußt Kinder bekommen. Du kannst gesunde, kräftige Kinder zur Welt bringen. Such dir einen guten Mann . . . Er muß kein Japaner sein. Du mußt viele Kinder zur Welt bringen.“

Yoshimura erschien mit den Kleidern des Mädchens an

der Tür. Der alte Mann blickte zu ihm auf. „Nehmen Sie sie mit."

Yoshimura legte Hanae einen Mantel über die Schultern, dann kniete er neben dem Bett des alten Mannes nieder.

„Leben Sie wohl . . . Herr", sagte er, beugte sich hinab und legte seine Handflächen auf die aschebedeckte Tatami.

„Beeilt euch", sagte der alte Mann und schloß wieder die Augen. „Es ist keine Zeit zu verlieren."

Die Schritte und das leise Schluchzen verklangen. Dann hörte man das Brummen eines Motors vor dem Haus, und dann wurde auch dieses leiser und verstummte. An anderen Geräuschen fehlte es jedoch nicht. Die Luft war voll davon. Das unaufhörliche Donnern der Eruptionen, die unaufhörlich die Berge des Kanto-Gebiets zerstörten, das konvulsivische Zucken der bebenden Erde, das knirschende Haus . . . Dann war da noch ein anderer Laut, ein Rauschen in der Luft, das allmählich stärker wurde, bis schließlich von der Veranda ein starker Windstoß hereinfuhr, der die Asche aufwirbelte, noch mehr Asche hereindrückte und sie zu neuen Haufen zusammenwehte.

Der alte Mann öffnete die Augen einen Spalt weit. Die Gestalt eines Mannes war auf der Veranda aufgetaucht.

„Wenn das nicht Professor Tadokoro ist?" sagte Watari heiser.

„Es sieht so aus, als hätte uns der Taifun fast schon erreicht." Tadokoro kam herein und setzte sich neben das Bett des alten Mannes. „Ich denke, inzwischen wird Fräulein Hanae in Sicherheit sein."

„So sind Sie also doch nicht mitgefahren? Und warum nicht?" Watari schloß die Augen, und seine Züge verzerrten sich ein wenig, als ihn wieder ein Hustenanfall übermannte.

Tadokoros Augen waren tief eingesunken. Seine Wangen waren hohl. Er schien um zehn Jahre gealtert zu sein. Sogar seine breiten, schweren Schultern waren schmal geworden und eingesunken. Der Haarkranz, der seinen kahlen Kopf umgab, war jetzt schneeweiß.

„Wenn ein fahrbereiter Jeep zurückgeblieben wäre, hätte ich vielleicht eine Fahrt in die Berge gemacht", sagte er ruhig.

„Ich glaube nicht, daß Sie da weit gekommen wären", erwiderte der alte Mann. „Was meinen Sie, wieviel Zeit bleibt uns noch?"

„Zwei Monate etwa, denke ich", antwortete Tadokoro und rieb sich die Augen, als wäre Asche hineingeraten. Als er die Hände wegnahm, rollten ihm Tränen die Wangen hinab. „Aber wenn es darum geht, wie lange wir am Leben bleiben – ich glaube, das dauert nur noch zwei oder drei Wochen."

„Professor Tadokoro", sagte der alte Mann, nun etwas lauter, als sei ihm plötzlich etwas eingefallen, „wie alt sind Sie eigentlich?"

„Ich bin fünfundsechzig", entgegnete Tadokoro mit einem dünnen Lächeln. „Ich könnte eigentlich in Pension gehen. Die Abschiedsrede müßte noch gehalten werden und all das . . ."

„Fünfundsechzig? Sie sind ja noch ein Jüngling! Warum wollen Sie sterben?"

„Ach, ich weiß es nicht. Ich bin traurig . . . darum!" antwortete Tadokoro und senkte den Kopf. „Alles in allem habe ich ein gutes Alter erreicht."

„Weil Sie traurig sind?"

„Zuerst – wissen Sie – habe ich gedacht, ich sage gar nichts." Unvermittelt, wie von einem starken Gefühl ergriffen, begann Tadokoro jetzt laut zu reden: „Als ich erkannte, daß es geschehen würde . . . nun, eine ziemlich lange Zeit hat ja die Wissenschaft um mich sowieso einen großen Bogen gemacht. Erinnern Sie sich, wie wir uns das erstemal in dem Hotel trafen und Sie mich fragten, was ich für die wichtigste Eigenschaft eines Wissenschaftlers hielte? Ich sagte Ihnen, es sei die Intuition. Und der einzige Beweis, den ich damals hatte, bestand in einer Intuition. Es war klar, daß noch niemand bereit war, die Sache so zu betrachten wie ich, wie sehr ich mich auch darum bemühte. Ich hatte immer ein lähmendes Gefühl der Bedrohung, wenn ich mir das Ganze ausmalte ... Und dann kam mir der Gedanke, ob es nicht besser wäre, die Sache überhaupt für mich zu behalten."

Der alte Mann schwieg. Tadokoro hörte ihn hüsteln.

„Ich weiß, es klingt merkwürdig, aber es ist wahr, daß ich das genaue Gegenteil davon tun wollte – ich wollte zu meinen japanischen Landsleuten sprechen und wollte sagen: Hört mich an. Dieses Land, das wir lieben, dieses Inselland wird auseinanderbrechen und im Ozean versinken. Da wir es lieben, laßt uns allesamt mit ihm sterben ... Und heute noch glaube ich, daß es die bessere Lösung gewesen wäre. Warum? Weil all jene, die nach Übersee entkommen sind, mehr werden ertragen müssen, als das japanische Volk im Laufe seiner Geschichte ertragen mußte."

Ein neuer heftiger Windstoß fuhr durch die Veranda herein. Tadokoro spürte, wie Ascheflocken seine Wange streiften. War es nur Einbildung, oder trug der Wind bereits den Geruch des Meeres heran? War es schon so nahe gerückt?

„Professor Tadokoro ... Ich glaube, ich verstehe Sie jetzt. Sie lieben Japan, Sie lieben dieses unser Land, nicht wahr?"

„Ja, so ist es", antwortete Tadokoro, als sei er glücklich, es ausgesprochen zu haben.

„Es ist Ihnen, als würde die Frau sterben, die Sie lieben."

„So ist es.“ Tadokoro bedeckte sein Gesicht. „Und als ich feststellte, daß sie sterben mußte, wollte ich mit ihr sterben.“

„Ein Selbstmord aus Liebe also?“ Ein Keuchen drang aus der Kehle des alten Mannes. Es war kein Husten. Tadokoro hatte wohl etwas gesagt, was Watari als komisch empfand. „Ach diese Japaner . . . wahrhaftig ein merkwürdiges Volk!“

Tadokoro hob das Gesicht, das noch von Tränen überströmt war, und schaute hinauf in den düsteren Himmel. „Es ist ja nicht so, daß wir ein Volk sind, das von irgendwoher auf diese Inseln gekommen wäre. Wir sind hier entstanden, wir sind eins geworden mit diesem Land – diesen Bergen, diesen Flüssen, diesen Städten und Dörfern, diesen Bauwerken, die von den Vorvätern überliefert wurden. Wenn all das einmal vernichtet ist, was kann uns die Tatsache, daß wir Japaner sind, dann noch bedeuten?“

Das Krachen einer Explosion unterbrach ihn, und einen Augenblick später erbebte der Himmel unter ohrenbetäubendem Getöse. Irgendwo in der Nähe schien die Erde wieder aufgebrochen zu sein.

„Ich halte mir zugute, nicht gerade ein Provinzler oder ein engstirniger Mensch zu sein“, fuhr Tadokoro fort. „Ich habe den größten Teil der Welt gesehen. Ich bin fast überall gewesen. Ich habe andere Völker kennengelernt. Ich kenne ihre Sitten und ihre Umwelt. Aber es ist wahr, daß ich nur Japan liebe. Und nun, da Japans Ende nahe ist, bringe ich es nicht fertig, die Heimat zu verlassen . . .“ Wieder wurde Tadokoro vom Gefühl übermannt und er konnte nicht weitersprechen.

Die Hustenanfälle des alten Mannes waren schlimmer geworden. Trotzdem begann er mit seiner heiseren, zitternden Stimme zu sprechen: „Die Japaner sind ein junges Volk“, sagte er und hielt inne, um Atem zu schöpfen. „Sie sind wie Kinder, die eine glückliche Zeit verlebt haben . . . diese letzten zweitausend Jahre . . . nahe der Mutter . . . auf diesen vier Inseln mit ihrem warmen, milden Klima. Wenn sie sich hinauswagten in die Welt und wenn es ihnen dort schlecht erging, konnten sie immer wieder zur Mutter zurückeilen. Und nun liegt diese Mutter, die sie lieben, im Sterben."

Tadokoro lauschte gespannt, wie ein Schüler den Worten seines Lehrers.

„Jetzt müssen die Japaner erfahren, was Leiden heißt. Solange es diese vier Inseln gab, war da eine Heimat, in die man zurückkehren und wo man Kinder aufziehen konnte, die auf dieselbe Weise leben durften, wie man selbst gelebt hatte . . . Es hat nicht viele Völker gegeben, die das Glück hatten, über einen so langen Zeitraum eine sichere Heimat zu besitzen. In den Jahrtausenden der bekannten Menschheitsgeschichte haben zahllose Völker die Bitterkeit des Exils erfahren müssen. Dies ist nun die Bewährungsprobe für die Japaner. Die Brücken hinter ihnen sind verbrannt. Sie haben keine andere Wahl, als vorwärtszuschreiten. Ob sie wollen oder nicht, sie müssen jetzt erwachsen werden. Soll die weite Welt sie aufnehmen . . . um so besser! So können die Japaner als reifes Volk wiedererstehen, mit bewahrter Sprache und bewahrten Sitten und bereit, ihren Platz in der Welt von morgen einzunehmen . . . Wenn sie aber ihrer Vergangenheit nachtrauern und sich an vergangene Herrlichkeiten klammern, dann gibt es keine Hoffnung auf künftige Größe. Darum geht es jetzt . . . Professor Tadokoro . . . es ist gut für Sie, wenn Sie das Hinscheiden der Geliebten betrauern, aber sprechen Sie einen Segenswunsch über die Zukunft Ihrer flüchtenden jüngeren Brüder und Schwestern. Die haben nämlich keine Ahnung von dem, was ich Ihnen soeben sagen wollte. Und sie werden auch niemals erfahren, daß *Sie* es waren, der sie gerettet hat.

Aber ich erkenne Ihre Haltung an . . . ich begreife sie. Das wär's, Professor Tadokoro!"

„Das wär's, Herr Watari." Tadokoro nickte. „Ich habe verstanden, was Sie gesagt haben."

„Gut so, gut . . .", flüsterte der alte Mann und tat einen Atemzug. „Sie verstehen mich? Dann bin ich zufrieden. Wenn man es recht bedenkt . . . Tadokoro . . . sind Sie der letzte eigensinnige Japaner, mit dem ich in diesem Leben zu tun habe. Es ist wahr, ich wollte nicht, daß Sie mit dem Gedanken in den Tod gehen, das ganze japanische Volk mit sich zu nehmen. Als ich Ihnen vorhin zuhörte, hatte ich das Gefühl, als würde ich zum erstenmal in meinem Leben das Wesen Japans richtig begreifen. Denn, sehen Sie, es hat immer irgendwelche Erscheinungen darin gegeben, die ich nicht ganz begriffen habe . . ."

„Wie meinen Sie das, Herr Watari?" fragte Tadokoro, obwohl er keine Antwort erwartete.

Der alte Mann hatte jetzt mühsamer gesprochen. Er seufzte kurz auf und schwieg eine Weile. Bei den folgenden Worten war seine Stimme nur noch ein Flüstern. „Vielleicht . . . weil ich nur zur Hälfte Japaner bin." Er schwieg wieder, um Atem zu schöpfen. „Mein Vater . . . war ein chinesischer Mönch . . ."

Tadokoro war überrascht, er schaute den alten Mann genauer an und wartete. Aber es kam nichts mehr.

„Herr Watari . . ."

Tadokoro schaute lange in das Gesicht des alten Mannes. Dann nahm er den purpurnen Akashi-Kimono auf, der auf der Matte lag, und deckte damit sanft das Gesicht Wataris zu. Der Wind wurde heftiger. Tadokoro stand auf und trat hinaus in den Garten, wo er zwei kleine Felsbrocken aufhob. Er kehrte an die Seite des alten Mannes zurück und legte je einen Stein auf die flatternden Kimonoärmel. Dann setzte er sich aufrecht nieder und schlug die Arme übereinander.

Ein gewaltiges donnerndes Grollen übertönte das Heulen des näherkommenden Taifuns. Die Erde erbebte in ihren Fugen, und aus dem Hause drang das Geräusch zerreißender Stahlträger.

Das Ende kam im September. Trotz der Taifune hatten die Rettungskommandos ihre Aufgabe mit noch wütenderem Eifer durchgeführt, aber in den letzten Tagen des Monats kamen vier Hilfsgruppen bei Eruptionen um, und das Panzerschiff mit den letzten Flüchtenden ging im Taifun verloren.

Shikoku hatte sich mehr als fünfundsiebzig Meilen nach Süden bewegt und war nun völlig von Wasser überspült. Kyushu war in zwei Hälften zerbrochen, und der südliche Teil war gesunken. Die beiden hohen Gipfel des Aso-zan und des Unzen-dake im Zentralteil der Insel ragten nur noch wenig über das Wasser hinaus, waren aber weiterhin vulkanisch aktiv. In der Nordostregion von Honshu war das Bergland ins Meer geglitten. Von Hokkaido, so lauteten die Berichte, existierte nur noch der Daisetsu-zan. Der Schluß des Dramas spielte sich im Zentralgebiet und im Kanto-Gebiet von Honshu ab, und er vollzog sich ohne Zeugen. Die Abwärtsbewegung des Bodens hatte eine so enorme Hitze erzeugt, daß überall dort, wo das Wasser eindrang, kataklysmische Explosionen von einer Stärke eintraten, daß ganze Berge auseinandergesprengt und in viele Teile zerstückelt wurden. Während die Pazifikküste in die Tiefe hinabglitt, hob sich für einen kurzen Zeitraum die Küste des Japanischen Meeres wie die Flanke eines kenternden Schiffes. Dann wurde sie von derselben blinden Gewalt gepackt und ins Meer hinabgedrückt.

„Arbeiten Sie immer noch?“ fragte Yukinaga überrascht, als er in die Offiziersmesse der *Haruna* trat und dort Nakata antraf, mit einer unangezündeten Zigarette zwischen den Lippen. Die Anstrengungen des vergangenen Jahres hatten die äußere Erscheinung der beiden Männer verändert. „Alle meinen, jetzt würden keine Pläne mehr gemacht.“

„Haben Sie ein Streichholz?“ fragte Nakata. „Also ... Japan ist nun untergegangen, ja?“

„Es gab eine Fernsehaufzeichnung. Vor einer halben Stunde fand die letzte Explosion in der Zentralregion statt“, sagte Yukinaga und hielt Nakata das Feuerzeug hin. „Irgendwas ist noch übrig geblieben, aber das Abgleiten und Sinken geht weiter. Es wird alles versinken, jedenfalls sieht es so aus.“

„Oh, haben wir schon die *Teien* versenkt?“ zitierte Nakata mit rauher Stimme die Worte des sterbenden Seemannes aus dem alten Matrosenlied. Er blies den Rauch vor sich hin. „Wie viele sind nun insgesamt gerettet worden?“

„Ich weiß es nicht. Wir haben nicht einmal die Zahlen bis Ende August erfaßt.“ Yukinaga gähnte vor Erschöpfung. „Der Generalsekretär der Vereinten Nationen will einen Appell an die Völker der Welt richten, und unser Premierminister wird auch eine Rede halten. Wollen Sie sie hören?“

„Zum Teufel damit.“ Nakata drückte seine Zigarette im Aschenbecher aus und stand auf, offensichtlich in guter Stimmung. „Es ist vorbei, vorbei – keine weiteren Pläne mehr. Wollen wir an Deck gehen?“

Nakata ging voran, er machte lange Schritte und pfiff vergnügt vor sich hin. Yukinaga folgte ihm mit verwirrter Miene. Auf Deck war die Sonne heiß. Das dunkelblaue Wasser war jetzt frei von Asche und Bimsstein, die das Meer, seit sie an Bord waren, bedeckt hatten. Die *Haruna* schoß mit 28 Knoten Geschwindigkeit vorwärts, es wehte eine frische Brise.

„Es ist heiß", sagte Nakata und kniff im grellen Licht die Augen zusammen. „Die Sonne steht schon hoch am Himmel. Ist es denn nicht Morgen?"

„Wir haben nicht mehr japanische Zeit. Wir sind seit vierzehn Stunden unterwegs. Die *Haruna* hält Kurs auf Hawaii."

„Aha. Ich nehme an, die Rauchfahne über Japan ist nicht mehr zu sehen . . ."

Nakata beschattete seine Augen und schaute zurück zum westlichen Horizont. Dort türmten sich Haufenwolken. Ihre schleifenden Ränder sahen grau aus, aber da Nakata die Position der *Haruna* nicht genau kannte, konnte er nicht feststellen, ob diese Wolken tatsächlich über Japan aufstiegen.

„Oh, haben wir schon die *Teien* versenkt?" Nakatas Stimme klang heiter.

„Wäre es nicht gut, wenn wir uns etwas ausruhen wollten?" fragte Yukinaga mit gefurchter Stirn, betroffen über die seltsam gehobene Stimmung seines Kollegen. „Sie kommen mir ein bißchen übermüdet vor."

„Das war es also?" Nakata lehnte sich über die Reling. Er entblößte die Zähne. „Das Ende des japanischen Archipels . . . Und das heißt also: Lebe wohl, Japan . . . Geben Sie mir eine Zigarette?"

„Das Ende? Ja, es ist tatsächlich das Ende." Yukinaga hielt ihm ein Päckchen Zigaretten hin.

Nakata nahm eine, steckte sie in den Mund starrte dann, statt sie anzuzünden, hinunter in das vorbeirauschende Wasser.

„Wissen Sie", sagte Yukinaga, „letzte Nacht träumte ich von Onodera. Ich kann mir nicht helfen, aber ich glaube, daß er noch am Leben ist."

Nakata reagierte nicht. Nach einer Weile wandte Yukinaga sich um. Nakatas großer Körper hing über der Reling. Die Zigarette war ihm aus dem Mund gefallen.

„Nakata“, rief der erschrockene Yukinaga und wollte ihm die Hand auf die Schulter legen.

Aber noch ehe er ihn berührte, sackte Nakata auf das Deck und rollte auf den Rücken. Die Arme weit von sich gestreckt, begann er laut zu schnarchen. Die Sonne schien in seinen weit geöffneten Mund.

Es ist heiß! wollte Onodera rufen. Er wollte etwas Kaltes, Trinkbares. Ein kühles Bier – das wäre etwas. Er öffnete die Augen. Das runde Gesicht eines Mädchens tauchte aus dem Halbdunkel auf. Ihre Augen waren groß, und auf ihrem Gesicht lag ein besorgter Ausdruck.

„Tut es weh?“ fragte sie.

„Nein . . . aber hier ist es so heiß.“ Er konnte nur den Mund bewegen, das Gesicht schien von Bandagen eingehüllt zu sein. „Ich möchte wetten, daß wir in den Tropen sind . . .“

„Ja . . . so ist es“, sagte das Mädchen mit traurigem Blick.

„Haben Sie etwas von Nakata und Yukinaga gehört?“

„Noch nicht.“

„Nein? Na, wir werden bald von ihnen hören.“

Das Gesicht des Mädchens verschwand, einen Augenblick darauf spürte Onodera, wie ihm etwas Kaltes an den Kopf gehalten wurde.

„Ah . . . das tut gut.“

Das Gesicht des Mädchens tauchte wieder auf. Ihre Augen standen voller Tränen. Mit der Kühle kamen die Erinnerungen zurück. *Ein Vulkan . . . eine Eruption . . . ein Hubschrauber . . . Reiko – war das Reiko? Ein Erdbeben dort oben, im Schnee . . . noch mehr Eruptionen . . . eine Welle glühender Lava, die auf ihn zurollte . . .* Ja, jetzt fiel es ihm wieder ein.

„Japan . . . ist es versunken?“ fragte er das Mädchen.

„Ich . . . weiß nicht . . .“

„Es ist versunken . . . es muß versunken sein . . .“

„Ich glaube, ja.“

Er schloß die Augen. Tränen sammelten sich hinter den Lidern und rannen ihm die Wangen hinab.

„Du mußt jetzt schlafen“, sagte das Mädchen und trocknete die Tränen.

„Ich werde schlafen . . . Wer sind Sie?“

„Erinnerst du dich nicht?“ fragte das Mädchen traurig lächelnd. „Ich bin deine Frau.“

Frau? Onodera versuchte nachzudenken, aber sein Kopf glühte. *Wie merkwürdig. Da mußte ein Irrtum vorliegen. War seine Frau nicht in einem Regen vulkanischer Asche umgekommen? Aber welchen Unterschied machte das schon?*

„Kannst du nicht schlafen?“

„Vielleicht, wenn du mir eine Geschichte erzählst“, sagte Onodera.

„Eine Geschichte?“ fragte das Mädchen verblüfft.

„Ja . . . irgendeine. Gleichgültig, welche.“

„Ich kenne nur eine einzige Geschichte“, sagte das Mädchen zögernd. „Meine Großmutter hat sie mir erzählt. Großmutter kam auf der Insel Hachijo-jima zur Welt und ging nach Tokio, als sie verheiratet wurde. Nach ihrem Tod hat man ihre Überreste nach Hachijo-jima zurückgebracht. Als ich noch klein war, besuchte ich jedes Jahr ihr Grab.“ Sie schwieg. „Ich glaube nicht, daß dir die Geschichte gefallen wird . . .“

„Laß nur . . . erzähl“, sagte Onodera.

„Es ist die Geschichte von Tanaba. Eine schreckliche Geschichte. Und traurig ist sie auch. Vor langer, langer Zeit gab es einmal ein Erdbeben, eine Flutwelle ergoß sich über die Insel Hachijo-jima und tötete alle Menschen außer einer Frau namens Tanaba, die sich an eine Ruderkelle geklammert hatte. Die Frau war schwanger, und als die Flut sich verlaufen hatte, gebar Tanaba auf der Insel einen Sohn. Es war vor langer Zeit, damals kamen dort keine Boote hin. Der Sohn wuchs zu einem kräftigen Mann heran, und eines Tages erzählte ihm Tanaba, was geschehen war. Sie sagte zu ihm: ‚Alle anderen sind tot. Nur wir beide sind übriggeblieben. Wenn sich auf dieser Insel ein Volk bilden soll, muß es von uns kommen. Lege dich also zu mir und laß mich deine Schwester empfangen. Später lege dich zu ihr, damit du auch mit ihr Kinder bekommst.‘ Der Sohn tat, wie die Mutter ihn geheißen, und die Geschichte erzählt, daß auf diese Weise das Inselvolk von Hachijo-jima entstanden sei.“

Während Onodera lauschte, formte sich in seinem fiebernden Gehirn ein klares Bild: Tanaba - Hachijo-jima . . . Dann ein anderes: die eisige Dunkelheit des Meeresgrundes unter dem Ogasawara-Archipel.

„Es ist eine düstere, eine schreckliche Geschichte . . . Tanabas Grab ist noch heute – ich meine, war noch bis vor kurzem – auf Hachijo-jima zu sehen. Nur ein Haufen Steine an der Straße. Es stand nichts darauf. Ich habe oft das kleine Grab betrachtet und bin traurig geworden und etwas ängstlich, und ich habe überlegt, was das Ganze wohl für einen Sinn hatte.“ Das Mädchen seufzte und senkte den Kopf. „Ich habe lange nicht mehr an diese Geschichte gedacht, aber als das Unfaßbare geschah, fiel sie mir plötzlich wieder ein. Tanaba war eine schreckliche Frau. Und es ist eine düstere, schreckliche Geschichte, aber irgendwie hat sie mir einen Halt gegeben. Ich bin ein Mädchen, das Inselblut in den Adern hat, und ich würde dasselbe tun, was Tanaba getan hat.“

Onodera atmete tiefer, als wäre er eingeschlafen. Aber als das Mädchen sich leise von seiner Schlafkoje entfernte, sprach er.

„Es schwankt so."

„Ja", antwortete das Mädchen überrascht und wandte sich wieder ihm zu. „Hast du Schmerzen?"

„Ach, ich weiß jetzt, was das ist. Wir kommen wahrscheinlich gerade in den Kuroshio südlich von Kap Nojima. Bis Hawaii ist es noch ein ganzes Stück", sagte Onodera erschöpft.

„Ja", sagte das Mädchen. „Versuch doch zu schlafen."

Eine Weile blieb er ruhig. Doch dann redete er drängender und hartnäckig weiter: „Ist Japan nun versunken?"

„Ich . . ."

„Schau doch aus dem Bullauge dort. Kannst du etwas sehen?"

Zögernd schaute das Mädchen aus dem Fenster.

„Kannst du Japan sehen?"

„Nein."

„Dann muß es versunken sein . . . kannst du auch keinen Rauch sehen?"

„Ich kann überhaupt nichts erkennen."

Kurz drauf schlief Onodera ein. Sein Atem ging schwer. Mako hob den rechten Arm und wischte sich mit dem bandagierten Armstumpf die Tränen von den Augen. Draußen vor dem Fenster war kein Stern zu sehen, der die schwarze Nacht über Sibirien erhellt hätte. Der Zug raste dem Westen zu und tauchte immer tiefer in die eisige Dunkelheit eines frühen Winters.